传感器原理及应用

主编　付长凤　韩连福　张玲玲

苏 州 大 学 出 版 社

图书在版编目(CIP)数据

传感器原理及应用/付长凤,韩连福,张玲玲主编.

苏州:苏州大学出版社,2024.12. -- ISBN 978-7
-5672-5008-6

Ⅰ. TP212

中国国家版本馆 CIP 数据核字第 2024JW4412 号

书 名:	传感器原理及应用	
主 编:	付长凤　韩连福　张玲玲	
责任编辑:	肖　荣	
装帧设计:	吴　钰	
出版发行:	苏州大学出版社(Soochow University Press)	
社 址:	苏州市十梓街 1 号　邮编:215006	
印 装:	江苏凤凰数码印务有限公司	
网 址:	www. sudapress. com	
邮 箱:	sdcbs@suda. edu. cn	
邮购热线:	0512-67480030	
销售热线:	0512-67481020	

开 本:787 mm×1 092 mm　1/16	印张:16.75　字数:377 千
版 次:2024 年 12 月第 1 版	
印 次:2024 年 12 月第 1 次印刷	
书 号:ISBN 978-7-5672-5008-6	
定 价:55.00 元	

凡购本社图书发现印装错误,请与本社联系调换。服务热线:0512-67481020

前 言 Preface

在当今这个信息爆炸的时代，数据的采集、处理和分析变得越来越重要。无论是工业自动化、智能家居、医疗健康、环境监测，还是汽车制造、航空航天，传感器技术都是不可或缺的核心组成部分。传感器作为信息获取的重要工具，其性能直接影响整个系统的可靠性和精确度。本书主要介绍了传感器的基本原理和实际应用，旨在帮助读者全面而深入地理解与掌握传感器技术的核心知识，并能够将其灵活应用于各领域。

本书共分为十个部分。第一章为绪论，主要介绍了传感器的定义、分类、特点及应用等；第二章为传感器的基础理论，主要介绍了测量误差与数据处理、传感器的基本特性、传感器的标定和校准等；第三章至第九章主要介绍了电阻式传感器、电容式传感器、电感式传感器、压电式传感器、磁电式传感器、光电式传感器、热电式传感器的基本原理、类型、测量电路及基本应用等；附录部分为实验指导。本书注重吸收传感器领域的新知识、新技术，重点突出基础理论和实际操作技能，语言精练，通俗易懂，结构编排合理，适合相关专业学生使用。

本书由常熟理工学院付长凤、韩连福、张玲玲担任主编。第一章至第六章、第八章由付长凤编写，第七章由张玲玲编写，第九章和附录部分由韩连福编写，全书由付长凤进行统稿。

本书适合 32—56 学时的教学需求，章节安排具有相对独立性，可供不同层次、不同专业的学生选用。

由于编者水平有限，书中不足之处在所难免，恳请广大读者批评指正。

编 者

目 录 Contents

第一章 绪 论

信息技术包括计算机技术、通信技术和传感器技术等,其中计算机相当于人的大脑,通信相当于人的神经,而传感器则相当于人的感官。传感器就是能感受外界信息并能按一定规律将这些信息转换成可用信号的装置,它能够把自然界的各种物理量和化学量等非电量精确地变换为电信号,再经电子电路或计算机进行处理,从而对这些量进行监测或控制。

1.1 传感器的定义与组成

1.1.1 传感器的定义

传感器英译为 sensor,源自英文单词 sense,也就是感觉或感知的器件,也有英译为 transducer(变换器或换能器)。其实最原始、最天然的一种传感器就是生物体的感官。人类正是依靠五官接收来自外界的刺激,再通过大脑分析判断,发出命令并执行动作。

随着科学技术的发展和人类社会的进步,人类为了进一步认识自然和改造自然,只靠这些感觉器官明显不够。于是,一系列代替、补充、延伸人的感觉器官功能的各种手段便应运而生,如各种用途的传感器。因此,可以说传感器是人类五官的延伸,又被称为"电五官"。传感器的性能优于人的感官,主要表现在以下几个方面。

① 能测量人体无法感知的量。比如,高温、高压、辐射、有毒有害气体等的检测。

② 能对感知的信息进行精确的量化。比如,人只能大致判断物体的质量、温度等的大小,而传感器能给出被测量的精确数值,具有测量范围宽、精确度高、可靠性好等优点。

③ 能在恶劣的环境下工作。比如,化工生产中有毒有害气体的检测,石油开采中井下温度、流量等信息的测量。

④ 能实时、在线地测量。在工业生产线上,为了改善机器性能和提高机器的自动化程度,需要实时地测量反映机器工作状态的信息,并利用这些信息去控制机器,使之处于最佳工作状态。

广义来讲,传感器是借助检测元件将一种形式的信息转换成另一种形式的信息的装置。以电量作为输出的传感器,其发展历史最短,但是随着真空管和半导体等有源元件的可靠性的提高,这种传感器得到飞速发展。目前只要提到传感器,一般是指具有电输出的装置。故从狭义上讲,传感器是把外界输入的非电信号转换成电信号的装置。因此,传感器技术也被称为"非电量电测技术"。

根据国家标准《传感器通用术语》,传感器的定义为:能感受被测量并按照一定的规律转换成可用输出信号的器件或装置。这一定义包含以下几方面的含义。

① 传感器是测量装置,能完成检测任务。如常见的发电机,它是一种可以将机械能转化成电能的转换装置。从能量转化的角度看,它是一种发电设备,不能称之为传感器。但从另一个角度看,人们可以通过发电机发电量的大小来测量调速系统的机械转速,这时发电机就可看成一种用于测量转速的装置,是速度传感器,通常称之为测速发电机。

② 传感器的输入量是某一被测量,可能是物理量,也可能是化学量、生物量等。传感器的种类非常多,原理各异,检测对象几乎涉及多种参数,一种参数又可以用多种传感器测量。因此,要根据测量要求选择合适的传感器。

③ 传感器的输出量是某种物理量,这种量要便于传输、转换、处理、显示等,可以是气、光、电物理量,但主要是电物理量。其原因在于各行各业的现代测控系统中的信号种类极其繁多,为了对各种各样的信号进行检测、控制,传感器就必须尽量将被测信号转换为简单的、易于处理与传输的二次信号,电信号能够满足这样的要求。当然,随着科技的发展,目前,信息领域处在由电信息时代向光信息时代迈进的进程中,由于光信号比电信号具有更快的传输速度、更大的传输容量及更好的抗干扰性,因此,在光信息时代,传感器的定义可能就会发展为"将外界的输入信号变换为光信号的一类元件"。

④ 传感器的输出与输入具有对应关系,且应有一定的精确度。

1.1.2 传感器的组成

传感器的作用主要是感受和响应被测量,并按一定规律将其转换成有用输出,特别是完成从非电量到电量的转换。传感器的组成并无严格的规定。一般来说,可以把传感器看作由敏感元件(有时又称为预变换器)、转换元件(有时又称为变换器)和基本转换电路组成,有时还需要加上辅助电源,如图 1.1 所示。

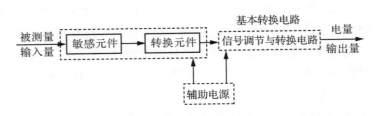

图 1.1 传感器的组成框图

1. 敏感元件

在具体实现非电量到电量的转换时,并非所有的非电量都能利用现有的技术手段直接转换为电量,而是必须进行预变换。故敏感元件是直接感受被测量,并以确定关系转换后输出某一物理量。例如,弹性敏感元件将力转换为位移或应变输出。敏感元件是传感器的核心,也是研究、设计和制作传感器的关键。

2. 转换元件

敏感元件的输出就是转换元件的输入,故转换元件就是将敏感元件输出的非电量(如位移、应变、光强等)转换成电路参数(如电阻、电感等)或电量。例如,电容变换器、电阻及电感变换器可以将位移量直接转换为电容、电阻及电感;热电偶变换器能直接把温度转换为电势。需要说明的是,并不是所有的传感器都能明显地区分敏感元件和转换元件,有的传感器有多个转换元件,需要经过若干次转换,有的则是将敏感元件和转换元件合二为一。例如,硅光电池等是将感受到的被测量(光能)直接转换为电信号输出,没有中间变换。

3. 基本转换电路

通常,传感器输出的信号一般都很微弱,需要由基本转换电路(又称信号调节与转换电路)将电路参数转换或放大成易于传输、处理、记录和显示的量,如电压、电流、频率等。常用的电路有电桥、放大器、振荡器和阻抗变换器等。

4. 辅助电源

信号调节与转换电路和转换元件(某些特定的传感器)需要辅助电源提供能量,因而辅助电源也可作为传感器的组成部分。

如果把传感器看作一个二端口网络,则其输入信号主要是被测的物理量(如长度、力)等,此时必然还会存在一些难以避免的干扰信号(如温度、电磁信号)等。严格来说,传感器的输出信号可能为上述各种输入信号的复杂函数。对传感器设计者来说,希望尽可能地使输出信号仅仅是(或分别是)某一被测信号的确定性单值函数,且最好呈线性关系。对使用者来说,则要选择合适的传感器及相应的电路,以保证整个测量设备的输出信号能唯一、正确地反映某一被测量的大小,而对其他干扰信号能加以抑制或对不良影响能设法加以修正。

传感器可以做得很简单,也可以做得很复杂;可以是无源的网络,也可以是有源的系统;可以是带反馈的闭环系统,也可以是不带反馈的开环系统;一般情况下只具有转换的功能,但也可能包含转换后信号的处理及传输电路,甚至包括微处理器。因此,传感器的组成将视具体情况而定。

1.2 传感器的分类
＊＊＊＊＊＊＊＊＊＊＊＊＊＊＊＊＊＊

传感器的种类很多,功能各异,可按照不同的划分标准进行分类。一般按如下几种方法进行分类。

1. 按工作原理分类

这种分类方法以传感器的工作原理作为分类依据,主要是基于各种物理现象、化学反应和生物效应,传感器可分为阻抗式传感器(电阻式传感器、电容式传感器、电感式传感器)、电动势式传感器(霍尔式传感器、压电式传感器、热电偶传感器)和光电式传感器(光纤传感器、红外传感器、图像传感器)等。

2. 按被测量性质分类

按被测量性质进行分类,传感器分为物理量传感器(压力传感器、荷重传感器、位移传感器、温度传感器等)、化学量传感器(湿度传感器、气体传感器等)。这种分类方法只说明传感器的用途,而未突出传感器的原理,特别是会将转换原理互不相同的传感器归为一类,很难看出这类传感器之间有什么共性和差异,不利于把握传感器的内在规律。

3. 按能量供给形式分类

按能量供给形式,传感器分为无源传感器和有源传感器。无源传感器只是被动地接收来自被测物体的信息,自身无能量转换装置,被测量仅在传感器中起能量控制作用且必须有辅助电源供给电能,如电容式、压阻式传感器等。有源传感器则可以有意识地向被测物体提供某种能量,并将来自被测物体的信息转换为便于检测的能量后再进行检测,所以有时又被称为"换能器",如压电式(超声波换能器)、热电式(热电偶)和光电式(光电池)传感器等。

4. 按物理现象分类

按物理现象,传感器分为物性型传感器和结构型传感器。物性型传感器是利用物质定律制成的,如胡克定律、欧姆定律等,其性能随材料的不同而异。例如,光电管就是物性型传感器,它利用的是外光电效应。显然,其特性与涂覆在电极上的材料有着密切的关系。结构型传感器利用其结构的几何尺寸(如厚度、角度、位置等)在被测量的作用下随之变化,且能获得与被测量成比例的电量。这类传感器的特点是传感器的工作原理是以传感器中元件相对位置的变化来引起场的变化为基础,而不是以材料特性变化为基础,如电容式传感器。这类传感器开发得最早,至今仍然被广泛应用于工业检测设备中。

5. 按使用材料分类

按使用材料,传感器可分为陶瓷传感器、半导体传感器、复合材料传感器、金属材料传感器、高分子材料传感器等。

6. 按输出信号分类

按输出信号,传感器可分为模拟式传感器和数字式传感器。模拟式传感器的输出信号为模拟信号,时域连续,属传统类型,现仍广泛使用;数字式传感器的输出信号为数字信号。随着信息处理的数字化,数字式传感器所输出的信号由于可以省略 A/D 转换环节,便于网络传输,优势明显。近年来发展起来的总线式数字传感器则更加引人注目,如码盘、光栅、磁栅等。

7. 按技术特点分类

按技术特点,传感器可分为电传送、气传送或光传送,位式作用或连续作用,有触点或无触点,模拟式或数字式,常规式或灵巧式,接触式或非接触式,普通型、隔爆型或本安型(本质安全型)等传感器。

1.3 传感器的特点和应用领域

1.3.1 传感器的特点

现代科学技术使人类社会进入信息时代,来自自然界的物质信息需要通过传感器进行采集才能被获取。这就促使传感器技术成为研究、设计、生产、检测和应用过程中的综合性技术,并逐渐形成一门相对独立的专门学科。传感器技术具有如下特点。

① 用传感器技术进行检测时,响应速度快,精确度高,灵敏度高。

② 传感器涉及的物理学、化学和生物学等的基本效应与原理,不仅数量多,而且彼此独立,甚至完全不相关,相关内容具有离散性。

③ 传感器能在高温、高压和恶劣环境中,对人类五官不能感觉到的信息(如超声波、红外线等),进行连续检测并记录变化的数据。

④ 传感器综合应用物理学、化学、生物学、微电子学、材料科学、精密机械和微细加工等方面的知识与技术,因而具有突出的知识密集性和学科的边缘性。

⑤ 传感器的制造涉及许多高新技术,如薄膜技术、集成技术、超导技术、微细或纳米加工技术、黏合技术和高密封技术等。传感器的制造工艺难度大,要求高。

⑥ 传感器将非电量转换成电量后,通过接口电路变成计算机能够处理的信号,再进行自动运算、分析和处理。

⑦ 传感器品种多样、用途广泛。现代信息系统中待测的信息很多,一种待测信息可由几种传感器来测量,一种传感器也可测量多种信息,因此传感器种类繁多,应用广泛,从航空、航天、交通、机械、电子、冶炼、轻工、化工、煤炭、石油、环保、医疗和生物工程等领域,到农、林、牧、副、渔业,以及人们的衣、食、住、行等生活的方方面面,几乎无处不使用传感器,无处不需要传感器。

1.3.2 传感器的应用领域

随着科技的不断进步,传感器被广泛应用于工业、农业、医疗和交通等各个领域。下面列出传感器常用的应用领域。

1. 工业检测和自动控制系统

在工业领域,深圳市三达特科技有限公司代理的英国 DDS 气体传感器主要应用于石化工业中,如硫化氢传感器、一氧化碳传感器等都能用于检测各种有害气体,还可用来检测半导体和微电子工业的有机溶剂、磷烷等剧毒气体。在电力工业方面,氢气传感器能够检测电力变压器油变质过程中产生的氢气。在食品行业,气体传感器可以检测肉类等易腐败食物的新鲜度。在果蔬保鲜应用中,气体传感器可检测保鲜库中的氧气、乙烯、二氧化碳的浓度以确保水果的新鲜程度。在汽车和窑炉工业领域检测废气中的氧气,在公路交通领域检测驾驶员呼出气体中乙醇的浓度等方面,传感器也有着广泛的应用。

2. 家用电器

现代家庭日常生活中使用的家用电器涉及各种各样的传感器。例如,电视机、音响、电风扇等,它们都带有遥控功能,遥控接收器本身就是红外线传感器;冰箱、电磁炉、热水器上有温度传感器;全自动洗衣机中的传感器有衣物重量传感器、衣质传感器、水温传感器、水质传感器、透光率传感器等;个人计算机中的光电鼠标是光电位移传感器。

随着生活水平的不断提高,人们对提高家用电器产品的功能及自动化程度的要求极为强烈。为满足这些要求,首先要使用能检测模拟量的传感器,以获取正确的控制信息,再由微型计算机进行控制,使家用电器的使用更加方便、安全、可靠,并减少能源消耗,为家庭创造一个舒适的生活环境。家用电器由作为中央控制装置的微型计算机,通过各种传感器进行控制。家用电器智能化主要包括安全监视与报警、空调及照明控制、耗能控制、太阳光自动跟踪、家务劳动智能化及人身健康管理等方面。家用电器智能化的实现可使人们有更多的时间用于学习、教育或休闲娱乐。

3. 汽车工业

随着生活水平的提高,汽车已逐渐走进千家万户。而传感器在汽车中相当于感官和触角,把汽车运行中的各种工况(车速、各种介质的温度和发动机运转工况等)转换成电信号传输给计算机,以便使发动机处于最佳工作状态。例如,雷达测速依据的原理是多普勒效应。雷达测速计发出一个频率为 1 000 MHz 的脉冲微波,如果微波射在静止不动的车辆上,被反射回来,反射波频率不会改变,仍然是 1 000 MHz。如果车辆在行驶,且速度很快,根据多普勒效应,反射波频率与发射波的频率就不相同。通过对微波频率细微变化的精确测定,得出频率的差异,再通过计算机处理就可以算出汽车的速度。当然,上述过程都是自动进行的。

由于汽车交通事故的不断增多和汽车对环境的危害,传感器在汽车安全气囊系统、防盗装置、防滑控制系统、防抱死装置、电子变速控制、排气循环装置、电子燃料喷射装置及汽车"黑匣子"等方面都得到了实际应用。

4. 医学

随着现代电子学的发展,通过传感器对人体的健康状况进行多种生理参数的测量将会越来越普遍。医学与电子学的结合,称为医用电子学。目前,应用医用传感器可以对人体的表面和内部温度、血压及腔内压力、血液及呼吸流量、肿瘤、脉波及心音、心脑电波等进行高难度的测量。显然,传感器对促进技术的高度发展起着非常重要的作用。

5. 航天

在航天器的各大系统中,传感器对各种信息参数的检测在保证航天器按预定程序正常工作方面起着极为重要的作用。要了解航天器飞行的方向,就必须掌握它的飞行姿态,而飞行姿态可以使用红外水平线传感器陀螺仪、阳光传感器、星光传感器及地磁传感器进行测量。此外,对航天器周围的环境、航天器本身的状态及内部设备的监控都要用到传感器。

6. 机器人

目前,在劳动强度大或危险作业的场合,已逐步使用机器人代替人的工作。一些高速度、高精度的工作由机器人来完成是非常合适的。这类机器人多数用来完成加工、组装和检验等工作,属于生产用的自动机械式的单能机器人。在智能机器人中,传感器作为视觉和触觉感知器,使机器人能通过视觉对物体进行识别和检测,并通过触觉对物体产生压力感觉、滑动感觉和重量感觉。这类机器人不仅可以从事特殊作业,也可以完成一般的生产事务。

7. 环境保护

为了保护环境,研制监测大气、水质及噪声污染的传感器,已被世界各国所重视。

8. 遥感技术

在飞机及卫星等飞行器上,紫外、红外光电传感器及微波传感器可以探测气象、地质等信息。在船舶上,超声波传感器可以进行水下探测。

9. 军事领域

红外探测器可发现地形、地物及敌方各种军事目标。红外雷达具有搜索、跟踪和测距等功能,可搜索几十米到上千米范围内的目标。红外探测器在红外制导、红外通信、红外夜视和红外对抗等方面均有广泛的应用。

1.4 传感器的发展趋势

传感器作为人类认识和感知世界的一种工具,其发展历史相当久远,可以说它是伴随着人类文明的进程而发展起来的。传感器技术的发展程度,影响甚至决定着人类认识世界的水平。

随着科技的进步和社会的发展,传感器技术在国民经济和人们日常生活中占有越来越重要的地位。人们对传感器的种类、性能等方面的要求越来越高,这也进一步促进了传感器技术的快速发展。许多国家都把传感器技术列为重点发展的关键技术之一。美国把20世纪80年代看成传感器技术时代,并将其列为20世纪90年代22项关键技术之一;日本把传感器技术列为20世纪80年代十大技术之首。从20世纪80年代中后期开始,我国也把传感器技术列为国家优先发展的重要技术之一。

传感器技术是一项与现代技术密切相关的尖端技术，近年来发展很快，其主要特点及发展趋势表现在以下几个方面。

1. 发现并利用新现象、新效应

利用物理现象、化学反应和生物效应是各种传感器工作的基本原理，所以发现新现象与新效应是发展传感器技术的重要工作，是研制新型传感器的理论基础。例如，日本夏普公司利用超导技术研制出的高温超导磁性传感器，是传感器技术的重大突破，其灵敏度之高，仅次于超导量子干涉器件，但它的制造工艺远比超导量子干涉器件简单，可用于磁成像技术，具有广泛的推广价值。

2. 开发新材料

传感器的材料是传感器技术发展的物质基础。随着材料科学的快速发展，人们可根据实际需要控制传感器材料的某些成分或含量，从而设计制造出用于各种传感器的新的功能材料。例如，用高分子聚合物薄膜制成温度传感器，用光导纤维制成压力、流量、温度、位移等多种传感器，用陶瓷制成压力传感器，用半导体氧化物制成各种气体传感器等。这些新材料的应用，极大地提高了各类传感器的性能，促进了传感器技术的发展。

3. 采用高新技术

随着微电子技术、计算机技术、精密机械技术、高密封技术、特种加工技术、集成技术、薄膜技术、网络技术、纳米技术、激光技术、超导技术、生物技术等高新技术的迅猛发展，传感器技术进入了一个更为广阔的发展空间。高新技术成果的采用，成为传感器技术发展的技术基础和强大推动力。因此，传感器的高科技化，不但是传感器技术的主要特征，而且是传感器及其产业的发展方向。

4. 拓宽应用领域

目前，传感器技术正在向宏观世界和微观世界的纵深发展。空间技术、海洋开发、环境保护及地震预测等都要求传感器技术满足开发、研究宏观世界的要求，而细胞生物学、遗传工程、光合作用、医学及微加工技术等又希望传感器技术跟上研究微观世界的步伐。因此，科学的发展对当前传感器技术的研究、开发提出了许多新的要求，其中重要的一点就是要拓宽应用领域和检测范围，不断突破参数测量的极限。通过对这些应用领域的开发和研究，不但可以提高传感器的应用性能，而且可以促进其他相关技术的发展，甚至会形成一些新学科。

5. 提高性能

检测技术的发展，必然要求传感器的性能不断提高。例如，对于火箭发动机燃烧室的压力测量，希望测量精度高于 0.1%；对于超精密机械加工的在线测量，要求误差小于 $0.1~\mu m$ 等。因此，人们需要研制出更多性能优异的各类传感器。

传感器的主要性能指标包括检测精度、线性度、灵敏度和稳定性等。其中，检测精度是最重要的性能指标。在 20 世纪 30 年代至 40 年代,其检测精度一般为百分之几到千分之几。近年来,随着传感器技术的不断发展,其检测精度迅速提高,有些检测精度可达万分之几,甚至百万分之几。

6. 实现微型化与低功耗

目前,各种测控仪器设备的功能越来越强大,而各个部件的体积却越来越小,这就要求传感器自身的体积也要小型化、微型化。现在一些微型传感器的敏感元件采用光刻、腐蚀、沉积等微机械加工工艺制作而成,尺寸可以达到微米级。此外,由于传感器工作时大多离不开电源,在野外或远离电网的地方,往往是用电池或太阳能等供电,因此,开发微功耗的传感器及无源传感器就具有重要的实际意义,这样不仅可以节省能源,也可以提高系统的工作寿命。

7. 实现集成化与多功能化

所谓传感器的集成化,是指将信息提取、放大、转换、传输、处理和存储等功能都制作在同一基片上,实现一体化。与一般传感器相比,它具有体积小、反应快、抗干扰、稳定性好及成本低等优点。

传感器的多功能化是与集成化相对应的一个概念,是指传感器能感知与转换两种以上不同的物理量。例如,使用特殊的陶瓷材料把温度和湿度敏感元件集成在一起,制成温湿度传感器;将检测几种不同气体的敏感元件用厚膜制造工艺制作在同一基片上,制成检测氧气、氨气、乙醇、乙烯等气体的多功能传感器;等等。

8. 实现智能化与数字化

利用计算机及微处理技术使传感器智能化是 20 世纪 80 年代以来传感器技术的一大飞跃。智能传感器是一种带有微处理器的传感器,与一般传感器相比,其具有以下几个显著特点。

① 精度高。由于智能传感器具有信息处理的功能,因此通过软件不仅可以修正各种确定性系统误差(如传感器输入输出的非线性误差、温度误差、零点误差、正反行程误差等),而且可以适当地补偿随机误差、降低噪声,从而使传感器的精度大大提高。

② 稳定可靠。智能传感器具有自诊断、自校准和数据存储功能,对于智能结构系统还有自适应功能。

③ 检测与处理方便。智能传感器不仅具有一定的可自动化编程能力,可根据检测对象或条件的改变,方便地改变量程及输出数据的形式等,而且可通过串行或并行通信线将输出数据直接送入远程计算机进行处理。

④ 功能广。智能传感器不仅可以实现多传感器多参数综合测量,扩大测量与使用范围,而且可以有多种输出形式(如 RS232 串行输出,PIO 并行输出,IEEE—488 总线输出及经 D/A 转换后的模拟量输出等)。

⑤ 性价比高。在相同精度条件下,多功能智能传感器与单一功能的普通传感器相比,其性价比高,尤其是在采用比较便宜的单片机后性价比优势更为明显。

随着人工神经网络、人工智能和信息处理技术(如多传感器信息融合技术、模糊理论等)的进一步发展,智能传感器将具有更高级的分析、决策及自学功能,可完成更复杂的检测任务。此外,目前传感器的功能已突破传统的界限,其输出不再是单一的模拟信号,而是经过微处理器处理过的数字信号,有的甚至带有控制功能,这就是所谓的数字传感器。数字传感器具有如下特点:一是将模拟信号转换成数字信号输出,提高了传感器的抗干扰能力,特别适用于电磁干扰强、信号传输距离远的工作场合;二是可通过软件对传感器进行线性修正及性能补偿,减少系统误差;三是一致性与互换性好。

可以预见,随着计算机和微处理技术的不断发展,智能化、数字化传感器一定会迎来更为广阔的发展前景。

9. 实现网络化

传感器的网络化是传感器领域近些年发展起来的一项新兴技术,它是利用 TCP/IP 协议,使现场测量数据通过网络与网络上有通信能力的节点就近直接进行通信,实现了数据的实时发布和共享。由于传感器自动化、智能化水平的提高,多台传感器联网已推广应用,虚拟仪器、三维多媒体等新技术已开始实用化。传感器网络化的目标就是采用标准的网络协议及模块化结构将传感器和网络技术有机结合,实现信息交流和技术维护。

习　题
* * * * * * * * * * *

一、单项选择题

1. 下列传感器不属于按传感器的工作原理进行分类的是(　　)。

A. 应变式传感器　　　　　　　B. 化学型传感器

C. 压电式传感器　　　　　　　D. 热电式传感器

2. 通常意义上的传感器包含敏感元件和(　　)两个组成部分。

A. 放大电路　　　　　　　　　B. 数据采集电路

C. 转换元件　　　　　　　　　D. 滤波元件

3. 自动控制技术、通信技术、计算机技术和(　　),构成信息技术的完整信息链。

A. 汽车制造技术　　　　　　　B. 建筑技术

C. 传感技术　　　　　　　　　D. 监测技术

4. 传感器按被测量可以分为物理型、化学型和(　　)三大类。

A. 生物型　　　　　　　　　　B. 电子型

C. 材料型　　　　　　　　　　D. 薄膜型

5. 随着人们对各项技术要求的不断提高,传感器也朝着智能化方向发展,其中,典型的传感器智能化结构模式是(　　)。

A. 传感器＋通信技术   B. 传感器＋微处理器

C. 传感器＋多媒体技术   D. 传感器＋计算机

6.近年来,仿生传感器的研究越来越热,其主要就是模仿人的(　　)的传感器。

A. 视觉器官   B. 听觉器官

C. 嗅觉器官   D. 感觉器官

7.若将计算机比喻成人的大脑,那么传感器可以比喻为人的(　　)。

A. 眼睛   B. 感觉器官

C. 手   D. 皮肤

8.传感器主要完成两个方面的功能:检测和(　　)。

A. 测量   B. 感知

C. 信号调节   D. 转换

9.传感器技术与信息学科紧密相连,是(　　)和自动转换技术的总称。

A. 自动调节   B. 自动测量

C. 自动检测   D. 信息获取

10.以下传感器中,属于按传感器的工作原理命名的是(　　)。

A. 应变式传感器   B. 速度传感器

C. 化学型传感器   D. 能量控制型传感器

二、简答题

1.什么叫传感器?通常由哪几部分组成?它们的作用及相互关系如何?

2.简述传感器的分类方法。

3.谈谈你对传感器技术发展趋势的一些看法。

第二章 传感器的基础理论

在科学技术高度发达的现代社会中，传感器处于研究对象与测控系统的接口位置，是感知、获取与检测信息的窗口，一切科学实验和生产过程，特别是自动检测和自动控制系统要获取的信息，都要通过传感器将其转换为容易传输与处理的电信号。而在工程实践和科学实验中提出的检测任务是正确及时地掌握各种信息，大多数情况下是要获取被测对象信息的大小，即被测量的大小。因此信息采集的主要含义就是测量，取得测量数据。

为了更好地掌握传感器，需要对测量的基本概念、测量误差及数据处理、传感器的静态和动态特性等方面的理论及工程方法进行学习和研究，只有了解和掌握了这些基本理论，才能更有效地完成检测任务。

2.1 测量误差与数据处理

2.1.1 测量误差的概念和分类

测量是借助专用的技术手段或工具，通过实验的方法，把被测量与同性质的标准量进行比较，求二者的比值，从而得到被测量数值大小的过程。而测量的目的是希望通过测量获取被测量的真实值。但由于种种原因，如传感器本身性能不足、测量方法不完善、外界干扰的影响等，都会造成被测量的测量值与真值不一致。测量误差指的是测量值与真值的差值，它反映了测量质量的好坏。测量技术中涉及的几个名词如下。

① 真值：被测量本身所具有的真实值称为真值。

② 约定真值：由于仪器、环境及操作人员等误差因素，真值往往是测不准的，所以一般用基准仪器的量值来代替真值，该值叫作约定真值，它与真值之差可以忽略不计。

③ 实际值：用精度更高一级的标准器具所测得的值称为实际值，实际应用中可代替真值。

④ 标称值：一般是由制造厂家为元件、器件或设备在特定运行条件下所规定的量值。

⑤ 示值：由测量器具读数装置直接读出来的被测量的数值。

按照不同的划分标准,测量误差具有不同的分类方式。表 2.1 给出了测量误差的分类。

表 2.1　测量误差的分类

分类方式	误差	定义
按误差的表示方法分类	绝对误差	测量值和真值的差值,与被测量具有相同的量纲
	相对误差	绝对误差和被测量的实际值(或示值)的比值,通常以百分数表示,是无量纲量
	引用误差	绝对误差和仪表满量程的比值,一般以百分数表示,通常以最大引用误差来确定仪表的精确度等级
按误差的基本性质和特点分类	系统误差	在同一条件下,多次重复测量同一量时,大小和符号保持不变或按一定规律变化的误差
	随机误差(偶然误差)	在同一条件下,多次重复测量同一量时,大小和符号均做无规律变化的误差
	粗大误差	明显偏离测量结果的误差
按被测量随时间变化的速度分类	静态误差	在被测量稳定不变的条件下进行测量时所产生的误差
	动态误差	在被测量随时间变化的过程中进行测量时所产生的附加误差

2.1.2　精度

精度是反映测量结果与真值接近程度的量。

① 准确度:表示测量值与真值符合的程度。准确度高,说明测量的平均值与真值偏离小,系统误差小。

② 精密度:表示在相同条件下,同一试样的重复测定值之间的符合程度。精密度高,说明各次测量数据比较接近,偶然误差小。

③ 精确度:表示测量数据集中于真值附近的程度。精确度高,说明测量的系统误差和偶然误差都比较小。

对于具体的测量,精密度高的但准确度不一定高,准确度高的精密度不一定高,但精确度高的精密度和准确度都高。

2.1.3　测量误差的表示方法

1. 绝对误差

绝对误差是示值与被测量真值之间的差值。设被测量的真值为 A_0,器具的标称值或示值为 x,则绝对误差为

$$\Delta x = x - A_0$$

由于一般无法求得真值 A_0,在实际应用时常用精度高一级的标准器具的示值,即实际值 A 代替真值 A_0。x 与 A 之差称为测量器具的示值误差,即

$$\Delta x = x - A$$

通常以此值来代表绝对误差。

2. 相对误差

相对误差是绝对误差与被测量的约定值之比。相对误差的表现形式为实际相对误差、标称(示值)相对误差和满度(引用)相对误差。

① 实际相对误差指的是绝对误差与实际值比值的百分数。

$$\gamma_A = \frac{\Delta x}{A} \times 100\%$$

② 标称(示值)相对误差指的是绝对误差与示值比值的百分数。

$$\gamma_x = \frac{\Delta x}{x} \times 100\%$$

③ 满度(引用)相对误差即绝对误差与器具满度值(Full Scale, F. S.)比值的百分数。

$$\gamma_n = \frac{\Delta x}{A_{\text{F.S.}}} \times 100\%$$

2.1.4 随机误差

1. 随机误差的基本概念

随机误差又叫偶然误差,指测量结果与在重复条件下对同一被测量进行无限多次测量所得结果的平均值之差。也可以采用如下表述:在同一条件下,多次测量同一被测量,有时会发现测量值时大时小,误差的绝对值及正、负以不可预见的方式变化,该误差称为随机误差。

存在随机误差的测量结果中,单个测量值误差的出现是随机的,既不能用实验的方法消除,也不能修正。

2. 随机误差的正态分布

随机误差是以不可预见的方式变化的,在大多数情况下,服从正态分布规律。其分布密度函数 y 的表达式为

$$y = f(\delta) = \frac{1}{\sigma\sqrt{2\pi}} e^{-\frac{\delta^2}{2\sigma^2}}$$

式中,y 表示概率密度,σ 表示方均根偏差,δ 是随机误差。

随机误差服从正态分布,其分布规律如下。

① 对称性。绝对值相等的正误差和负误差出现的次数相等。

② 单峰性。绝对值小的误差比绝对值大的误差出现的次数多。

③ 有界性。在一定的条件下,测量值有一定的分布范围,超过这个范围的可能性非常小,即出现绝对误差很大的情况很少。粗大误差的测量值应予以剔除。

④ 抵偿性。随测量次数的增加,随机误差的算术平均值趋向于零。

3. 随机误差的评价指标

由于大部分随机误差是按正态分布规律出现的,因此具有统计意义。通常以正态分布曲线的两个参数作为评价指标,即算术平均值和标准差。

① 算术平均值。当测量次数为无限次时,所有测量值的算术平均值即等于真值。事实上不可能无限次测量,即真值难以达到。但是随着测量次数的增加,算术平均值也就接近真值。因此,以算术平均值作为真值是可靠的。算术平均值($\overline{x}$)和真值(A_0)的表达式分别为

$$\overline{x}=\frac{x_1+x_2+\cdots+x_n}{n}=\frac{\sum\limits_{i=1}^{n}x_i}{n}$$

$$A_0=\frac{\sum\limits_{i=1}^{n}x_i}{n}=\overline{x}$$

② 标准差。标准差包括测量列中单次测量的标准差和算术平均值的标准差。

测量列中单次测量的标准差:算术平均值反映随机误差的分布中心,为更好地表征随机变量相对于中心位置的离散程度,可引入标准差。标准差是指随机误差的方均根值。若测量列为一组测量值 $x_1,x_2,\cdots,x_n$,其标准差 σ 为

$$\sigma=\sqrt{\frac{(x_1-A_0)^2+(x_2-A_0)^2+\cdots+(x_n-A_0)^2}{n}}=\sqrt{\frac{\delta_1^2+\delta_2^2+\cdots+\delta_n^2}{n}}=\sqrt{\frac{\sum\limits_{i=1}^{n}\delta_i^2}{n}}$$

式中,A_0 为真值,可用算术平均值代替;n 表示测量次数;δ_i 表示每次测量时各测量值的随机误差。

测量列中算术平均值的标准差:通常在有限次测量时,算术平均值不可能等于被测量的真值,说明算术平均值也是随机变化的。为了衡量算术平均值的精度,引入算术平均值的方均根偏差 $\sigma_{\overline{x}}$。

设对被测量进行 m 组测量,各组所得的算术平均值为 $\overline{x}_1,\overline{x}_2,\cdots,\overline{x}_m$,则算术平均值 $\overline{x}$ 的标准差为

$$\sigma_{\overline{x}}=\sqrt{\frac{(\overline{x}_1-\overline{x})^2+(\overline{x}_2-\overline{x})^2+\cdots+(\overline{x}_m-\overline{x})^2}{m-1}}$$

可以证明,σ 和 $\sigma_{\overline{x}}$ 之间满足关系:$\sigma_{\overline{x}}=\dfrac{\sigma}{\sqrt{n}}$。

2.1.5　系统误差

在重复性条件下,对同一被测量进行无限多次测量所得结果的平均值与被测量的真值之差,称为系统误差。凡误差数值固定或按一定规律变化者,均属于系统误差。

系统误差是有规律的,因此可以通过实验的方法或引入修正值的方法进行修正,也可以重新调整测量仪表的有关部件予以消除。

2.1.6　粗大误差

明显偏离真值的误差称为粗大误差,也叫过失误差。粗大误差主要是由于测量人员的

粗心大意及电子测量仪器受到突然而强烈的干扰所引起的,如测错、读错、记错、外界过电压尖峰干扰等造成的误差。就数值大小而言,粗大误差明显超过正常条件下的误差。当发现粗大误差时,应予以剔除。

判别粗大误差最常用的统计方法:对被测量进行多次重复等精度测量的测量数据为 $x_1,x_2,\cdots,x_d,\cdots,x_n$,其标准差为 σ,如果其中某一项残差 V_d 大于三倍标准差,即 $|V_d|>3\sigma$,则认为 V_d 为粗大误差,与其对应的测量数据 x_d 是坏值,应从测量列测量数据中删除。

2.1.7 数据处理的基本方法

数据处理是从获得数据到得出结论的整个数据加工过程。常用的数据处理方法包括列表法、作图法和最小二乘法。其中,最小二乘法的原理是测量结果的最可信赖值应在残差平方和为最小的条件下求出。在自动检测系统中,两个变量间的线性关系是一种最简单、最理想的函数关系。

2.2 传感器的基本特性

在生产过程和科学实验中对各种参数的检测和控制,要求传感器能感知被测非电量的变化并将其不失真地转换成相应的电量。这取决于传感器的基本特性,即传感器的输入-输出关系特性,这也是传感器的内部结构参数作用关系的外部特性表现。不同的传感器有不同的结构参数,决定了它们具有不同的外部特性。

传感器所测量的物理量基本上有两种形式:稳态(静态或准静态)和动态(周期变化或瞬态)。前者的信号不随时间变化(或变化很缓慢);后者的信号是随时间变化而变化的。传感器就是要尽量准确地反映输入物理量的状态,因此传感器所表现出来的输入-输出特性也就不同,即存在静态特性和动态特性。

不同的传感器有不同的内部参数,因此它们的静态特性和动态特性就表现出不同的特点,对测量结果产生不同的影响。一个高精度的传感器,必须要有良好的静态特性和动态特性,从而确保检测信号(或能量)无失真地转换,使检测结果尽量反映被测量的原始特征。

2.2.1 静态特性

传感器的静态特性指的是在稳态信号作用下的输入-输出关系。静态特性所描述的传感器的输入-输出关系式中不含时间变量。借助实验的方法确定传感器静态特性的过程称为静态校准。校准得到的静态特性称为校准特性。在使用规范的程序和仪器校准后,工程上常将获得的校准曲线看作该传感器的实际特性。衡量传感器静态特性的主要性能指标是线性度、灵敏度、迟滞、重复性、阈值、分辨力、精度、漂移、稳定性等。

1. 线性度

为方便标定和处理数据,总是希望传感器的输出与输入呈线性关系,并能准确无误地反映被测量的真值,但实际上这往往是不可能的。当不考虑传感器的迟滞和蠕变效应时,其静态特性可用下列多项式来描述:

$$y = a_0 + a_1 x + a_2 x^2 + \cdots + a_n x^n \tag{2-1}$$

式中,x 和 y 分别表示输入量和输出量,a_0 为零点输出,a_1 为理论灵敏度,$a_2, a_3, \cdots, a_n$ 为非线性项系数。式(2-1)即为传感器静态特性的数学模型,不同系数决定了特性曲线的具体形式,故该多项式可能有四种情况,如图 2.1 所示。

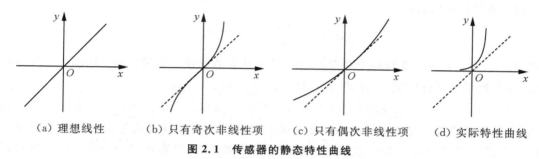

(a) 理想线性　　(b) 只有奇次非线性项　　(c) 只有偶次非线性项　　(d) 实际特性曲线

图 2.1　传感器的静态特性曲线

① 理想线性[图 2.1(a)]。此时 $a_0 = a_2 = a_3 = \cdots = a_n = 0$,于是输出-输入特性方程为

$$y = a_1 x \tag{2-2}$$

上述方程为一条直线,其灵敏度即为直线的斜率,是一个常数。传感器的特性属于理想线性特性,且具有以下优点:可大大简化传感器的理论分析和设计计算;为标定和处理数据带来方便,只要知道线性输出-输入特性曲线上的某个点,就可以确定其余点;可使仪表刻度均匀,制作、安装、调试容易,提高测量精度,避免非线性补偿环节。

② 输出-输入特性曲线关于原点对称[图 2.1(b)]。此时,在原点附近一定范围内曲线基本是线性的,式(2-1)只存在奇次项,即

$$y = a_1 x + a_3 x^3 + a_5 x^5 + \cdots \tag{2-3}$$

具有这种特性的传感器,在原点附近较大的范围内具有较宽的准线性,关于原点对称,且可通过差动方式提高其灵敏度,改善非线性。

③ 输出-输入特性曲线不对称[图 2.1(c)]。此时,式(2-1)中非线性项只有偶次项,即

$$y = a_1 x + a_2 x^2 + a_4 x^4 + \cdots \tag{2-4}$$

由于没有对称性,其线性范围窄,一般传感器的设计很少采用这种特性。

④ 普遍情况[图 2.1(d)]:表达式即式(2-1)。

当传感器的特性出现如图 2.1(b)、(c)和(d)所示的非线性情况时,就必须采取线性化补偿措施。

实际运用时,传感器数学模型的建立究竟应取几阶多项式,是一个数据处理问题。建立数学模型的古典方法是分析法。但该方法太复杂,有时甚至难以进行。利用校准数据来建立数学模型,是目前普遍采用的一种方法。

传感器的静态特性就是在静态标准条件下,利用校准数据确立的。静态标准条件是指没有加速度、振动和冲击(除非这些参数本身就是被测物理量),环境温度一般为室温(20 ℃±5 ℃),相对湿度不大于85%,大气压力为0.1 MPa的情况。在这样的标准工作状态下,利用一定等级的校准设备,对传感器进行循环测试,得到的输出-输入数据一般用表格列出或画成曲线。

传感器的线性度(e_L)指的是在采用直线拟合线性化时,输出-输入的校正曲线与其拟合曲线之间的最大偏差,或称为非线性误差。用相对误差表示其大小,即传感器的正(输入量由小增大)、反(输入量由大减小)行程平均校准曲线与拟合直线之间的最大非线性绝对误差与满量程输出之比:

$$e_L = \pm \frac{(\Delta y_L)_{max}}{y_{F.S.}} \times 100\% \tag{2-5}$$

式中,$(\Delta y_L)_{max}$是最大非线性绝对误差,$y_{F.S.}$表示满量程输出。满量程输出用测量上限标称值y_H与测量下限标称值y_L之差的绝对值表示,即$y_{F.S.} = |y_H - y_L|$。

显而易见,非线性误差的大小是以一定的拟合直线作为基准直线而算出来的。基准直线不同,得出的线性度也不同。传感器在实际校准时所得的校准数据总包括各种误差在内。所以,一般并不要求拟合直线必须通过所有的测试点,只要找到一条能反映校准数据的趋势同时又使误差绝对值最小的直线就行。

需要注意的是,由于采用的拟合直线即理论直线不同,线性度的结果就有差异。因此,即使在同一条件下对同一传感器做校准实验时,得出的非线性误差e_L也不一样。所以在给出线性度时,必须说明其所依据的拟合直线。一般而言,这些拟合直线包括理论拟合、端点连线拟合、最小二乘法拟合和最佳直线拟合。

理论拟合,即理论直线,以传感器的理论特性直线(图示对角线)作为拟合直线,与实际测试值无关,如图2.2(a)所示。其优点是简单、方便,但通常$(\Delta y_L)_{max}$很大。

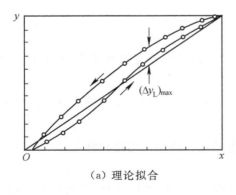

(a) 理论拟合

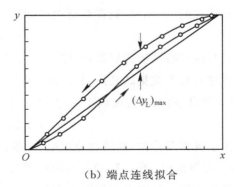

(b) 端点连线拟合

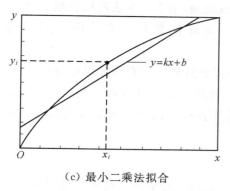
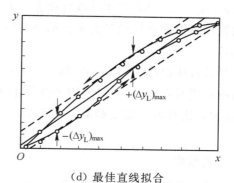

（c）最小二乘法拟合　　　　　　　（d）最佳直线拟合

图 2.2　几种不同的拟合直线

端点连线拟合是以传感器校准曲线两端点间的连线作为拟合直线，如图 2.2(b)所示。其方程式为

$$y=kx+b \qquad (2\text{-}6)$$

式中，b 和 k 分别为直线的截距和斜率。这种方法方便、直观，但 $(\Delta y_\text{L})_\text{max}$ 也很大。

最小二乘法拟合是按最小二乘原理求拟合直线，该直线能保证传感器校准数据的残差平方和最小，如图 2.2(c)所示。若用 $y=kx+b$ 表示最小二乘法拟合直线，式中的系数 b 和 k 可根据下述分析求得。若实际校准测试点有 n 个，则第 i 个校准数据与拟合直线上相应值之间的残差为

$$\Delta_i = y_i - (kx_i + b) \qquad (2\text{-}7)$$

最小二乘法拟合的原理就是使 $\sum\limits_{i=1}^{n}\Delta_i^2$ 最小。

$$\sum_{i=1}^{n}\Delta_i^2 = \sum_{i=1}^{n}\left[y_i - (kx_i + b)\right]^2 \qquad (2\text{-}8)$$

上式分别对 k 和 b 求一阶偏导数并令其等于零，得

$$\frac{\partial}{\partial k}\sum_{i=1}^{n}\Delta_i^2 = 2\sum_{i=1}^{n}(y_i - kx_i - b)(-x_i) = 0 \qquad (2\text{-}9)$$

$$\frac{\partial}{\partial b}\sum_{i=1}^{n}\Delta_i^2 = 2\sum_{i=1}^{n}(y_i - kx_i - b)(-1) = 0 \qquad (2\text{-}10)$$

即得到 k 和 b 的表达式分别为

$$k = \frac{n\sum\limits_{i=1}^{n}x_i y_i - \sum\limits_{i=1}^{n}x_i \sum\limits_{i=1}^{n}y_i}{n\sum\limits_{i=1}^{n}x_i^2 - \left(\sum\limits_{i=1}^{n}x_i\right)^2} \qquad (2\text{-}11)$$

$$b = \frac{\sum\limits_{i=1}^{n}x_i^2 \sum\limits_{i=1}^{n}y_i - \sum\limits_{i=1}^{n}x_i \sum\limits_{i=1}^{n}x_i y_i}{n\sum\limits_{i=1}^{n}x_i^2 - \left(\sum\limits_{i=1}^{n}x_i\right)^2} \qquad (2\text{-}12)$$

求得 k 和 b 后代入 $y=kx+b$，即可得拟合直线，然后按 $\Delta_i = y_i - (kx_i + b)$ 求出残差的

最大值$(\Delta y_{\mathrm{L}})_{\max}$,即求出了非线性误差。值得注意的是,最小二乘法的拟合精度很高,但校准曲线相对拟合直线的最大偏差的绝对值并不一定最小,最大正、负偏差的绝对值也不一定相等。

最佳直线拟合[图2.2(d)]以最佳直线作为拟合直线。该直线能保证传感器正、反行程校准曲线对它的正、负偏差相等并且最小。由此所得的线性度称为"独立线性度"。显然,这种方法的拟合精度最高。通常情况下,最佳直线只能用图解法或通过计算机计算获得。

2. 灵敏度

灵敏度是传感器静态特性的一个重要指标。其定义是输出量增量与引起输出量增量的相应输入量增量之比,即

$$k=\frac{输出量的变化}{输入量的变化} \tag{2-13}$$

线性传感器的灵敏度就是拟合直线的斜率,即 $k=\dfrac{\Delta y}{\Delta x}$,如图 2.3(a)所示;非线性传感器的灵敏度不是常数,而是一个变量,只能表示传感器在某一工作点的灵敏度,其表示式为 $k=\dfrac{\mathrm{d}y}{\mathrm{d}x}$,如图 2.3(b)所示。例如,某位移传感器在位移变化 1 mm 时,输出电压变化 300 mV,则其灵敏度为 300 mV/mm。

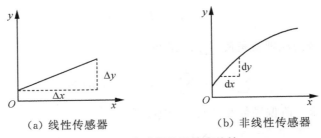

(a) 线性传感器　　　　　(b) 非线性传感器

图 2.3　传感器的灵敏度特性

一般希望测试系统的灵敏度较高,且在满量程范围内是恒定的。这是因为 k 较大,同样的输入有较大的输出。但并不是灵敏度越高越好,因为 k 增大,测量范围很小(输入),同时稳定性差,易受噪声的影响,难以读数。除环境噪声外,还有来自传感器本身输出的噪声。必须用信号与噪声的相互关系来全面衡量传感器。

3. 迟滞

迟滞也叫回程误差,是指在相同测量条件下,对应于同一大小的输入信号,传感器正、反行程的输出信号大小不相等的现象,如图 2.4 所示。迟滞的大小一般由实验方法来确定,用正、反行程间的最大输出差值($\Delta H_{\max}$)对满量程输出($y_{\mathrm{F.S.}}$)的百分比来表示,即

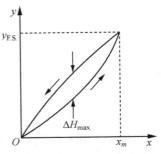

图 2.4　传感器的迟滞性

$$e_{\mathrm{H}} = \pm \frac{\Delta H_{\max}}{y_{\mathrm{F.S.}}} \times 100\% \qquad (2\text{-}14)$$

迟滞特性表明传感器正、反行程期间输出-输入特性曲线不重合的程度。产生迟滞的主要原因是传感器敏感元件材料的物理性质和机械零部件存在缺陷。例如,传感器机械部分存在不可避免的摩擦、间隙、松动、积尘等,进而引起能量吸收和消耗。

4. 重复性

重复性表示传感器在同一工作条件下,输入量按同一方向(增或减)全量程多次测试时,所得到的特性曲线的不一致程度,如图 2.5 所示。它是反映传感器精密度的一个指标,通常用下式计算重复性:

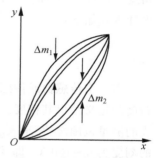

图 2.5　传感器的重复性

$$e_{\mathrm{R}} = \frac{\lambda S}{y_{\mathrm{F.S.}}} \times 100\% \qquad (2\text{-}15)$$

式中,λ 称为置信系数,通常取 2 或 3;$y_{\mathrm{F.S.}}$ 为理论满量程输出值,其计算式为

$$Y_{\mathrm{F.S.}} = |(x_m - x_1) \cdot k| \qquad (2\text{-}16)$$

式中,x_1 和 x_m 分别为对应于测量下限和测量上限的输入值,k 为理论特性直线的斜率。

子样标准偏差 S 可通过贝塞尔公式或极差公式估算,即

$$S^2 = \frac{1}{m} \sum_{j=1}^{m} (y_{ji} - \overline{y}_j)^2, \overline{y}_j = \frac{1}{n} \sum_{i=1}^{n} y_{ji} \quad (j = 1, 2, \cdots, m) \qquad (2\text{-}17)$$

式中,m 为测量范围内不考虑重复测量的测试点数;n 为重复测量次数。y_{ji} 的含义为若输入值 $x = x_j$,则在相同条件下进行 n 次重复试验,获得 n 个输出值 $y_{j1}, y_{j2}, \cdots, y_{jn}$,其中 i 为重复测量序数,$\overline{y}_j$ 为算术平均值。

子样标准偏差 S 还可表示为 $S = \frac{W_n}{d_n}$。其中,W_n 为极差,是指某一测量点校准数据的最大值与最小值之差;d_n 为极差系数,其可根据所用数据的数目 n 由表 2.2 查得。理论与实践证明,n 不能太大,如 n 大于 12,则计算精度变差,这时要修正 d_n。

表 2.2　极差系数与测量次数的对应关系

n	2	3	4	5	6	7	8	9	10
d_n	1.41	1.91	2.24	2.48	2.67	2.83	2.96	3.08	3.18

5. 阈值和分辨力

当一个传感器的输入从零开始极缓慢地增加时,只有在达到某一最小值后才能测得输出变化,这个最小值就称为传感器的阈值。在规定阈值时,最先可测得的输出变化往往难以确定。因此,为避免阈值数据测定的重复性,最好给输出变化规定一个确定的数值,在该输出变化值下的相应输入就称为阈值。

分辨力是指当一个传感器的输入从非零的任意值缓慢地增加时,只有在超过某一输入增量后输出才显示有变化,这个输入增量称为传感器的分辨力。有时用该值相对满量程输

22

入值的百分数表示,称为分辨率,反映传感器能够分辨被测量微小变化的能力。需要注意的是,阈值表示传感器的最小可测出的输入量,而分辨力则表示传感器的最小可测出的输入变量。

6. 精度(精确度)

精度是反映系统误差和随机误差的综合误差指标。一般用方和根法或代数和法计算精度。用线性度、重复性、迟滞三项的方和根或简单代数和表示(但方和根用得较多)的精度计算式如下:

$$e=\sqrt{e_L^2+e_R^2+e_H^2}\tag{2-18a}$$

或

$$e=e_L+e_R+e_H\tag{2-18b}$$

当一个传感器或传感器测量系统设计完成,并进行实际标定后,有时又以工业上仪表精度的定义给出其精度。它是以测量范围中最大的绝对误差(测量值与真实值的差和该仪表的测量范围之比)来表示,该比值称为相对(于满量程的)百分误差。例如,某温度传感器的刻度为 0~100 ℃,即其测量范围为 0~100 ℃。若在这个测量范围内,最大测量误差不超过 0.5 ℃,则其相对百分误差 $\delta=\dfrac{0.5}{100}=0.5\%$。去掉相对百分误差的"%",称为仪表的精确度。精确度可划分成若干等级,如 0.1 级、0.2 级、0.5 级和 1.0 级等。上例中的温度传感器的精度即为 0.5 级。精度等级越小,精度越高。

7. 漂移

漂移是指传感器在输入量不变的情况下,输出量随时间变化的现象,包括零点漂移(零漂)和灵敏度漂移等。图 2.6 所示为零点和灵敏度两种漂移的叠加。漂移量的大小是表征传感器稳定性的重要性能指标。漂移将影响传感器的稳定性或可靠性。产生漂移的原因主要有两个:一是传感器自身结构参数发生变化,如零点漂移;二是在测试过程中周围环境(如温度、湿度、压力等)发生变化,这种情况最常见的是温度漂移(温漂)。

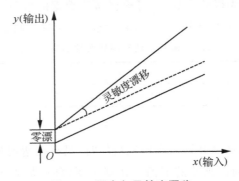

图 2.6　零点与灵敏度漂移

8. 稳定性

稳定性表示传感器在较长时间内保持其性能参数的能力。理想的情况是传感器的灵敏度等特性参数不随时间变化。但实际上,随着时间的推移,大多数传感器的特性会改变。

这是因为传感元件或构成传感器部件的特性随时间发生变化,产生一种经时变化的现象。

2.2.2 动态特性

传感器的动态特性是指其输出对随时间变化的输入量的响应特性。一个动态特性好的传感器,其输出随时间变化的规律(输出变化曲线)将能再现输入随时间变化的规律(输入变化曲线),即输出与输入具有相同的时间函数。但实际上由于制作传感器的敏感材料对不同的变化会表现出一定程度的惯性(如温度测量中的热惯性),输出信号与输入信号并不具有完全相同的时间函数。这种输入与输出间的差异称为动态误差,动态误差反映的是惯性延迟所引起的附加误差。

传感器的动态特性可以从时域和频域两个方面分别采用瞬态响应法和频率响应法来分析。在时域研究传感器的动态特性时,一般采用阶跃函数;在频域研究动态特性时,一般采用正弦函数。对应的传感器动态特性指标分为两类,即与阶跃响应有关的指标和与频率响应特性有关的指标:① 在采用阶跃输入信号研究传感器的时域动态特性时,常用延迟时间、上升时间、响应时间和超调量等表征传感器的动态特性;② 在采用正弦输入信号研究传感器的频域动态特性时,常用幅频特性和相频特性描述传感器的动态特性。

1. 传感器的数学模型

分析传感器的动态特性,必须建立数学模型。在动态测量情况下,如果输入量随时间变化,输出量能立即随之无失真地变化,那么这样的传感器可以看作是理想的。但实际的传感器总是存在诸如弹性、惯性和阻尼等元件,此时输出 y 不仅与输入 x 有关,而且还与输入的速度 $\dfrac{\mathrm{d}x}{\mathrm{d}t}$、加速度 $\dfrac{\mathrm{d}^2 x}{\mathrm{d}t^2}$ 等有关。在工程上总是采取一些近似的方法,忽略一些影响不大的因素,用线性时不变系统理论来描述传感器的动态特性。在数学上用常系数线性微分方程(线性定常系统)表示传感器输出量 $y(t)$ 与输入量 $x(t)$ 的关系,即

$$a_n \frac{\mathrm{d}^n y}{\mathrm{d}t^n} + a_{n-1} \frac{\mathrm{d}^{n-1} y}{\mathrm{d}t^{n-1}} + \cdots + a_1 \frac{\mathrm{d}y}{\mathrm{d}t} + a_0 y = b_m \frac{\mathrm{d}^m x}{\mathrm{d}t^m} + b_{m-1} \frac{\mathrm{d}^{m-1} x}{\mathrm{d}t^{m-1}} + \cdots + b_1 \frac{\mathrm{d}x}{\mathrm{d}t} + b_0 x \quad (2\text{-}19)$$

式中,t 表示时间,$a_0, a_1, \cdots, a_n$ 和 $b_0, b_1, \cdots, b_m$ 表示与传感器的结构特性有关的常数。对于传感器,通常 $b_0 \neq 0$,$b_1, b_2, \cdots, b_n$ 均为零,所以有

$$a_n \frac{\mathrm{d}^n y}{\mathrm{d}t^n} + a_{n-1} \frac{\mathrm{d}^{n-1} y}{\mathrm{d}t^{n-1}} + \cdots + a_1 \frac{\mathrm{d}y}{\mathrm{d}t} + a_0 y = b_0 x \quad (2\text{-}20)$$

理论上,由式(2-20)可以计算传感器的输出与输入关系,但是对于一个复杂的系统和复杂的输入信号,通常采用一些足以反映系统动态特性的函数,将系统的输出和输入联系起来,如传递函数、频率响应函数和脉冲响应函数。

2. 传递函数

对式(2-20)作拉普拉斯(拉氏)变换,并认为输入 $x(t)$ 和输出 $y(t)$ 及它们的各阶时间导数的初始值($t=0$ 时)为 0,系统输出量的拉氏变换与输入量的拉氏变换之比定义为传递函数[$H(s)$],其表达式为

$$H(s) = \frac{Y(s)}{X(s)} \tag{2-21}$$

式中，$Y(s) = L(y(t)) = \int_0^\infty y(t)\mathrm{e}^{-st}\,\mathrm{d}t$ 表示输出 $y(t)$ 的拉氏变换；$X(s) = L(x(t)) = \int_0^\infty x(t)\mathrm{e}^{-st}\,\mathrm{d}t$ 表示输入 $x(t)$ 的拉氏变换。$s = \sigma + \mathrm{j}\omega$ 是拉氏自变量，σ 和 ω 分别是收敛因子和角频率。

对系统微分方程(2-19)进行拉氏变换，即可得出系统的传递函数：

$$a_n s^n Y(s) + a_{n-1} s^{n-1} Y(s) + \cdots + a_1 s Y(s) + a_0 Y(s) = b_m s^m X(s) + b_{m-1} s^{m-1} X(s) + \cdots + b_1 s X(s) + b_0 X(s)$$

$$H(s) = \frac{Y(s)}{X(s)} = \frac{b_m s^m + b_{m-1} s^{m-1} + \cdots + b_1 s + b_0}{a_n s^n + a_{n-1} s^{n-1} + \cdots + a_1 s + a_0} \tag{2-22}$$

一般情况下，由于 $b_0 \neq 0$，$b_1, b_2, \cdots, b_m$ 都为零，所以有

$$H(s) = \frac{Y(s)}{X(s)} = \frac{b_0}{a_n s^n + a_{n-1} s^{n-1} + \cdots + a_1 s + a_0} \tag{2-23}$$

传递函数是一个与输入无关的表达式，只与系统的结构参数有关。它将输出与输入联系起来，是一个描述传感器传递信息特性的函数。引入传递函数后，在 $X(s)$、$Y(s)$ 和 $H(s)$ 三者中，只要知道任意两个，就很容易求得第三个。同一个传递函数可能表征两个完全不同的物理系统，这说明它们有相似的传递特性。

3. 频率响应函数

对于稳定的常系数线性系统，在初始条件为零的条件下，输出信号的傅里叶变换与输入信号的傅里叶变换之比称为传感器系统的频率响应函数，即

$$H(\mathrm{j}\omega) = \frac{Y(\mathrm{j}\omega)}{X(\mathrm{j}\omega)} \tag{2-24}$$

式中，$Y(\mathrm{j}\omega) = \int_0^\infty y(t)\mathrm{e}^{-\mathrm{j}\omega t}\,\mathrm{d}t$ 为输出信号 $y(t)$ 的傅里叶变换，$X(\mathrm{j}\omega) = \int_0^\infty x(t)\mathrm{e}^{-\mathrm{j}\omega t}\,\mathrm{d}t$ 为输入信号 $x(t)$ 的傅里叶变换。

经比较传递函数和频率响应函数，频率特性是实部 $\sigma = 0$ 时传递函数的一个特例。令 $s = \mathrm{j}\omega$，直接由传递函数写出频率特性，即

$$H(\mathrm{j}\omega) = \frac{b_m (\mathrm{j}\omega)^m + b_{m-1}(\mathrm{j}\omega)^{m-1} + \cdots + b_1(\mathrm{j}\omega) + b_0}{a_n (\mathrm{j}\omega)^n + a_{n-1}(\mathrm{j}\omega)^{n-1} + \cdots + a_1(\mathrm{j}\omega) + a_0} \tag{2-25}$$

频率响应函数是一个复数函数，可用指数形式表示：

$$H(\mathrm{j}\omega) = A(\omega)\mathrm{e}^{\mathrm{j}\varphi(\omega)} \tag{2-26}$$

式中，$A(\omega)$ 是 $H(\mathrm{j}\omega)$ 的模，$\varphi(\omega)$ 是 $H(\mathrm{j}\omega)$ 的相角。

$$A(\omega) = |H(\mathrm{j}\omega)| = \sqrt{[H_\mathrm{R}(\omega)]^2 + [H_\mathrm{I}(\omega)]^2} \tag{2-27}$$

称为传感器的幅频特性。

$$\varphi(\omega) = -\arctan \frac{H_\mathrm{I}(\omega)}{H_\mathrm{R}(\omega)} \tag{2-28}$$

称为传感器的相频特性。

4. 传感器的动态特性分析

一般可以将大多数传感器简化为一阶或二阶系统(高阶可以分解成若干个低阶环节)。因此,一阶和二阶传感器是基本的。传感器的输入量随时间变化的规律是多种多样的,下面在对传感器的动态特性进行分析时,采用最典型、最简单、易实现的正弦信号和阶跃信号作为标准输入信号。对于阶跃输入信号,传感器的响应称为阶跃响应或瞬态响应;对于正弦输入信号,传感器的响应称为频率响应或稳态响应。

(1) 瞬态响应特性

① 零阶传感器的瞬态响应特性。

零阶传感器的微分方程只有 a_0 和 b_0 两个系数,所对应的方程为 $a_0 y(t) = b_0 x(t)$ 或 $y(t) = \dfrac{b_0}{a_0} x(t) = kx(t)$,其中 k 为静态灵敏度。零阶系统的动态特性就是系统的静态特性。

零阶输入系统的输入量无论随时间如何变化,其输出量总是与输入量成确定的比例关系,与频率无关。因此,无幅值和相位失真问题。典型的零阶系统如线性电位器,如图 2.7 所示。输出电压与电刷位移之间的关系为 $U_o = \dfrac{U_i}{L} x = kx$。在实际应用中,许多高阶系统在变化缓慢、频率不高时,都可以近似地当作零阶系统处理。

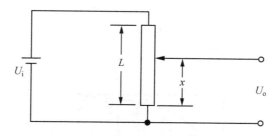

图 2.7　线性电位器原理图

传感器的瞬态响应是时间响应。在研究传感器的动态特性时,有时需要从时域中对传感器的响应和过渡过程进行分析,这种分析方法称为时域分析法。传感器在进行时域分析时,用得比较多的标准输入信号有阶跃信号和脉冲信号。传感器的输出瞬态响应分别称为阶跃响应和脉冲响应。

② 一阶传感器的单位阶跃响应。

一阶传感器的数学模型为

$$a_1 \frac{\mathrm{d}y(t)}{\mathrm{d}t} + a_0 y(t) = b_0 x(t) \quad \text{或} \quad \frac{a_1}{a_0} \cdot \frac{\mathrm{d}y(t)}{\mathrm{d}t} + y(t) = \frac{b_0}{a_0} x(t) \qquad (2\text{-}29)$$

令 $\tau = \dfrac{a_1}{a_0}$ 为时间常数,具有时间"秒"的量纲,$k = \dfrac{b_0}{a_0}$ 为静态灵敏度,故式(2-29)可以表示为

$$\tau \frac{\mathrm{d}y(t)}{\mathrm{d}t} + y(t) = kx(t) \qquad (2\text{-}30)$$

一阶传感器的传递函数：

$$H(s) = \frac{Y(s)}{X(s)} = \frac{1}{\tau s + 1} \tag{2-31}$$

对初始状态为零的传感器，当输入一个单位阶跃信号

$$x(t) = \begin{cases} 0, & t \leqslant 0 \\ 1, & t > 0 \end{cases} \tag{2-32}$$

输入信号 $x(t)$ 的拉氏变换为

$$X(s) = \frac{1}{s} \tag{2-33}$$

一阶传感器的单位阶跃响应拉氏变换式为

$$Y(s) = H(s)X(s) = \frac{1}{\tau s + 1} \cdot \frac{1}{s} \tag{2-34}$$

对式（2-30）进行拉氏逆变换，可得一阶传感器的单位阶跃响应信号为

$$y(t) = 1 - e^{-\frac{t}{\tau}} \tag{2-35}$$

图 2.8 所示为一阶传感器的单位阶跃响应曲线。由图 2.8 可知，传感器存在惯性，其输出不能立即复现输入信号，而是从零开始按指数规律上升，最终达到稳态值。理论上传感器的响应只在 t 趋于无穷大时才达到稳态值，但实际上当 $t = 4\tau$ 时其输出达到稳态值的 98.2%，故可认为已达到稳态。τ 越小，响应曲线越接近于输入阶跃曲线，因此，τ 是一阶传感器重要的性能参数。

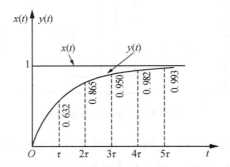

图 2.8 一阶传感器的单位阶跃响应

③ 二阶传感器的单位阶跃响应。

二阶传感器的数学模型为

$$a_2 \frac{d^2 y}{dt^2} + a_1 \frac{dy}{dt} + a_0 y = b_0 x \tag{2-36}$$

所对应的通式为

$$\frac{1}{\omega_n^2} \cdot \frac{d^2 y(t)}{dt^2} + \frac{2\zeta}{\omega_n} \cdot \frac{dy(t)}{dt} + y(t) = x(t) \tag{2-37}$$

式中，$\omega_n = \sqrt{\dfrac{a_0}{a_2}}$ 为传感器的固有频率，$\zeta = \dfrac{a_1}{2\sqrt{a_0 a_2}}$ 为传感器的阻尼比。

二阶传感器的传递函数为

$$H(s)=\frac{Y(s)}{X(s)}=\frac{b_0}{a_2 s^2+a_1 s+a_0}=\frac{k\omega_n^2}{s^2+2\zeta\omega_n s+\omega_n^2} \qquad (2-38)$$

在单位阶跃信号作用下,传感器输出的拉氏变换为

$$Y(s)=H(s)X(s)=\frac{\omega_n^2}{s^2+2\zeta\omega_n s+\omega_n^2} \cdot \frac{1}{s} \qquad (2-39)$$

对 $Y(s)$ 进行拉氏逆变换,即可得到二阶单位阶跃响应。

图 2.9 所示为二阶传感器的单位阶跃响应曲线。由图 2.9 可知,二阶传感器对阶跃信号的响应在很大程度上取决于阻尼比 ζ 和固有频率 ω_n。固有频率由传感器的主要结构参数所决定, ω_n 越高,传感器的响应越快。当 ω_n 为常数时,传感器的响应取决于阻尼比 ζ。阻尼比 ζ 直接影响超调量和振荡次数。 $\zeta=0$,为临界阻尼,超调量为 100% ,产生等幅振荡,达不到稳态; $\zeta>1$,为过阻尼,无超调也无振荡,但达到稳态所需时间较长; $\zeta<1$,为欠阻尼,衰减振荡,达到稳态值所需时间随 ξ 的减小而延长。 $\zeta=1$ 时响应时间最短。阻尼比 ζ 一般取 $0.6\sim0.8$ 。带保护套管的热电偶是一个典型的二阶传感器。

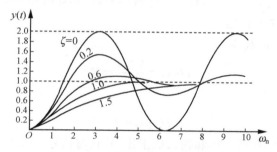

图 2.9 二阶传感器的单位阶跃响应

④ 瞬态响应特性指标。

一阶或二阶传感器单位阶跃响应的时域动态特性分别如图 2.10 和图 2.11 所示。其时域动态特性参数描述如下。

时间常数 (τ) :一阶传感器的输出上升到稳态值的 63.2% 所需的时间。它是描述一阶传感器动态特性的重要参数, τ 越小,响应速度越快。

延迟时间 (t_d) :传感器的输出达到稳态值的 50% 所需的时间。

上升时间 (t_r) :传感器的输出达到稳态值的 90% 所用的时间。

峰值时间 (t_p) :二阶传感器输出响应曲线达到第一个峰值所需的时间。

响应时间 (t_s) :二阶传感器从输入量开始起作用到输出指示值进入稳态值规定范围所需要的时间。

超调量 (σ) :二阶传感器的输出第一次达到稳定值后又超出稳定值而出现的最大偏差,即二阶传感器的输出超过稳定值的最大值。

28

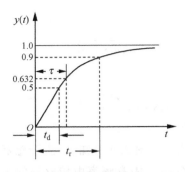

图 2.10　一阶传感器的时域动态特性

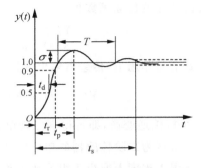

图 2.11　二阶传感器($\zeta < 1$)的时域动态特性

（2）频率响应特性

传感器对不同频率成分的正弦输入信号的响应特性，称为频率响应特性。一个传感器输入端有正弦信号作用时，其输出响应仍然是同频率的正弦信号，只是与输入端正弦信号的幅值和相位不同。传感器在正弦激励 $x(t) = A\sin\omega t$ 的作用下，经暂态过程，其响应 $y(t) = B(\omega)\sin[\omega t + \varphi(\omega)]$ 仍为正弦信号，且频率保持不变，但其幅值和相位随频率发生变化。

① 零阶传感器的频率特性。

零阶传感器的传递函数为

$$H(s) = \frac{Y(s)}{X(s)} = K$$

频率特性为

$$H(j\omega) = K$$

由此可见，零阶传感器的输出和输入成正比，并且与信号频率无关。因此，无幅值和相位失真问题，具有理想的动态特性。

② 一阶传感器的频率特性。

将一阶传感器传递函数中的 s 用 $j\omega$ 代替后，即可得如下的频率特性表达式。

频率响应函数：

$$H(j\omega) = \frac{Y(j\omega)}{X(j\omega)} = \frac{k}{1 + j\omega\tau} \tag{2-40}$$

幅频特性：

$$A(\omega) = \frac{k}{\sqrt{(\omega\tau)^2 + 1}} \tag{2-41}$$

相频特性：

$$\varphi(\omega) = \arctan(-\omega\tau) \tag{2-42}$$

图 2.12 所示为一阶传感器的幅频特性和相频特性曲线。由图 2.12 可知，时间常数 τ 越小，频率响应特性越好。当 $\omega\tau \ll 1$ 时，$A(\omega) \approx 1$，$\varphi(\omega) \approx -\omega\tau$，表明传感器输出与输入呈线性关系，且相位差与频率 ω 呈线性关系，输出 $y(t)$ 比较真实地反映了输入 $x(t)$ 的变化规律。因此，减小 τ 可以改善传感器的频率特性。

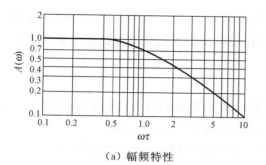

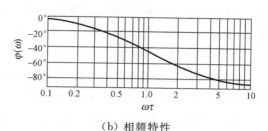

（a）幅频特性　　　　　　　　　　　　（b）相频特性

图 2.12　一阶传感器的频率特性

③ 二阶传感器的频率特性。

二阶传感器的频率特性表达式为

$$H(\mathrm{j}\omega) = \cfrac{1}{1 - \left(\cfrac{\omega}{\omega_n}\right)^2 + 2\mathrm{j}\zeta \cfrac{\omega}{\omega_n}} \tag{2-43}$$

幅频特性和相频特性分别为

$$\begin{cases} A(\omega) = \cfrac{1}{\sqrt{\left[1 - \left(\cfrac{\omega}{\omega_n}\right)^2\right]^2 + \left(2\zeta \cfrac{\omega}{\omega_n}\right)^2}} \\[6mm] \varphi(\omega) = -\arctan \cfrac{2\zeta \cfrac{\omega}{\omega_n}}{1 - \left(\cfrac{\omega}{\omega_n}\right)^2} \end{cases} \tag{2-44}$$

图 2.13 所示为二阶传感器的频率响应特性曲线。从式（2-43）、式（2-44）和图 2.13 可见,二阶传感器的频率响应特性主要取决于传感器的固有角频率 ω_n 和阻尼系数 ζ。当 $0 < \zeta < 1, \omega \ll \omega_n$ 时,$A(\omega) \approx 1$（常数）,$\varphi(\omega)$ 很小,$\varphi(\omega) = 2\zeta \dfrac{\omega}{\omega_n}$,即相位差与频率 ω 呈线性关系,此时系统的输出 $y(t)$ 真实准确地再现输入 $x(t)$ 的波形;在 $\omega = \omega_n$ 附近,系统发生共振,幅频特性受阻尼系数影响极大,实际测量时应避免此情况。

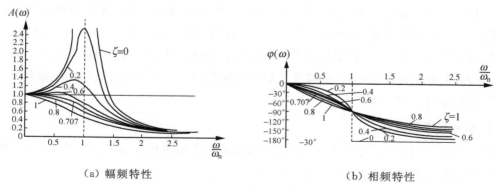

（a）幅频特性　　　　　　　　　　　　（b）相频特性

图 2.13　二阶传感器的频率特性

通过上面的分析可得到如下结论:为了使测试结果能精确地再现被测信号的波形,在传感器设计时,必须使其阻尼系数 $\zeta < 1$,固有角频率 ω_n 至少应大于被测信号频率 ω 的 3 倍。在实际测试中,被测量为非周期信号时,选用和设计传感器时应保证传感器固有角频率 ω_n 不低于被测信号基频 ω 的 10 倍即可。

④ 频率响应特性指标。

频带:传感器增益保持在一定值内的频率范围,即对数幅频特性曲线上幅值衰减 3 dB 时所对应的频率范围,称为传感器的频带或通频带,对应有上、下截止频率。

时间常数(τ):用时间常数 τ 来表征一阶传感器的动态特性,τ 越小,频带越宽。

固有频率(ω_n):二阶传感器的固有频率 ω_n 表征其动态特性。

2.3 传感器的标定和校准

任何一种传感器在装配完后都必须按设计指标进行全面且严格的性能鉴定。传感器在使用一段时间(一般为 1 年)或经过修理后,也必须对主要技术指标进行校准试验,以确保传感器的各项性能指标达到要求。

2.3.1 传感器的标定

传感器的标定是通过试验建立传感器输入量与输出量之间的关系,并确定不同使用条件下的误差关系。

传感器的标定工作可分为以下两个方面:① 新研制的传感器须进行全面的技术性能的检定,用检定数据进行量值传递,检定数据是改进传感器设计的重要依据;② 经过一段时间的储存或使用后对传感器进行复测。

为保证各种被测量值的一致性和准确性,很多国家都建立了一系列计量器具(包括传感器)标定的组织、规程和管理办法。我国由国家计量局、中国计量科学研究院和省、市计量部门以及一些企业的计量站进行制定和实施。国家计量局(1989 年后由国家技术监督局)制定和发布力值、长度、压力和温度等一系列计量器具规程,并于 1985 年 9 月公布《中华人民共和国计量法》。工程测量中传感器的标定,应在与其使用条件相似的环境下进行。为获得较高的标定精度,应将传感器及其配用的电缆(尤其是电容式、压电式传感器等)、放大器等测试系统一起标定。

1. 标定系统的组成

标定系统一般由被测非电量的标准发生器,被测非电量的标准测试系统,待标定传感器所配接的信号调节器和显示、记录器等组成。

2. 标定的分类

根据系统的用途,输入可以是静态的也可以是动态的。因此,传感器的标定有静态标定和动态标定两种。

（1）静态标定

静态标定的目的是确定传感器静态特性指标，包括线性度、灵敏度、分辨率、迟滞、重复性等。

静态标定的条件是没有加速度、振动、冲击（除非这些参数本身就是被测物理量），以及环境温度一般为室温（20 ℃±5 ℃）、相对湿度不大于 85％，大气压力为 0.1 MPa 的情况。

标定仪器设备精度等级的方法为：对传感器进行标定，根据试验数据确定传感器的各项性能指标，实际上也是确定传感器的测量精度。标定传感器时，所用的测量仪器的精度至少要比被标定的传感器的精度高一个等级。这样，通过标定确定的传感器的静态性能指标才是可靠的，所确定的精度才是可信的。

静态标定步骤如下：① 将传感器全量程（测量范围）分成若干等间距；② 根据传感器量程的分点情况，由小到大一点一点地输入标准量值，并记录与各输入值相对应的输出值；③ 将输入值由大到小一点一点地减少，同时记录与各输入值相对应的输出值；④ 按②、③所述过程，对传感器进行正、反行程往复循环多次测试，将得到的输出-输入测试数据用表格列出或画成曲线；⑤ 对测试数据进行必要的处理，根据处理结果就可以确定传感器的线性度、灵敏度、滞后和重复性等静态特性指标。

（2）动态标定

动态标定的目的是确定传感器的动态特性参数。通过确定其线性工作范围（用同一频率不同幅值的正弦信号输入传感器测量其输出）、频率响应函数、幅频特性和相频特性曲线、阶跃响应曲线来确定传感器的频率响应范围、幅值误差和相位误差、时间常数、阻尼比、固有频率等。

传感器动态标定设备主要是指动态激振设备，低频下常使用激振器，如电磁振动台、低频回转台、机械振动台、液压振动台等，一般采用振动台产生简谐振动作为传感器的输入量。对某些高频传感器的动态标定，采用正弦激励法标定时，很难产生同频激励信号，一般采用瞬变函数激励信号，这时就要用激波管来产生激波。采用激波管的优点如下：① 压力幅度范围宽，便于改变压力值；② 频率范围宽（2 kHz～2.5 MHz）；③ 便于分析研究和数据处理。

2.3.2 传感器的校准

传感器须定期检测其基本性能参数，判定能否继续使用，如能继续使用，则应对有变化的主要指标（如灵敏度）进行数据修正，确保传感器的测量精度，此过程称为传感器的校准。校准与标定的内容基本相同。

习 题
* * * * * * * * * * * * *

一、单项选择题

1. 衡量传感器静态特性的指标不包括（   ）。

A. 线性度　　　　　　　　　　　　B. 灵敏度

C. 频域响应　　　　　　　　　　　D. 重复性

2. 下列指标属于衡量传感器动态特性的评价指标的是（　　　）。

A. 时域响应　　　　　　　　　　　B. 线性度

C. 零点漂移　　　　　　　　　　　D. 灵敏度

3. 一阶传感器的输出达到稳态值的50％所需的时间是（　　　）。

A. 延迟时间　　　　　　　　　　　B. 上升时间

C. 峰值时间　　　　　　　　　　　D. 响应时间

4. 一阶传感器的输出达到稳态值的90％所需的时间是（　　　）。

A. 延迟时间　　　　　　　　　　　B. 上升时间

C. 峰值时间　　　　　　　　　　　D. 响应时间

5. 对于传感器的动态特性，下列说法不正确的是（　　　）。

A. 变面积式电容传感器可看作零阶系统

B. 一阶传感器的截止频率是时间常数的倒数

C. 时间常数越大，一阶传感器的频率响应越好

D. 提高二阶传感器的固有频率，可减小动态误差，扩大频率响应范围

6. 下列指标属于传感器动态特性指标的是（　　　）。

A. 重复性　　　　　　　　　　　　B. 固有频率

C. 灵敏度　　　　　　　　　　　　D. 漂移

7. 传感器的精度表征给出值与（　　　）相符合的程度。

A. 估计值　　　　　　　　　　　　B. 被测值

C. 相对值　　　　　　　　　　　　D. 理论值

8. 传感器的静态特性，是指当传感器输入、输出不随（　　　）变化时，其输出-输入的特性。

A. 时间　　　　　　　　　　　　　B. 被测量

C. 环境　　　　　　　　　　　　　D. 地理位置

二、简答题

1. 什么是传感器的静态特性？静态特性的主要技术指标有哪些？

2. 什么是传感器的动态特性？动态特性的主要技术指标有哪些？

3. 传感器的动态特性常用什么方法进行描述？

4. 一阶传感器的传递函数和频率响应函数是什么？

第三章 电阻式传感器

在众多的传感器中,有一类是通过电阻参数的变化来实现对被测量的测量,这类传感器被统称为电阻式传感器。由于构成电阻的材料及种类很多,引起电阻变化的物理原因也很多,故电阻式传感器可分为电位计式、应变片式、压阻式、磁电阻式和热电阻式等。本章主要讨论电阻应变式和压阻式传感器。

3.1 电阻应变式传感器

电阻应变式传感器是基于测量物体受力变形产生应变的一种传感器。电阻应变片是其最常用的传感元件,它是一种能将机械构件上应变的变化转换为电阻变化的传感元件。电阻应变式传感器作为测力的主要传感器,测力对象小到肌肉纤维,大到登月火箭,精确度可达 $0.01\% \sim 0.1\%$,且具有如下特点:① 结构简单,使用方便,性能可靠、稳定,体积非常小,可以在很多地方安装使用,对试件的工作状态和应力分布影响很小;② 灵敏度高,适合静态、动态测量,能测 $0 \sim 50$ kHz 的信号;③ 可以测量多种物理量,应用广泛,如可测 $10^{-1} \sim 10^{7}$ N 范围的力,测 $10^{-4} \sim 10^{9}$ Pa 范围的压强,可用在电子秤上,也可用来测铁轨的变形,甚至可以用于火箭发动机推力的测试;④ 可在高(低)温、高速、高压、强烈振动、强磁场及核辐射和化学腐蚀等恶劣条件下正常工作;⑤ 价格低廉,品种多样,便于选择;⑥ 具有非线性,抗干扰能力较差,因此信号线需要采取屏蔽措施;⑦ 只能测量一点或应变栅范围内的平均应变,不能显示应力场中应力梯度的变化等;⑧ 不能用于过高温度的场合。

3.1.1 电阻应变片的工作原理

1. 应变效应

导体和半导体材料在受到外力(拉力或压力)作用时,产生机械变形,导致其阻值发生变化,这种因形变而使其阻值发生变化的现象称为应变效应。下面以金属丝应变片为例,介绍其应变效应。

设有一长度为 l、截面积为 S、半径为 r、电阻率为 ρ 的金属丝,在其未受力时电阻值 R

可表示为

$$R = \rho \frac{l}{S} \tag{3-1}$$

当金属丝受拉力作用而伸长 $\mathrm{d}l$ 时,其横截面积将相应减小 $\mathrm{d}S$,电阻率则因金属晶格发生变形等因素的影响也将改变 $\mathrm{d}\rho$,这些量的变化必然引起电阻值改变,即

$$\mathrm{d}R = \frac{\rho}{S}\mathrm{d}l - \frac{\rho l}{S^2}\mathrm{d}S + \frac{l}{S}\mathrm{d}\rho \tag{3-2}$$

将式(3-2)两边同除 R(相对变化量信号更强),得到

$$\frac{\mathrm{d}R}{R} = \frac{\mathrm{d}l}{l} - \frac{\mathrm{d}S}{S} + \frac{\mathrm{d}\rho}{\rho} \tag{3-3}$$

若金属丝是圆形的,其截面积 $S = \pi r^2$,对 r 微分可得 $\mathrm{d}S = 2\pi r \mathrm{d}r$,由此可得

$$\frac{\mathrm{d}S}{S} = \frac{2\pi r \mathrm{d}r}{\pi r^2} = 2\frac{\mathrm{d}r}{r} \tag{3-4}$$

将式(3-4)代入式(3-3),可得

$$\frac{\mathrm{d}R}{R} = \frac{\mathrm{d}l}{l} + \frac{\mathrm{d}\rho}{\rho} - 2\frac{\mathrm{d}r}{r} \tag{3-5}$$

式(3-5)表示电阻的相对变化量。它是与电阻率的相对变化量、长度的相对变化量及半径的相对变化量有关的一个量,是所有参数变化量的代数和。由材料力学知识可得金属丝的轴向应变为

$$\varepsilon_x = \frac{\mathrm{d}l}{l} \tag{3-6}$$

而金属丝的径向应变为

$$\varepsilon_y = \frac{\mathrm{d}r}{r} \tag{3-7}$$

在弹性范围内,金属丝受拉力作用时,沿轴向伸长,沿径向缩短。轴向和径向应变的关系可表示为

$$\varepsilon_y = -\mu \varepsilon_x \tag{3-8}$$

式中,μ 为金属丝材料的泊松比,负号表示材料在轴向上受拉力,在轴向上是伸长的,而其体积基本不变,所以径向上是要缩短的。而泊松比又是一个正数,因此轴向应变和径向应变在符号上应该是相反的关系。

将式(3-7)和式(3-8)代入式(3-4)得

$$\frac{\mathrm{d}S}{S} = -2\mu \varepsilon_x \tag{3-9}$$

将式(3-6)和式(3-9)代入式(3-3)得

$$\frac{\mathrm{d}R}{R} = (1 + 2\mu)\varepsilon_x + \frac{\mathrm{d}\rho}{\rho} \tag{3-10}$$

金属丝电阻的相对变化与金属丝的伸长或缩短之间存在比例关系。比例系数 K_s 称为金属丝的应变灵敏系数,物理意义为单位应变所引起的电阻相对变化量。

$$K_{\mathrm{S}}=\frac{\dfrac{\mathrm{d}R}{R}}{\varepsilon_x}=1+2\mu+\frac{\dfrac{\mathrm{d}\rho}{\rho}}{\varepsilon_x} \tag{3-11}$$

K_{S} 受两个因素影响：第一项 $1+2\mu$ 是由于金属丝受拉力作用后，材料的几何尺寸发生变化引起的；第二项 $\dfrac{\mathrm{d}\rho}{\rho}$ 是由材料的电阻率 ρ 随应变引起的（压阻效应）。对于金属材料，几何效应占主导地位，而半导体材料则是压阻效应占主导地位。在弹性应变范围内，金属材料的 $1+2\mu$ 不会超过 2，但是根据对各种金属材料的灵敏系数进行的实测表明，一般都超过 2，这说明 $\dfrac{\mathrm{d}\rho}{\rho}$ 项对金属材料的灵敏系数还是有影响的，所以 K_{S} 只能靠实验求得。实验表明，在金属丝变形的弹性范围内，电阻相对变化与轴向应变成正比。因而 K_{S} 为一个常数，通常在 $1.8\sim3.6$ 内。

根据材料不同，应变片可分为金属应变片和半导体应变片，实际用得较多的是金属应变片。金属丝在产生应变效应时，应变 ε 与电阻变化率呈线性关系：

$$\frac{\Delta R}{R}=K\varepsilon \tag{3-12}$$

式中，$\varepsilon=\dfrac{\Delta l}{l}$，在工程和材料领域常用单位叫微应变，单位用 $\mu\varepsilon$ 表示（$1\ \mu\varepsilon=1\times10^{-6}$ mm/mm）。

2. 应力

横截面积为 A 的物体（金属丝）受到外力 F 的作用，并处于平衡状态时，物体在单位面积上引起的内力称为应力 σ，则 $\sigma=\dfrac{F}{A}$。用应变片测量应变和应力时，是将应变片粘贴在被测对象上。在外力作用下，被测对象表面产生微小的机械变形，当测得应变片电阻值的变化量 ΔR 时，便可得到被测对象的应变值。根据应力与应变的关系，得到应力值 σ 为

$$\sigma=E\varepsilon \tag{3-13}$$

式中，σ 表示试件的应力，ε 表示试件的应变，E 为试件材料的弹性模量。

由此可知，应力值 σ 正比于应变 ε，而试件的应变 ε 正比于电阻值的变化，所以应力 σ 正比于电阻值的变化。这就是利用应变片测量应变的基本原理，可通过如下公式表示：

$$\frac{\Delta R}{R}=K\varepsilon=K\frac{\sigma}{E} \tag{3-14}$$

3.1.2 电阻应变片的主要特征

1. 电阻应变片的结构和类型

电阻应变片种类繁多，结构形式多样，常见的有丝式、箔式和薄膜式三种类型。应变片一般由敏感栅、基底、覆盖层、引线和黏结剂等几部分组成，如图 3.1 所示。它是将金属丝按图示形状弯曲后用黏结剂贴在衬底上构成，电阻丝两端有引线，使用时只要将应变片贴于弹性体上就可构成应变式传感器。下面以丝式应变片为例说明其结构。

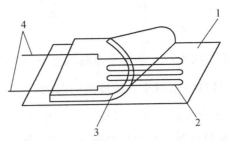

1—基片；2—电阻丝；3—覆盖层；4—引线。

图 3.1　金属应变片的基本结构

（1）丝式应变片

① 敏感栅。

敏感栅是应变片中实现应变-电阻转换的敏感元件。丝式应变片的敏感栅由高电阻率的金属细丝绕成栅状，敏感栅直径一般为 0.012～0.05 mm，以 0.025 mm 最为常见。敏感栅绕成栅状而不是采用单根的电阻丝作为敏感元件的主要原因是：在实际应用时，若直接拿电阻丝做敏感元件，将电阻丝粘在测试工件上，由于机械变形很小，电阻丝的变形也很小，这样电阻的变化很小；而将电阻丝盘起来，电阻丝阻值增大，测量精度得到提高。

制作敏感栅的材料应具备以下条件：a. 应变灵敏系数大，并在所测应变范围内为常数；b. 电阻率高且稳定，以便制成小栅长的应变片；c. 电阻温度系数要小；d. 抗氧化能力强，耐腐蚀性能强；e. 加工性能良好，易于拉制成丝或轧压成箔材。敏感栅常用的材料有康铜、镍铬合金、镍铬铝合金、铁铬铝合金、铂、铂钨合金等。其中，康铜是目前应用最广泛的应变丝材料，主要原因为康铜的灵敏系数稳定性好，在弹性变形范围内能保持为常数，进入塑性变形范围内也基本上能保持为常数；康铜的电阻温度系数较小且稳定，当采用合适的热处理工艺时，可使电阻温度系数在 $-50\times10^{-6}\sim50\times10^{-6}$ ℃ 的范围内；康铜的加工性能好，易于焊接。因而国内外多以康铜作为应变丝材料。

② 基底和盖片。

基底用于保持敏感栅、引线的几何形状和相对位置，盖片既可保持敏感栅和引线的形状与相对位置，还可保护敏感栅。基底的全长称为基底长，其宽度称为基底宽，可采用胶基或纸基。

③ 引线。

引线是从应变片的敏感栅中引出的细金属线，起连接敏感栅与外界测量电路的作用。引线可采用直径 0.15～0.30 mm 的镀锡铜线焊接。

④ 黏结剂。

黏结剂用于将敏感栅固定于基底上，并将盖片与基底粘贴在一起。使用金属应变片时，也需用黏结剂将应变片基底粘贴在构件表面某个方向和位置上，以便将构件受力后的表面应变传递给应变计的基底和敏感栅。常用的黏结剂分为有机和无机两大类。有机黏结剂用于低温、常温和中温环境，常用的有聚丙烯酸酯、酚醛树脂、有机硅树脂、聚酰亚胺等。无机黏结剂用于高温环境,常用的有磷酸盐、硅酸、硼酸盐等。

丝式应变片分为回线式和短接式两种,如图 3.2 所示。回线式应变片是将电阻丝绕制成敏感栅粘贴在各种绝缘基底上制成的。它是一种常用的应变片,其基底很薄,能有效地传递应变,缺点是存在横向效应。短接式应变片的敏感栅是平行排列的,两端用直径比栅丝大 5～10 倍的镀银丝短接而成。其优点是克服了回线式应变片的横向效应,但由于焊点多,在冲击、振动等试验条件下,在焊点处易出现疲劳破坏,对制造工艺要求高,且有更优越的箔式应变片,因此很少使用。

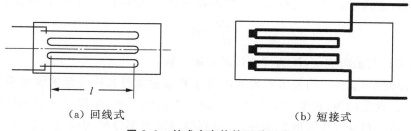

（a）回线式　　　　　　　　　　（b）短接式

图 3.2　丝式应变片的两种形式

（2）金属箔式应变片

箔式应变片是在绝缘基底上,将厚度为 0.003～0.01 mm 的电阻箔材,利用照相制版或光刻腐蚀的方法,制成各种形状,如图 3.3 所示。箔式应变片具有以下优点:① 尺寸准确,线条均匀,适合不同的测量要求;② 可制成多种复杂形状和尺寸的敏感栅;③ 与被测试件接触面积大,黏结性能好,散热条件好,允许电流大,灵敏度较高;④ 横向效应可以忽略;⑤ 蠕变、机械滞后小,疲劳寿命长。其缺点为电阻值的分散性大,但可通过阻值调整解决此问题。

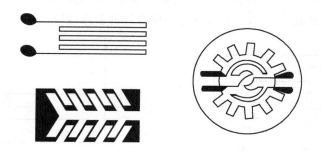

图 3.3　箔式应变片

（3）金属薄膜应变片

采用真空蒸发或真空沉积等方法在薄的绝缘基片上形成厚度在 0.1 μm 以下的金属电阻材料薄膜敏感栅,再加上保护层,即可形成金属薄膜应变片。其优点为应变灵敏系数大,允许电流密度大,工作范围广,易实现工业化生产。目前使用中存在的主要问题是尚难控制电阻对温度和时间的变化关系。

（4）半导体应变片

半导体应变片是由半导体材料做成，即单晶半导体经切型、切条、光刻腐蚀成形，然后粘贴在薄的绝缘基片上，最后再加上保护层。但半导体材料一个很大的缺点是受温度影响很大，因此它的重复性、温度稳定性、时间稳定性都稍微差一些。

2. 电阻应变片的特性

（1）应变灵敏系数 K

当具有初始电阻值的应变计粘贴于试件表面时，试件受力引起的表面应变将传递给应变计的敏感栅，使其电阻产生相对变化。实验证明，在一定的应变范围内，有如下关系：

$$\frac{\Delta R}{R} = K\varepsilon \tag{3-15}$$

式中，ε 为应变计的轴向应变，K 为应变计的灵敏系数。

必须指出的是，应变计的灵敏系数并不等于其敏感栅整长应变丝的灵敏系数，一般情况下，$K < K_S$。这是因为，在单向应力产生双向应变的情况下，K 除受到敏感栅结构形状、成型工艺、黏结剂和基底性能的影响外，还受到栅端圆弧部分横向效应的影响。应变计的灵敏系数直接关系到应变测量的精度。因此，通常采用从批量生产中每批抽样，在规定条件下通过实测确定即应变计的标定，故又称标定灵敏系数。

（2）横向效应

当将图 3.4 所示的应变片粘贴在被测试件上时，由于其敏感栅是由 n 条长度为 l_1 的直线段和 $(n-1)$ 个半径为 r 的半圆组成，若该应变片承受轴向应力而产生纵向拉应变 ε_x 时，则各直线段的电阻将增加，但在半圆弧段受到从 $+\varepsilon_x$ 到 $-\mu\varepsilon_x$ 变化的应变，圆弧段电阻的变化将小于沿轴向放置的同样长度电阻丝电阻的变化。综上所述，将直的电阻丝绕成敏感栅后，虽然长度不变，应变状态相同，但由于应变片敏感栅的电阻变化较小，因而其灵敏系数 K 较电阻丝的灵敏系数 K_S 小，这种现象称为应变片的横向效应。

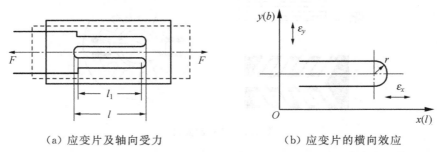

（a）应变片及轴向受力　　　　　　（b）应变片的横向效应

图 3.4　应变片轴向受力及横向效应

（3）机械滞后

在使用过程中，由于敏感栅基底和黏结剂材料的性能差异，或使用时过载、过热，都会使应变计产生残余变形，导致应变计的输出不重合。这种不重合性用机械滞后来衡量，是指粘贴在试件上的应变计，在恒温条件下增（加载）、减（卸载）试件应变的过程中，对应同一机械应变所指示应变量（输出）之差值。

（4）应变片的电阻值 R

应变片在未经安装且不受外力的情况下,室温下测得的电阻值一般为 60 Ω、120 Ω、200 Ω、350 Ω、500 Ω 和 1 000 Ω,其中以 120 Ω 最常用。

（5）允许电流

允许电流是指不因电流产生的热量影响测量精度,应变片允许通过的最大电流。静态测量时,允许电流一般为 25 mA;动态测量时,允许电流可达 75 mA,甚至 100 mA。

（6）应变极限

应变片在变形时电阻变化和应变变化成正比,这个线性是有一定范围的。一个应变极限就对应一个测量范围。对于已粘贴好的应变片,其应变极限是指在一定温度下,指示应变 ε_i 与受力试件的真实应变 ε_z 的相对误差达到规定值(一般为 10%)时的真实应变 ε_z(图 3.5)。影响应变极限的主要因素为黏结剂和基底材料传递变形的性能及应变片的安装质量。制造与安装应变片时,应选用抗剪强度较高的黏结剂和基底材料。基底和黏结剂的厚度不宜过大,并应经过适当的固化处理,才能获得较高的应变极限。

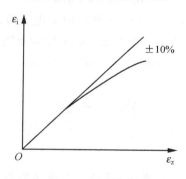

图 3.5　应变极限

（7）蠕变（θ）和零漂（P_0）

粘贴在试件上的应变片,在恒温恒载条件下,指示应变量随时间单向变化的特性称为蠕变。蠕变反映应变片在长时间工作中对时间的稳定性,$\theta < 3\ \mu\varepsilon$。蠕变的产生原因是制作应变片时内部产生的内应力和工作中出现的剪应力使丝栅、基底的胶层"滑移"。改善蠕变的方法是选用弹性模量大的黏结剂和基底材料,适当减薄胶层和基底,并使之充分固化。

当试件初始空载时,应变片示值仍会随时间变化的现象即为零漂。零漂主要是由温度引起的;而蠕变主要是系统的不稳定,是由胶层间的"滑移"产生。

3. 应变片的粘贴技术

用应变片测量应变和应力时须将应变片粘贴在被测对象上,应变片的粘贴技术如下。

① 去污:采用手持砂轮工具除去构件表面的油污、漆、锈斑等,并用细砂布交叉打磨出细纹以增加粘贴力,用浸有酒精或丙酮的砂布片或脱脂棉球擦洗。

② 贴片:在应变片的表面和处理过的粘贴表面上各涂一层均匀的粘贴胶,用镊子将应变片放上去,并调整好位置,然后盖上塑料薄膜,用手指揉并滚压以排出下面的气泡。

③ 测量：从分开的端子处，预先用万用表测量应变片的电阻，找出端子折断和损坏的应变片。

④ 焊接：将引线和端子用烙铁焊接起来，注意不要扯断端子。

⑤ 固定：焊接后用胶布将引线和被测对象固定在一起，防止损坏引线和应变片。

4. 温度误差及其补偿

（1）温度误差及产生原因

用于测量应变的金属应变片，希望其阻值仅随应变变化，而不受其他因素影响。实际上应变片的阻值受环境温度（包括被测试件的温度）影响很大。由于环境温度变化引起的电阻变化与试件应变所造成的电阻变化几乎有相同的数量级，从而产生很大的测量误差，称为应变片的温度误差，又称热输出。因环境温度改变而引起电阻变化的两个主要因素如下。

① 敏感栅金属丝电阻本身随温度发生变化。

敏感栅的电阻丝电阻随温度变化的关系可用下式表示：

$$R_t = R_0(1 + \alpha \Delta t) \tag{3-16}$$

式中，R_t 是温度为 t 时的电阻值，R_0 是温度为 t_0 时的电阻值，α 为金属丝的电阻温度系数，$\Delta t(\Delta t = t - t_0)$ 为温度变化值。当温度变化 Δt 时，电阻丝电阻的变化值为

$$\Delta R_{t\alpha} = R_t - R_0 = R_0 \alpha \Delta t \tag{3-17}$$

附加应变为

$$\varepsilon_{t\alpha} = \frac{\dfrac{\Delta R_{t\alpha}}{R_0}}{K} = \frac{\dfrac{R_0 \alpha \Delta t}{R_0}}{K} = \frac{\alpha \Delta t}{K} \tag{3-18}$$

② 线膨胀系数不匹配。

当试件与电阻丝材料的线膨胀系数相同时，无论环境温度如何变化，电阻丝的变形仍和自由状态一样，不会产生附加变形。当试件和电阻丝的线膨胀系数不同时，由于环境温度的变化，电阻丝会产生附加变形，从而产生附加电阻。设电阻丝和试件在温度为 t_0 时的长度均为 L_0，线膨胀系数分别为 β_s 和 β_g。若两者不粘贴，则它们的长度分别为

$$L_s = L_0(1 + \beta_s \Delta t) \tag{3-19}$$

$$L_g = L_0(1 + \beta_g \Delta t) \tag{3-20}$$

假设 $\beta_s < \beta_g$，电阻丝被迫拉伸到和试件一样长，则

$$\Delta L = L_0(\beta_g - \beta_s)\Delta t \tag{3-21}$$

附加应变为

$$\varepsilon_{t\beta} = \frac{\Delta L}{L_0} = (\beta_g - \beta_s)\Delta t \tag{3-22}$$

附加电阻变化为

$$\frac{\Delta R_{t\beta}}{R_0} = K\varepsilon_{t\beta} \Rightarrow \Delta R_{t\beta} = KR_0(\beta_g - \beta_s)\Delta t \tag{3-23}$$

因此，由于温度变化引起的总的电阻相对变化为

$$\Delta R_t = \Delta R_{t\alpha} + \Delta R_{t\beta} = R_0 \alpha \Delta t + KR_0(\beta_g - \beta_s)\Delta t \tag{3-24}$$

总附加应变为

$$\varepsilon_t = \varepsilon_{t\alpha} + \varepsilon_{t\beta} = \frac{\alpha \Delta t}{K} + (\beta_g - \beta_s) \Delta t \tag{3-25}$$

（2）温度误差补偿方法

温度误差补偿方法包括线路补偿法和应变片自补偿法。其中线路补偿法包括电桥补偿法和热敏电阻补偿法，而应变片自补偿法包括单丝自补偿法和双丝自补偿法。

① 线路补偿法。

电桥补偿法为常用的线路补偿法，如图 3.6 所示。工作应变片 R_1 安装在被测试件上，另选一个特性与 R_1 相同的补偿片 R_B，安装在材料与试件相同的某补偿件上，温度与试件相同，但不承受应变。R_1 与 R_B 接入电桥相邻臂上，使 ΔR_t 与 ΔR_{Bt} 相同。根据电桥理论可知，输出电压 U_o 与温度变化无关。当工作应变片感受应变时，电桥将产生相应的输出电压。

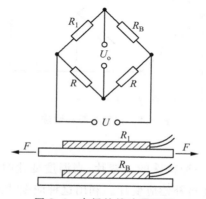

图 3.6 电桥补偿法原理图

在某些情况下，无需补偿件就可以比较巧妙地安装应变片并能提高灵敏度。如图 3.7 所示，测量梁的弯曲应变时，将两个应变片分别贴于上下两面的对称位置，R_1 与 R_B 特性相同，所以两电阻变化值相同而符号相反。但 R_1 与 R_B 接入电桥，因而电桥输出电压比单片时增加 1 倍。当梁上下两面温度一致时，R_1 与 R_B 可起温度补偿作用。电桥补偿法简易可行，使用普通应变片可对各种试件材料在较大温度范围内进行补偿，因而最为常用。

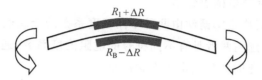

图 3.7 测量梁的弯曲应变

若要采用电桥补偿法实现完全补偿，必须满足以下条件：（a）在应变片工作过程中，保证 R_1 与 R_B 等于 R；（b）R_1 与 R_B 两个应变片应具有相同的电阻温度系数 α、线膨胀系数 β、应变灵敏系数 K 和初始电阻值 R_0；（c）粘贴补偿片的补偿块材料和粘贴工作片的被测试件材料必须一样，两者线膨胀系数相同；（d）两应变片应处于同一温度场。电桥补偿法的优点是简单、方便,在常温下补偿效果较好;其缺点是在温度变化梯度较大的条件下,很难做到工作片与补偿片处于温度完全一致的情况,从而影响补偿效果。

热敏电阻补偿法如图 3.8 所示。热敏电阻 R_t 与应变片处于相同的温度下,当应变片的灵敏度随温度升高而下降时,热敏电阻的阻值下降,使电桥的输入电压随温度升高而增加,从而提高电桥的输出电压。合理选择分流电阻 R_5 的值,可使应变片灵敏度下降对电桥输出的影响得到很好的补偿。此方法的缺点是不能补偿因温度变化引起的电桥不平衡。

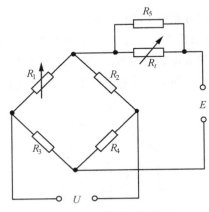

图 3.8　热敏电阻补偿法

② 应变片自补偿法。

粘贴在被测试件上的是一种特殊的应变片,当温度变化时,产生的附加应变为零或相互抵消,这种应变片称为温度自补偿应变片。利用这种应变片来实现温度补偿的方法称为应变片自补偿法。

单丝自补偿法:由总附加应变公式(3-25)可知,实现温度补偿的条件为

$$\varepsilon_t = \frac{\alpha \Delta t}{K} + (\beta_g - \beta_s)\Delta t = 0 \qquad (3-26)$$

当被测试件的线膨胀系数 β_g 已知时,通过选择敏感栅材料,使 $\alpha = -K(\beta_g - \beta_s)$ 成立,即可达到温度自补偿的目的。单丝自补偿法具有易加工和成本低的优点,其缺点为只适用于特定试件材料,温度补偿范围也较窄。

双丝自补偿法:应变片敏感栅丝由两种不同温度系数的金属丝(阻值分别为 R_a 与 R_b)串接组成。一种类型是选用两者具有不同符号的电阻温度系数,通过试验与计算,调整 R_a 与 R_b 的比例,使温度变化时产生的电阻变化满足

$$R = R_a + R_b \qquad (3-27)$$

通过调节两种敏感栅的长度来控制应变片的温度自补偿,精度可达 $\pm 0.45\ \mu m/℃$。栅丝可用康铜,也可用康铜-镍铬、康铜-镍串联制成。

3.1.3　电阻应变片的测量电路

电阻应变计可把机械量变化转换成电阻变化,但电阻变化很小,用一般的电子仪表很

难直接检测。例如,常规的金属应变计的灵敏系数 K 值为 $1.8 \sim 4.8$,机械应变为 $10 \sim 6\,000\ \mu\varepsilon$,相对变化电阻 $\dfrac{\Delta R}{R} = K\varepsilon$ 就比较小。下面举例说明此问题。

设某被测试件在额定载荷下产生的应变为 $1\,000\ \mu\varepsilon$,粘贴的应变计阻值 $R = 120\ \Omega$,灵敏系数 $K = 2$,则电阻的相对变化 $\dfrac{\Delta R}{R} = K\varepsilon = 2 \times 1\,000 \times 10^{-6} = 0.002$。电阻变化率仅为 0.2%。这么小的电阻变化必须用专门的电路才能测量。故测量电路就是把微弱的电阻变化转换为电压的变化,最常用的方法是电桥电路。

1. 应变电桥

电桥电路即惠斯通电桥,其结构如图 3.9 所示。四个阻抗臂 Z_1、Z_2、Z_3 和 Z_4,A、C 是电源端,工作电压为 U;B、D 为输出端,输出电压为 U_o。在这个阻抗电桥的桥臂上接入应变计,即为应变电桥。

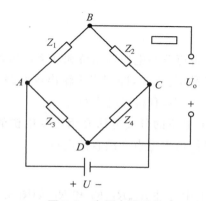

图 3.9　电桥电路结构

应变电桥按不同的方式可分为不同的类型,主要有以下分类方式。

（1）按工作臂分类

单臂电桥:电桥的一个臂接入应变计。

双臂电桥:电桥的两个臂接入应变计。

全臂电桥:电桥的四个臂都接入应变计。

（2）按电源分类

按电源不同,应变电桥可分为直流电桥和交流电桥。

直流电桥的电源提供直流电压,其桥臂只能接入阻性元件,主要用于应变电桥的输出,无需中间放大就可直接显示的场合。例如,半导体应变计的输出灵敏度高,可采用直流应变电桥作为测量电路,直接输出并显示结果。

交流电桥的电源提供交流电压,其桥臂可以是阻性(R)、感性(L)或容性(C)元件,主要用于输出需放大的场合。例如,金属应变计的输出灵敏度较低,应采用交流电桥作为测量电路,以进一步放大输出。

（3）按工作方式分类

按工作方式不同,应变电桥可分为平衡桥式电路和不平衡桥式电路。

平衡桥式电路又称为零位测量法,它带有调整桥臂平衡的伺服反馈机构,当仪表指示测量值时,电桥处于平衡状态。零位测量法常用于高精度、长时间的静态应变测量。

不平衡桥式电路又称为偏差测量法,其输出的是与桥臂应变量成一定函数关系的不平衡电量,再进一步放大和显示。当仪表指示测量值时,电桥处于不平衡状态。偏差测量法响应快,常用于动态应变测量。

（4）按桥臂关系分类

按桥臂关系不同,应变电桥可分为半等臂电桥和全等臂电桥。

半等臂电桥又可分为对电源端对称电桥($Z_1 = Z_3$, $Z_2 = Z_4$)和对输出端对称电桥($Z_1 = Z_2$, $Z_3 = Z_4$)。

全等臂电桥满足 $Z_1 = Z_2 = Z_3 = Z_4$。在实际测量中经常用到的是全等臂电桥和半等臂对输出端对称电桥。

（5）按负载要求分类

按负载要求不同,应变电桥可分为电压输出桥和功率输出桥。

电压输出桥输出电压,负载 $R_L \to \infty$,即相当于输出端开路,输出电流 $I_0 = 0$;而功率输出桥输出一定的电流,负载 R_L 较小,有输出电压 U_0。

本节将按直流电桥和交流电桥的分类方法介绍应变电桥的输出特性。由于直流电桥的分析结果可推广到交流电桥,这里重点介绍直流电桥。

2. 直流电桥及输出特性

直流电桥的四个臂为纯电阻元件 R_1、R_2、R_3 和 R_4,如图 3.10 所示。电源电压为 U,负载电阻为 R_L,电桥输出电压为 U_0,输出电流为 I_0。电桥初始平衡条件为

$$R_1 R_4 = R_2 R_3 \left(或 \frac{R_1}{R_2} = \frac{R_3}{R_4} \right) \tag{3-28}$$

此时电桥的输出电压 $U_0 = 0$,输出电流 $I_0 = 0$。

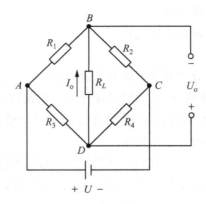

图 3.10　直流电桥结构

直流电桥的输出通常很小,不能用来直接驱动指示仪表,其电桥输出端接放大器的输入端,而一般放大器的输入阻抗比电桥内阻要高得多,故可认为电桥输出端为开路状态。电桥的负载电阻 R_L 为无穷大,基本无电流流过($I_o \rightarrow 0$),只有电压输出,这样的直流电桥叫电压输出桥。

　　(1) 电压输出桥的输出特性

　　对电压输出桥,其 $R_L \rightarrow \infty$,$I_o \rightarrow 0$,因此从 $A-B-C$ 半个电桥看,有

$$U_{BC} = \frac{R_2}{R_1 + R_2} U \tag{3-29}$$

　　从 $A-D-C$ 半个电桥看,有

$$U_{DC} = \frac{R_4}{R_3 + R_4} U \tag{3-30}$$

则输出电压为

$$U_o = U_{BC} + U_{CD} = U_{BC} - U_{DC} = \frac{R_2 R_3 - R_1 R_4}{(R_1 + R_2)(R_3 + R_4)} U \tag{3-31}$$

由此可看出,当 $R_1 R_4 = R_2 R_3$ 时,输出电压 $U_o = 0$,电桥处于平衡状态。故称式(3-28)为电桥平衡条件。在实际测量中,电桥都要预调平衡。

　　设电桥在测量前已调平衡,当应变电桥的四个桥臂均工作,且产生的电阻变化分别为 ΔR_1、ΔR_2、ΔR_3 和 ΔR_4,这时输出电压与电阻变化的关系根据式(3-31)得

$$\Delta U = \frac{(R_1 + \Delta R_1)(R_4 + \Delta R_4) - (R_2 + \Delta R_2)(R_3 + \Delta R_3)}{(R_1 + \Delta R_1 + R_2 + \Delta R_2)(R_3 + \Delta R_3 + R_4 + \Delta R_4)} U \tag{3-32}$$

　　采用等臂电桥,即 $R_1 = R_2 = R_3 = R_4 = R$。此时式(3-32)可写为

$$\Delta U = \frac{R(\Delta R_1 - \Delta R_2 - \Delta R_3 + \Delta R_4) + \Delta R_1 \Delta R_4 - \Delta R_2 \Delta R_3}{(2R + \Delta R_1 + \Delta R_2)(2R + \Delta R_3 + \Delta R_4)} U \tag{3-33}$$

　　当 $\Delta R_i \ll R(i=1,2,3,4)$ 时,略去上式中的高阶微量,则

$$U_o = \frac{U}{4}\left(\frac{\Delta R_1}{R} - \frac{\Delta R_2}{R} - \frac{\Delta R_3}{R} + \frac{\Delta R_4}{R}\right) = \frac{UK}{4}(\varepsilon_1 - \varepsilon_2 - \varepsilon_3 + \varepsilon_4) \tag{3-34}$$

式(3-34)表明:

　　① 当 $\Delta R_i \ll R$ 时,电桥的输出电压与应变呈线性关系。

　　② 若相邻两桥臂的应变极性一致,即同为拉应变或压应变时,输出电压为两者之差;若相邻两桥臂的应变极性不同,则输出电压为两者之和。

　　③ 若相对两桥臂的应变极性一致,则输出电压为两者之和;反之,则为两者之差。

　　④ 电桥供电电压 U 越高,输出电压 U_o 越大。但是,当 U 较大时,电阻应变片通过的电流也大。若超过电阻应变片所允许通过的最大工作电流,传感器就会出现蠕变和零漂。

　　⑤ 增大电阻应变片的灵敏系数 K,可提高电桥的输出电压。

　　(2) 单臂电桥

　　实际应用中,R_1 为工作片,所对应的电路为单臂电桥,如图 3.11 所示。n 为桥臂电阻比,其值为 $n = \frac{R_2}{R_1} = \frac{R_4}{R_3}$,产生应变时 R_1 变为 $R_1 + \Delta R_1$,U_o 的表达式为

$$U_o = E\frac{(R_1 + \Delta R_1)R_4 - R_2 R_3}{(R_1 + \Delta R_1 + R_2)(R_3 + R_4)} = E\frac{\dfrac{R_4}{R_3}\left(1 + \dfrac{\Delta R_1}{R_1}\right) - \dfrac{R_2}{R_1}}{\left(1 + \dfrac{\Delta R_1}{R_1} + \dfrac{R_2}{R_1}\right)\left(\dfrac{R_4}{R_3} + 1\right)}$$

$$= E\frac{\left(1 + \dfrac{\Delta R_1}{R_1}\right)n - n}{\left(1 + \dfrac{\Delta R_1}{R_1} + n\right)(1 + n)} = E\frac{\dfrac{\Delta R_1}{R_1}n}{\left(1 + n + \dfrac{\Delta R_1}{R_1}\right)(1 + n)} \tag{3-35}$$

当 $\dfrac{\Delta R_1}{R_1} \ll 1$ 时，有

$$U_o = U_o' \approx E\frac{n}{(1 + n)^2} \cdot \frac{\Delta R_1}{R_1} \tag{3-36}$$

电桥的电压灵敏度定义为

$$K_U = \frac{U_o}{\dfrac{\Delta R_1}{R_1}} = \frac{n}{(1 + n)^2}E \tag{3-37}$$

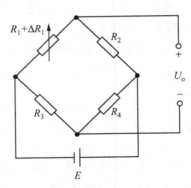

图 3.11　单臂测量电桥电路图

K_U 愈大，说明在应变计电阻相对变化相同的情况下，电桥输出电压愈大，电桥愈灵敏。由式（3-37）可知，要想提高 K_U，必须提高电源电压，但电源电压受应变计允许功耗的限制。K_U 是桥臂电阻比 n 的函数，恰当地选择 n 的值，可保证电桥具有较高的电压灵敏度。

下面来分析当电桥电压 E 一定时，n 取何值可使电桥灵敏度最高。将式（3-37）对 n 求导数可得

$$\frac{\mathrm{d}K_U}{\mathrm{d}n} = \frac{1 - n^2}{(1 + n)^4}E = 0 \tag{3-38}$$

当 $n = 1$ 时，K_U 取最大值。这说明电桥电压 E 一定的情况下，当 $R_1 = R_2$，$R_3 = R_4$ 时，电桥的电压灵敏度最高。通常这种情况称为电桥的第一种对称形式。而 $R_1 = R_3$，$R_2 = R_4$ 则称为电桥的第二种对称形式。第一种对称形式有较高的灵敏度，第二种对称形式线性较好。等臂电桥是其中的一个特例。当 $n = 1$ 时，电桥电压灵敏度最高，所对应的输出电压和最高 K_U 分别为

$$U_o = \frac{E}{4} \cdot \frac{\Delta R_1}{R_1} \tag{3-39}$$

$$K_U = \frac{E}{4} \tag{3-40}$$

当电源电压 E 和电阻相对变化量 $\frac{\Delta R_1}{R_1}$ 一定时,电桥的输出电压及其灵敏度也是定值,与各桥臂电阻的阻值大小无关。

下面讨论非线性误差及其补偿方法。上述分析过程为理想情况,即略去分母中的 $\frac{\Delta R_1}{R_1}$ 项,输出 U_o 为

$$U_o = \frac{n}{(1+n)^2} \cdot \frac{\Delta R_1}{R_1} E \tag{3-41}$$

实际情况(保留分母中的 $\frac{\Delta R_1}{R_1}$ 项)输出 U_o' 为

$$U_o' = E \frac{n \dfrac{\Delta R_1}{R_1}}{\left(1 + n + \dfrac{\Delta R_1}{R_1}\right)(1+n)} \tag{3-42}$$

U_o' 与 $\frac{\Delta R_1}{R_1}$ 的关系是非线性的,非线性误差为

$$\gamma_L = \frac{U_o - U_o'}{U_o} = \frac{\dfrac{\Delta R_1}{R_1}}{1 + n + \dfrac{\Delta R_1}{R_1}} \tag{3-43}$$

如果桥臂比 $n = 1$,则

$$\gamma_L = \frac{\dfrac{\Delta R_1}{R_1}}{2 + \dfrac{\Delta R_1}{R_1}} \tag{3-44}$$

对于一般应变片,所受应变 ε 通常在 $5\,000\ \mu\varepsilon$ 以下,若取 $K = 2$,则 $\frac{\Delta R_1}{R_1} = K\varepsilon = 0.01$,则非线性误差约为 0.5%;若 $K = 130$,$\varepsilon = 1\,000\ \mu\varepsilon$ 时,$\frac{\Delta R_1}{R_1} = 0.13$,则非线性误差约为 6%。故当非线性误差不能满足测量要求时,必须予以消除。为了减小非线性误差,常采用差动电桥。

(3)半桥差动电路

在试件上安装两个工作应变片,一个受拉应变,一个受压应变,接入电桥相邻桥臂,该电路称为半桥差动电路,如图 3.12 所示。该电桥输出电压为

$$U_o = E\left(\frac{\Delta R_1 + R_1}{\Delta R_1 + R_1 + R_2 - \Delta R_2} - \frac{R_3}{R_3 + R_4}\right) \tag{3-45}$$

为提高电桥电压灵敏度,$n = 1$,$\Delta R_1 = \Delta R_2$,$R_1 = R_2$,$R_3 = R_4$,则得

$$U_o = \frac{E}{2} \cdot \frac{\Delta R_1}{R_1} \tag{3-46}$$

电桥电压灵敏度为

$$K_U = \frac{E}{2} \tag{3-47}$$

由式(3-46)可知,U_o 与 $\frac{\Delta R_1}{R_1}$ 呈线性关系,故差动电桥无非线性误差,且电桥电压灵敏度 $K_U = \frac{E}{2}$,是单臂工作时的两倍。同时半桥差动电路还具有温度补偿作用。

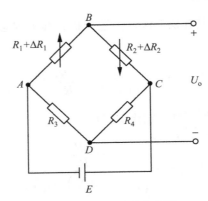

图 3.12　半桥差动电路图

（4）全桥差动电路

若将电桥的四臂接入四片应变片,即两个受拉应变,两个受压应变,将两个应变符号相同的应变片接入相对桥臂上,构成全桥差动电路,如图 3.13 所示。若 $\Delta R_1 = \Delta R_2$,$R_1 = R_2$,$R_3 = R_4$,则

$$U_o = E \frac{\Delta R_1}{R_1} \tag{3-48}$$

$$K_U = E \tag{3-49}$$

由式(3-48)和式(3-49)可知,全桥差动电路不仅没有非线性误差,而且电压灵敏度为单片工作时的 4 倍。

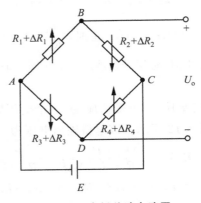

图 3.13　全桥差动电路图

3. 交流电桥及输出特性

根据直流电桥的分析可知，由于应变电桥输出电压很小，一般都要加装放大器，而直流放大器易于产生零漂，因此应变电桥多采用交流电桥。图 3.14 所示为交流电桥电路，$\dot{U}$ 为交流电压源，开路输出电压为 $\dot{U}_{\text{o}}$。由于电源为交流电源，引线分布电容使得二桥臂应变片呈现复阻抗特性，即相当于两片应变片各并联了一个电容，则每一桥臂上复阻抗分别为

$$
\begin{cases}
Z_1 = \dfrac{R_1}{R_1 + \mathrm{j}\omega R_1 C_1} \\[2mm]
Z_2 = \dfrac{R_2}{R_2 + \mathrm{j}\omega R_2 C_2} \\[2mm]
Z_3 = R_3 \\[1mm]
Z_4 = R_4
\end{cases}
\tag{3-50}
$$

式中，C_1、C_2 表示应变片引线分布电容。交流电桥输出特征方程为

$$
\dot{U}_{\text{o}} = \dot{U}\,\frac{Z_1 Z_4 - Z_2 Z_3}{(Z_1 + Z_2)(Z_3 + Z_4)}
\tag{3-51}
$$

电桥平衡条件为 $U_{\text{o}} = 0$，即 $Z_1 Z_4 = Z_2 Z_3$，整理可得

$$
\frac{R_1}{1 + \mathrm{j}\omega R_1 C_1} R_4 = \frac{R_2}{1 + \mathrm{j}\omega R_2 C_2} R_3
\tag{3-52}
$$

将式（3-52）变形为

$$
\frac{R_3}{R_1} + \mathrm{j}\omega R_3 C_1 = \frac{R_4}{R_2} + \mathrm{j}\omega R_4 C_2
\tag{3-53}
$$

根据交流电桥的平衡条件（实部、虚部分别相等）得

$$
\begin{cases}
\dfrac{R_2}{R_1} = \dfrac{R_4}{R_3} \\[3mm]
\dfrac{R_2}{R_1} = \dfrac{C_1}{C_2}
\end{cases}
\tag{3-54}
$$

当被测应力变化引起 $Z_1 = Z_{10} + \Delta Z$，$Z_2 = Z_{20} - \Delta Z$ 变化时（$Z_{10} = Z_{20} = Z_0$），根据式（3-51）可得交流电桥输出为

$$
\dot{U}_{\text{o}} = \dot{U}\left(\frac{Z_0 + \Delta Z}{2Z_0} - \frac{1}{2}\right) = \frac{1}{2}\dot{U}\frac{\Delta Z}{Z_0}
\tag{3-55}
$$

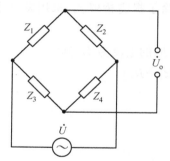 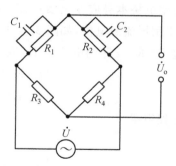

图 3.14　交流电桥电路图

交流电桥的三种不平衡状态所对应的输出分别为

单臂交流电桥
$$\dot{U}_{o}=\frac{1}{4}\dot{U}_{i}\frac{\Delta R_1}{R_1} \qquad (3\text{-}56)$$

半桥差动电桥
$$\dot{U}_{o}=\frac{1}{2}\dot{U}_{i}\frac{\Delta R_1}{R_1} \qquad (3\text{-}57)$$

全桥差动电桥
$$\dot{U}_{o}=\dot{U}_{i}\frac{\Delta R_1}{R_1} \qquad (3\text{-}58)$$

交流电桥平衡调节的方法有电阻调平桥路和电容调平桥路。其中电阻调平桥路包括串联法和并联法,如图 3.15(a)和(b)所示;电容调平桥路包括差动法和阻容法,如图 3.15(c)和(d)所示。

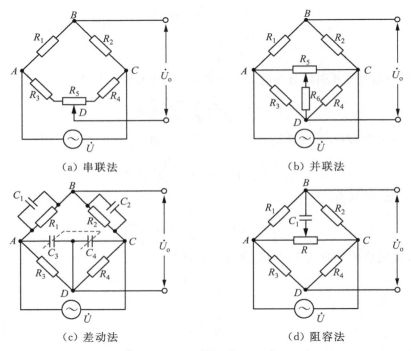

图 3.15 交流电桥平衡调节电路

4. 恒流源电桥

电压源电路中产生非线性的原因之一是工作过程中通过桥臂的电流不是恒定的,特别是半导体应变电桥本身应变灵敏度高,非线性大,除了提高桥臂比、采用差动电桥等措施外,一般还采用恒流源电桥,如图 3.16 所示。

设流过 R_1、R_2 支路的电流为 I_1,流过 R_3、R_4 支路的电流为 I_2,则

$$\begin{cases} I_1(R_1+R_2)=I_2(R_3+R_4) \\ I=I_1+I_2 \end{cases} \qquad (3\text{-}59)$$

解该方程组得

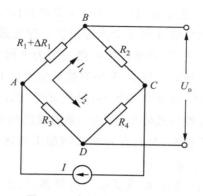

图 3.16　恒流源电桥电路图

$$\begin{cases} I_1 = \dfrac{R_3 + R_4}{R_1 + R_2 + R_3 + R_4} I \\[3mm] I_2 = \dfrac{R_1 + R_2}{R_1 + R_2 + R_3 + R_4} I \end{cases} \qquad (3\text{-}60)$$

输出电压为

$$U_o = I_1 R_1 - I_2 R_3 = \frac{R_1 R_4 - R_2 R_3}{R_1 + R_2 + R_3 + R_4} I \qquad (3\text{-}61)$$

若电桥初始平衡，且 $R_1 = R_2 = R_3 = R_4 = R$，则有

$$U_o = \frac{(R_1 + \Delta R_1) R_4 - R_2 R_3}{R_1 + \Delta R_1 + R_4 + R_2 + R_3} I = \frac{\Delta R \cdot R}{4R + \Delta R} I = \frac{1}{4} I \Delta R \frac{1}{1 + \dfrac{\Delta R}{4R}} \qquad (3\text{-}62)$$

若满足 $\Delta R \ll R$，则

$$U_o \approx \frac{1}{4} I \Delta R \approx U_o' \qquad (3\text{-}63)$$

输出电压与 ΔR 成正比，即与被测量成正比，与恒流源供给的电流大小、精度有关。

非线性误差为

$$r_1 = \frac{U_o}{U_o'} - 1 = \frac{-\Delta R}{4R + \Delta R} = \frac{-\dfrac{\Delta R}{4R}}{1 + \dfrac{\Delta R}{4R}} \approx -\frac{\Delta R}{4R} \qquad (3\text{-}64)$$

若采用恒压源，则非线性误差为

$$r_u = \frac{1}{1 + \dfrac{1}{2} \cdot \dfrac{\Delta R}{R}} - 1 = \frac{-\dfrac{1}{2} \cdot \dfrac{\Delta R}{R}}{1 + \dfrac{1}{2} \cdot \dfrac{\Delta R}{R}} \approx -\frac{\Delta R}{2R} \qquad (3\text{-}65)$$

可见非线性误差减小了一半。

3.1.4　电阻应变式传感器的应用

人们可以利用应变效应测量应变、应力、弯矩、扭矩、加速度、位移等物理量。电阻应变片的应用可分为两大类。第一类是将应变片粘贴于某些弹性体上,并将其接到测量转换电路,这样就构成测量各种物理量的专用应变式传感器。应变式传感器中,敏感元件一般为各种弹性体,传感元件就是应变片,测量转换电路一般为电桥电路。第二类是将应变片粘贴于被测试件上,然后将其接到应变仪上,就可直接从应变仪上读取被测试件的应变量。

应变式传感器由弹性元件、应变片和附件(补偿元件、保护罩等)几部分组成。对弹性元件的要求是:弹性滞后和弹性后效要小;弹性模量的温度系数要小;线性膨胀系数小且稳定;具有良好的稳定性和耐腐蚀性;具有良好的机械加工和热处理性能。弹性元件的常用材料有弹性合金、石英陶瓷、半导体硅等。

下面具体介绍应变式力传感器、应变式压力传感器、应变式加速度传感器和应变式容器内液体重量(或液位)传感器的结构与应用。

1. 应变式力传感器

被测物理量为荷重或力的应变式传感器统称为应变式力传感器。弹性体是测力传感器的基础,应变计是传感器的核心。其主要用作各种电子秤与材料试验机的测力元件、发动机的推力测试、水坝坝体承载状况监测等。应变式力传感器要求有较高的灵敏度和稳定性,当传感器在受到侧向作用力或力的作用点发生轻微变化时,不应对输出有明显的影响。弹性元件有柱(筒)式、梁式、圆环式、轮辐式等形式。

(1) 柱(筒)式力传感器

柱(筒)式力传感器的弹性元件分为实心和空心两种,如图 3.17(a)和(b)所示,其可承受较大载荷。我国 BHR 型荷重传感器多采用这种结构,量程一般在 $0.1 \sim 100$ t。在火箭发动机试验时,台架承受的载荷多采用实心结构的传感器,额定载荷可达数千吨。应变片粘贴在弹性体外壁应力分布均匀的中间部分,对称地粘贴多片,电桥接线时应尽量减小载荷偏心和弯矩的影响,轴向布置一个或几个应变片,在圆周方向布置同样数目的应变片,后者取符号相反的应变构成差动电桥。

由于应变片沿圆周方向分布,所以非轴向载荷分量被补偿。弹性元件上应变片的粘贴和电桥连接应尽可能消除偏心和弯矩的影响,一般将应变片对称地贴在应力均匀的圆柱表面中部,如图 3.17(c)所示,构成差动对且处于对臂位置,以减小弯矩的影响。横向粘贴的应变片具有温度补偿作用。桥路连接如图 3.17(d)所示。

由材料力学知识可知,在弹性限度内,有

$$\frac{\Delta R}{R} = K\varepsilon = K\frac{\sigma}{E} = K\frac{F}{SE} \tag{3-66}$$

令 $K_z = \dfrac{K}{ES}$,则有

$$\frac{\Delta R}{R} = K_z \cdot F \tag{3-67}$$

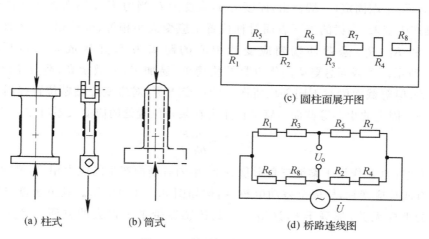

(c) 圆柱面展开图

(a) 柱式　　(b) 筒式　　(d) 桥路连线图

图 3.17　柱(筒)式力传感器

（2）梁式力传感器

悬臂梁是一端固定一端自由的弹性敏感元件，其特点是结构简单，加工方便，在较小力的测量中应用得较多。例如，家用电子秤多采用悬臂梁。当力 F（如苹果的重力）以垂直方向作用于电子秤中的铝质悬臂梁的末端时，梁的上表面产生拉应变，下表面产生压应变，上下表面的应变大小相等、符号相反。粘贴在上下表面的应变片也随之拉伸和缩短，得到正负相间的变化的电阻值，接入桥路后，就能产生输出电压。根据梁的界面形状，梁式力传感器可分为等截面梁、变截面梁（等强度梁）、双孔梁、S 形梁和双端固定梁等类型（图 3.18、图 3.19）。

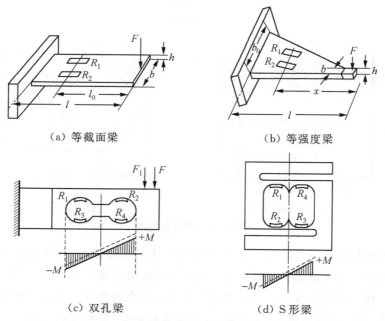

（a）等截面梁　　　　　　　（b）等强度梁

（c）双孔梁　　　　　　　（d）S 形梁

图 3.18　梁式力传感器的分类

等截面梁:一端固定,一端自由,厚度为 h,宽度为 b,当力 F 作用在弹性悬臂梁自由端时,悬臂梁产生变形,在梁的上下表面对称位置上应变大小相等、极性相反,分别粘贴应变片 R_1、R_4 和 R_2、R_3,悬臂外端到应变片中心的距离为 l,并接成差动电桥,结构如图 3.18(a)所示。等截面悬臂梁的优点是结构简单,易加工,灵敏度高,适合于测 5 000 N 以下的载荷,但等截面梁对不同部位所产生的应变不等,对应变片粘贴位置提出了较高要求。对于一端固定的矩形等截面悬臂梁作用力在某一位置处的应变关系可按下式计算:

$$\varepsilon = \frac{\sigma}{E} = \frac{6lF}{bh^2 E} \tag{3-68}$$

等强度梁:力 F 作用于梁端三角形顶点上,梁内各断面产生的应力相等,梁的上下两表面分别粘有四片应变片,构成全差动电桥,结构如图 3.18(b)所示。其灵敏度结构参数与长度方向的坐标无关,都等于 6,这给应变式传感器带来了很大的方便。等强度梁的应变为

$$\varepsilon = \frac{\sigma}{E} = \frac{6lF}{b_0 h^2 E} \tag{3-69}$$

双孔梁:图 3.18(c)所示为双孔梁,梁上有两个孔,梁端部有集中力的作用,孔内承受弯曲变形,将四片应变片贴在孔内壁,两片受拉,两片受压,组成差动电桥。这种梁的刚度比单梁好,故动态特性好,滞后小,被广泛应用于小量程工业电子秤和商业电子秤中。

S 形梁:为 S 形弹性元件,与双孔梁类似,也是利用弹性体的弯曲变形,结构如图 3.18(d)所示。

双端固定梁:梁的两端都固定,中间加载荷,应变片粘贴在中间位置,梁的宽度为 b,厚度为 h,长度为 l,结构如图 3.19 所示。梁的应变为

$$\varepsilon = \frac{3Fl}{4bh^2 E} \tag{3-70}$$

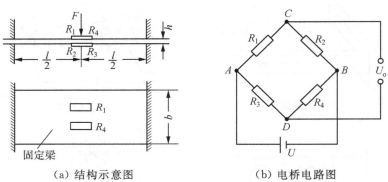

（a）结构示意图　　　　　（b）电桥电路图

图 3.19　双端固定梁

这种梁的结构在相同力 F 的作用下产生的挠度比悬臂梁小,并在梁受到过载应力后,容易产生非线性。由于双端固定梁在工作过程中可能滑动而产生误差,所以一般都是将梁和壳体做成一体。由梁式弹性元件制作的力传感器适合测量 5 000 N 以下的载荷,最小可测几百牛的力,具有结构简单、加工容易、应变片容易粘贴、灵敏度高等特点。

（3）圆环式力传感器

圆环式力传感器的弹性元件结构也比较简单，如图 3.20 所示。其特点是在外力作用下，各点应力差别大。贴片处的应变为

$$\begin{cases} \varepsilon_A = \pm \dfrac{3F\left(R-\dfrac{h}{2}\right)}{bh^2 E}\left(1-\dfrac{2}{\pi}\right) \\[4mm] \varepsilon_B = \pm \dfrac{3F\left(R-\dfrac{h}{2}\right)}{bh^2 E} \cdot \dfrac{2}{\pi} \end{cases} \tag{3-71}$$

式中，h 和 b 分别表示圆环厚度和圆环宽度，E 表示材料的弹性模量。当应变片内贴，ε_A 取"—"，ε_B 取"＋"。

对 $\dfrac{R}{h} > 5$ 的小曲率圆环来说，A、B 两点的应变为

$$\begin{cases} \varepsilon_A = -\dfrac{1.09FR}{bh^2 E} \\[4mm] \varepsilon_B = \dfrac{1.91FR}{bh^2 E} \end{cases} \tag{3-72}$$

在实际应用中，首先测量输出电压 U_o，由 $U_o = f\left(\dfrac{\Delta R}{R}\right)$ 的关系可知 $\dfrac{\Delta R}{R}$ 的大小，再根据 $\dfrac{\Delta R}{R} = K_U \varepsilon$ 确定出 ε，最后根据 $\varepsilon = f(F)$ 即可得 F 的大小。故只要测出 A 和 B 处的应变，即可得到载荷 F。

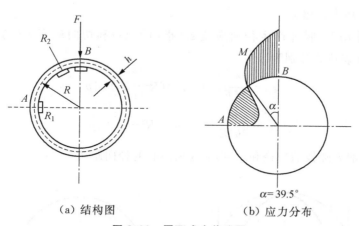

（a）结构图　　　　　（b）应力分布

图 3.20　圆环式力传感器

（4）轮辐式力传感器

轮辐式力传感器由轮毂、四个轮辐和轮圈三部分组成，如图 3.21 所示。外加载荷作用在轮毂的顶部和轮圈的底部，在轮圈和轮毂间的轮辐上受到纯剪切力，故又称轮辐式剪切力传感器。该传感器采用轮辐式结构，八片应变片的连接方法如图 3.21 所示。轮辐条成对地连接在轮圈和轮毂之间，可为四根或八根（图中为四根）。采用钢球传递重力，因为圆

球压头有自动定中心的功能。当外力 F 作用在轮毂的上端面和轮圈下端面时,使矩形辐条产生平行四边形的变形,八片应变片分别贴在四根辐条的正反两面,并组成全桥电路,以检测线应变。当受外力作用时,使辐条对角线缩短方向粘贴的应变片受压,对角线伸长方向粘贴的应变片受拉。每对轮辐的受拉片和受拉片串联成一臂,受压片和受压片串联组成相邻臂。轮辐式力传感器的测量精度高,性能稳定可靠,安装方便,是大、中量程精度传感器中的最佳形式,被广泛用于各种电子衡器和各种力值测量,如汽车衡、轨道衡、吊勾秤。

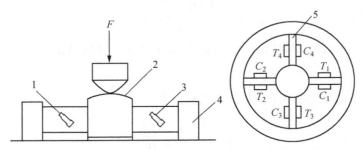

1—拉伸应变片;2—轮毂;3—承压应变片;4—轮圈;5—轮辐。

图 3.21　轮辐式力传感器

2. 应变式压力传感器

应变式压力传感器主要用来测量液体、气体的动态或静态压力,如内燃机管道和动力设备管道的进气口、出气口的压力测量,以及发动机喷口的压力,枪、炮管内部压力的测量等。应变式压力传感器大多采用膜片式或筒式弹性元件。

（1）膜片式压力传感器

在压力 p 作用下,膜片产生径向应变 ε_r（指向圆心）和切向应变 ε_t（与半径垂直）,如图 3.22 所示,其表达式分别为

$$\varepsilon_r = \frac{3}{8h^2E}\left[(1-\mu^2)(R^2-3x^2)\right]p \tag{3-73}$$

$$\varepsilon_t = \frac{3}{8h^2E}\left[(1-\mu^2)(R^2-x^2)\right]p \tag{3-74}$$

式中,R 和 h 分别为圆板的半径和厚度,x 为离圆心的径向距离。

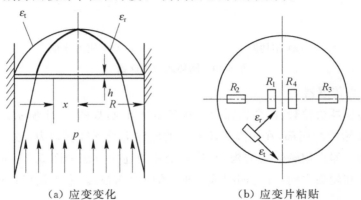

（a）应变变化　　　　　　　（b）应变片粘贴

图 3.22　膜片式压力传感器

下面分析应力的变化规律：

（a）在 $x=0$ 处

$$\varepsilon_t=\varepsilon_r=\frac{3R^2}{8h^2}\cdot\frac{1-\mu^2}{E}p \qquad (3\text{-}75)$$

（b）在 $x=R$ 处

$$\varepsilon_t=0,\varepsilon_r=-\frac{3R^2}{4h^2}\cdot\frac{1-\mu^2}{E}p \qquad (3\text{-}76)$$

（c）在 $x=\dfrac{1}{\sqrt{3}}R$ 处

$$\varepsilon_t=\frac{R^2}{4h^2}\cdot\frac{1-\mu^2}{E}p,\varepsilon_r=0 \qquad (3\text{-}77)$$

由应力的分布规律可找到贴片的方法。由于切应变全是正的，中间最大；径向应变沿圆板分布有正有负，在中心处和切应变相等，而在边缘最大，是中心处的 2 倍，在 $x=\dfrac{1}{\sqrt{3}}R$ 处为零，故贴片时应避开此处。

（2）筒式压力传感器

当所测压力较大时，多采用筒式压力传感器，如图 3.23 所示。圆柱体内有一个盲孔，一端有法兰盘与被测系统相连。被测压力 p 进入应变筒的腔内使筒变形，沿筒周向贴应变片，感受应变为

$$\varepsilon_p=\frac{2-\mu}{E(n^2-1)}p \qquad \left(n=\frac{D}{D_0}\right) \qquad (3\text{-}78)$$

式中，p 为待测流体压力，μ 为筒材料的泊松比，E 为筒材料的弹性模量。对于薄壁圆筒，可用下式计算环向应变：

$$\varepsilon_p\approx\frac{1-0.5\mu}{2hE}D_0p \qquad \left[h=\frac{1}{2}(D-D_0)\right] \qquad (3\text{-}79)$$

图 3.23(b) 中在盲孔的外端部有一个实心部分，制作传感器时，在筒臂和端部沿圆周方向各贴一片应变片，端部在筒内有压力时不产生变形，只做温度补偿用。图 3.23(c) 中没有端部，则应变片垂直粘贴，沿圆周、沿筒长方向做温度补偿用。

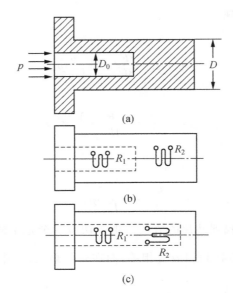

图 3. 23 筒式压力传感器

3. 应变式加速度传感器

应变式力传感器和应变式压力传感器都是力直接作用在弹性元件上,将力转变为应变。然而加速度是运动参数,首先要经过质量弹簧的惯性系统将加速度转换为力,再作用在弹性元件上。应变式加速度传感器的结构如图 3.24 所示,其测量原理为:在等强度梁的一端固定惯性质量快,梁的另一端固定在壳体上,在梁的上下表面粘贴应变片。测量加速度时,将传感器壳体与被测对象刚性连接,当被测物体以加速度 a 运动时,由于梁的刚度很大,质量块受到一个与加速度方向相反的惯性力作用,使悬臂梁变形,该变形被粘贴在悬臂梁上的应变片感受到并随之产生应变,从而使应变片的电阻发生变化。电阻的变化引起应变片组成的桥路出现不平衡,从而输出电压,即可得出加速度 $a\left(a=\dfrac{F}{m}\right)$ 的大小。应变式加速度传感器不适用于频率较高的振动和冲击场合,一般适用频率为 $10\sim60$ Hz。

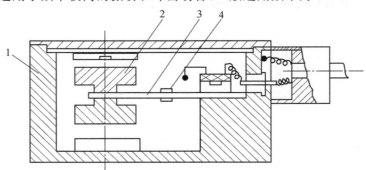

1—壳体;2—质量块;3—等强度梁;4—电阻应变敏感元件。

图 3. 24 应变式加速度传感器的结构

4. 应变式容器内液体重量传感器

图 3.25 所示为应变式容器内液体重量传感器,感压膜感受上面液体的压力。当容器中溶液增多时,感压膜感受的压力就增大。将其上两个传感器的电桥接成正向串接的双电桥电路,此时输出电压为

$$U_o = U_1 + U_2 = (K_1 + K_2)h\rho g \tag{3-80}$$

式中,K_1 和 K_2 为传感器传输系数,g 为重力加速度(m/s^2),ρ 为被测溶液的密度(kg/m^3)。因为 $h\rho g = \dfrac{Q}{A}$,故输出电压为

$$U_o = \frac{(K_1 + K_2)Q}{A} \tag{3-81}$$

式中,Q 为容器内感压膜上面溶液的重量(N),A 为柱形容器的截面积(m^2)。由此可见,电桥输出电压与柱式容器内感压膜上面溶液的重量呈线性关系,因此可以测量容器内储存的溶液重量。

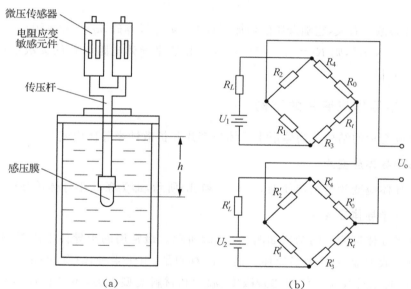

图 3.25 应变式容器内液体重量传感器

3.2 压阻式传感器

* * * * * * * * * * * * * * * * * * *

3.2.1 半导体的压阻效应

半导体材料受到应力作用时,其电阻率会发生变化,这种现象称为压阻效应。实际上,任何材料都会不同程度地呈现压阻效应,但半导体材料的这种效应特别明显。由式(3-10)

知,金属材料的$\frac{\mathrm{d}\varrho}{\varrho}$比较小,但对于半导体材料,$\frac{\mathrm{d}\varrho}{\varrho}\gg(1+2\mu)\varepsilon_x$,即因机械变形引起的电阻变化可以忽略,电阻的变化率主要是由$\frac{\mathrm{d}\varrho}{\varrho}$引起的,即

$$\frac{\mathrm{d}R}{R}=(1+2\mu)\varepsilon_x+\frac{\mathrm{d}\varrho}{\varrho}\approx\frac{\mathrm{d}\varrho}{\varrho} \qquad (3\text{-}82)$$

由半导体理论可知

$$\frac{\mathrm{d}\varrho}{\varrho}=\pi_l\sigma=\pi_l E\varepsilon \qquad (3\text{-}83)$$

式中,π_l为半导体材料的压阻系数,它与半导体材料的种类及应力方向与晶轴方向之间的夹角有关;E为半导体材料的弹性模量,与晶向有关;ε为沿某晶向l的应力。

半导体材料的灵敏系数K_0可表示为

$$K_0=\frac{\frac{\Delta R}{R}}{\varepsilon}=\pi_l E \qquad (3\text{-}84)$$

K_0与掺杂浓度有关,它随杂质的增加而减小。如半导体硅,$\pi_l=(40\sim80)\times10^{-11}~\mathrm{m^2/N}$,$E=1.67\times10^{11}~\mathrm{N/m^2}$,则$K_0=\pi_l E=50\sim100$。显然半导体电阻材料的灵敏系数比金属丝的要高$50\sim70$倍。

3.2.2　半导体应变片的结构

半导体应变片的结构分为体形半导体应变片和扩散性半导体应变片。

1. 体形半导体应变片

体形半导体应变片的结构如图3.26(a)和(b)所示,即为条状半导体单晶硅或锗。

2. 扩散性半导体应变片

扩散性半导体应变片的结构如图3.26(c)所示。最常用的半导体电阻材料有硅和锗,掺入杂质可形成P型或N型半导体。需要注意的是,由于半导体(如单晶硅)是各向异性材料,因此它的压阻效应不仅与掺杂浓度、温度和材料类型有关,还与晶向有关(对晶体的不同方向上施加力时,其电阻的变化方式不同)。

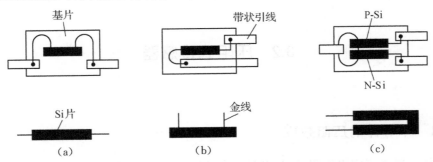

(a)和(b)为体形半导体应变片,(c)为扩散性半导体应变片。

图3.26　半导体应变片的结构

半导体应变片的主要优点是:灵敏系数比金属电阻应变片的灵敏系数大数十倍;横向效应和机械滞后极小。但半导体应变片的温度稳定性和线性度比金属电阻应变片差得多。

3.2.3　压阻式传感器的应用

1. 扩散性压阻式压力传感器

此类传感器采用 N 型单晶硅为传感器的弹性元件,在它上面直接蒸镀半导体电阻应变薄膜,其结构如图 3.27 所示。扩散性压阻式压力传感器的工作原理:当膜片两面存在压力差时,膜片产生变形,膜片上各点产生应力。四个电阻在应力作用下,阻值发生变化,电桥失去平衡,输出相应的电压,电压与膜片两面的压力差成正比。四个电阻的配置位置需要根据膜片上径向应力 σ_r 和切向应力 σ_t 的分布情况确定。σ_r 和 σ_t 的值分别为

$$\begin{cases} \sigma_r = \dfrac{3p}{8h^2}\left[(1+\mu)r_0^2 - (3+\mu)r^2\right] \\ \sigma_t = \dfrac{3p}{8h^2}\left[(1+\mu)r_0^2 - (1+3\mu)r^2\right] \end{cases} \tag{3-85}$$

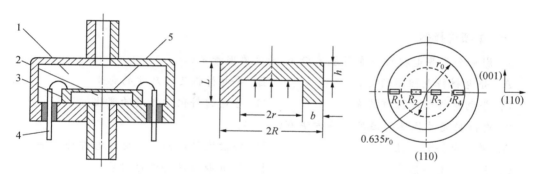

1—低压腔;2—高压腔;3—硅;4—引线;5—硅膜片。

图 3.27　压阻式压力传感器结构图

在设计扩散性压阻式压力传感器时,合理安排电阻的位置,可以组成差动电桥。此类传感器具有如下优点:体积小,结构比较简单,动态响应好,灵敏度高,能测出十几帕的微压,长期稳定性好,滞后和蠕变小,频率响应高,便于生产,成本低。其测量准确度受到非线性和温度的影响。智能压阻式压力传感器可利用微处理器对非线性和温度进行补偿。

2. 压阻式加速度传感器

压阻式加速度传感器的悬臂梁直接用单晶硅制成,四个扩散电阻扩散在其根部两面,其结构如图 3.28 所示。

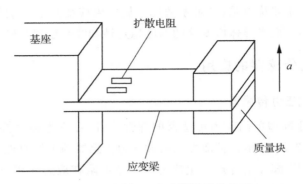

图 3.28　压阻式加速度传感器结构图

习　题

* * * * * * * * * * * * *

一、单项选择题

1. 影响金属导电材料应变灵敏系数 K 的主要因素是（　　）。

A. 导电材料电阻率的变化　　　　　B. 导电材料几何尺寸的变化

C. 导电材料物理性质的变化　　　　D. 导电材料化学性质的变化

2. 电阻应变片线路的温度补偿方法有（　　）。

A. 差动电桥补偿法　　　　　　　　B. 补偿块粘贴补偿应变片电桥补偿法

C. 补偿线圈补偿法　　　　　　　　D. 恒流源温度补偿电路法

3. 当应变片的主轴线方向与试件轴线方向一致，且试件轴线上受一维应力作用时，应变片灵敏系数 K 的定义是（　　）。

A. 应变片电阻变化率与试件主应力之比

B. 应变片电阻与试件主应力方向的应变之比

C. 应变片电阻变化率与试件主应力方向的应变之比

D. 应变片电阻变化率与试件作用力之比

4. 由（　　）和应变片，以及一些附件（补偿元件、保护罩等）组成的装置称为应变式传感器。

A. 弹性元件　　　　　　　　　　　B. 调理电路

C. 信号采集电路　　　　　　　　　D. 敏感元件

5. 直流电桥平衡的条件是（　　）。

A. 相邻两臂电阻的比值相等　　　　B. 相对两臂电阻的比值相等

C. 相邻两臂电阻的比值不相等　　　D. 所有电阻都相等

二、计算题

1. 如图所示为一直流应变电桥，$E=4$ V，$R_1=R_2=R_3=R_4=120$ Ω

（1）R_1 为金属应变片，其余为外接电阻，当 R_1 的增量 $\Delta R_1=1.2$ Ω 时，电桥输出电压 $U_\circ$ 为多少？

（2）R_1、R_2 都是应变片，且批号相同，感应应变的极性和大小都相同，其余为外接电阻，电桥输出电压 $U_\circ$ 为多少？

（3）题（2）中，如果 R_2 与 R_1 感受应变的极性相反，且 $\Delta R_1=\Delta R_2=1.2$ Ω，那么电桥输出电压 $U_\circ$ 为多少？

三、简答题

1. 什么叫应变效应？什么叫压阻效应？

2. 试简要说明电阻应变式传感器的温度误差产生的原因，并说明有哪几种补偿方法。

第四章　电容式传感器

电容式传感器是将被测非电量的变化转换为电容量变化的一种传感器,其优点是结构简单、体积小、分辨率高、发热少、易实现非接触测量等。由于材料、工艺,特别是测量电路及半导体集成技术等方面已达到了相当高的水平,因此寄生电容的影响得到了较好的解决,使电容式传感器的优点得以充分发挥。电容式传感器被广泛应用于位移、加速度、液位、振动及湿度等测量中。

4.1　电容式传感器的工作原理和类型

＊＊＊＊＊＊＊＊＊＊＊＊＊＊＊＊＊＊＊＊＊＊＊＊＊＊＊＊

电容式传感器是一个具有可变参数的电容器。多数场合下,电容是由绝缘介质分开的两个平行金属板组成的平板电容器,如图 4.1 所示。如果不考虑边缘效应,其电容量为

$$C = \frac{\varepsilon A}{d} = \frac{\varepsilon_0 \varepsilon_r A}{d} \tag{4-1}$$

式中,ε 为两极板间介质的介电常数,$\varepsilon_0 = 8.85 \times 10^{-12} \, \text{F/m}$ 为真空介电常数,ε_r 为极板间介质的相对介电常数,A 和 d 分别为两平行极板所覆盖的面积和两平行极板之间的距离。

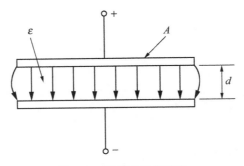

图 4.1　平板电容传感器

式(4-1)中,ε、A 和 d 三个参数,如果保持其中两个参数不变,只改变另一个参数,就可把该参数的变化转换为电容量的变化,其变化量的大小与被测参数变化量的大小成正比,

从而构成变极距型(变间隙型)、变面积型、变介质型三种电容传感器,如图 4.2 所示,其中变极距型和变面积型电容传感器应用比较广。它们的极板形状有平板形、圆柱形、球形等。变极距型电容传感器一般用来测量微小的线位移;变面积型电容传感器一般用于测量角位移或较大的线位移;变介质型电容传感器常用于固体或液体的物位测量及各种介质的湿度、密度的测定。

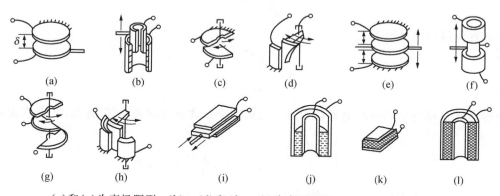

(a)和(e)为变极距型;(b)—(d)和(f)—(h)为变面积型;(i)—(l)为变介质型。

图 4.2　不同类型的电容传感器原理图

1. 变极距型(变间隙型)电容传感器

(1) 空气介质的变间隙型电容传感器

图 4.3 所示为基本的变间隙型电容传感器,其中定极板固定不动,动极板与被测体相连。当动极板因被测参数改变而引起位移时,就改变两极板间的距离,进而改变两极板间的电容。极板的面积为 A,初始距离为 d_0,以空气为介质的电容器的初始电容值为 $C_0 = \dfrac{\varepsilon_0 \varepsilon_r A}{d_0}$。

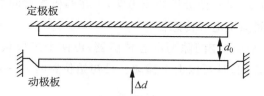

图 4.3　基本的变间隙型电容传感器

当动极板随被测量变化而移动时,极板间距离由初始值 d_0 减小 Δd,电容量增加 ΔC,此时所对应的电容为

$$C_0 + \Delta C = \frac{\varepsilon_0 \varepsilon_r A}{d_0 - \Delta d} = C_0 \frac{1}{1 - \dfrac{\Delta d}{d_0}} \tag{4-2}$$

式(4-2)两边同时除以 C_0,则有

$$\frac{\Delta C}{C_0} = \frac{\Delta d}{d_0}\left(1 - \frac{\Delta d}{d_0}\right)^{-1} \tag{4-3}$$

当 $\dfrac{\Delta d}{d_0} \ll 1$ 时,将式(4-3)展成泰勒级数:

$$\frac{\Delta C}{C_0} = \frac{\Delta d}{d_0}\left[1 + \frac{\Delta d}{d_0} + \left(\frac{\Delta d}{d_0}\right)^2 + \left(\frac{\Delta d}{d_0}\right)^3 + \cdots\right] \tag{4-4}$$

略去高次项,可得近似的线性关系式:

$$\frac{\Delta C}{C_0} \approx \frac{\Delta d}{d_0} \tag{4-5}$$

电容传感器的灵敏度为

$$K = \frac{\dfrac{\Delta C}{C_0}}{\Delta d} = \frac{1}{d_0} \tag{4-6}$$

其物理意义是单位位移引起电容量相对变化的大小。非线性误差与 $\dfrac{\Delta d}{d_0}$ 有关,其表达式为

$$\delta_L = \frac{\left|\left(\dfrac{\Delta d}{d_0}\right)^2\right|}{\left|\dfrac{\Delta d}{d_0}\right|} \times 100\% = \left|\frac{\Delta d}{d_0}\right| \times 100\% \tag{4-7}$$

结合式(4-6)和式(4-7)可得出如下结论:

① 变间隙型电容传感器只有在 $\dfrac{\Delta d}{d_0}$ 很小时,即在很小的测量范围内,才有近似的线性输出。

② 极距 d 越小,灵敏度越高,故可用减小极距的办法来提高灵敏度。

③ 极距 d 过小会带来两个问题:一是增加非线性误差,二是易造成极板间介质击穿,并增加极板的加工和安装难度。实际应用中 d_0 常取 $0.2 \sim 1$ mm,而变极距型电容传感器只能测量微小位移。

解决上述两个问题的办法:(a) 既要增加灵敏度,又要减小非线性误差,可采用差动法解决;(b) 既要提高灵敏度,又不使极板介质击穿,可在两极板之间加固定介质。

(2) 差动结构的变间隙型电容传感器

图 4.4 所示为差动结构的变间隙型电容传感器,由两个定极板和一个动极板组成,其中动极板在两个定极板之间,且可以上下移动。设初始位置时 $d_1 = d_2 = d_0$,初始电容值为

$$C_0 = \frac{\varepsilon A}{d_0} \tag{4-8}$$

当动极板上移 Δd,则有 $d_1 = d_0 - \Delta d, d_2 = d_0 + \Delta d$,且

$$C_1 = \frac{\varepsilon A}{d_0 - \Delta d} = C_0\left(1 - \frac{\Delta d}{d_0}\right)^{-1} = C_0\left[1 + \frac{\Delta d}{d_0} + \left(\frac{\Delta d}{d_0}\right)^2 + \cdots\right] \tag{4-9}$$

$$C_2 = \frac{\varepsilon A}{d_0 + \Delta d} = C_0\left(1 + \frac{\Delta d}{d_0}\right)^{-1} = C_0\left[1 - \frac{\Delta d}{d_0} + \left(\frac{\Delta d}{d_0}\right)^2 - \cdots\right] \tag{4-10}$$

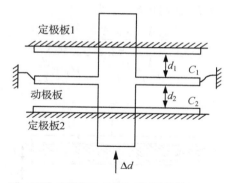

图 4.4　差动结构的变间隙型电容传感器

电容总的变化量为

$$\Delta C = C_1 - C_2 = C_0 \left[2\frac{\Delta d}{d_0} + 2\left(\frac{\Delta d}{d_0}\right)^3 + \cdots \right] \qquad (4\text{-}11)$$

式(4-11)两边同时除以 C_0，则有

$$\frac{\Delta C}{C_0} = 2\frac{\Delta d}{d_0} \left[1 + \left(\frac{\Delta d}{d_0}\right)^2 + \left(\frac{\Delta d}{d_0}\right)^4 + \cdots \right] \qquad (4\text{-}12)$$

当 $\dfrac{\Delta d}{d_0} \ll 1$ 时，略去高次项，则有

$$\frac{\Delta C}{C_0} \approx 2\frac{\Delta d}{d_0} \qquad (4\text{-}13)$$

电容传感器的灵敏度为

$$K = \frac{\dfrac{\Delta C}{C_0}}{\Delta d} \approx \frac{2}{d_0} \qquad (4\text{-}14)$$

非线性误差的表达式为

$$\delta_L = \frac{\left| 2\left(\dfrac{\Delta d}{d_0}\right)^3 \right|}{\left| 2\left(\dfrac{\Delta d}{d_0}\right) \right|} \times 100\% = \left| \frac{\Delta d}{d_0} \right|^2 \times 100\% \qquad (4\text{-}15)$$

对比差动结构的变间隙型电容传感器与基本结构的变间隙型电容传感器，可得出如下结论：① 差动结构传感器的灵敏度是基本结构的 2 倍，非线性误差也大大地减小；② 由于结构上的对称性，差动结构的变间隙型电容传感器能有效地补偿温度变化所造成的误差。所以，差动结构的变间隙型电容传感器在实际应用中用得较多。

为减小极距、增加灵敏度，又不致因极距过小而使电容器击穿，可在两极板间加固体云母片，一般将云母片与定极板放在一起。云母的相对介电常数是空气的 7 倍，其击穿电压不小于 1 000 kV/mm，而空气的仅为 3 kV/mm。因此加入云母片后，极板间初始距离可大大减小。

（3）具有固定介质的变间隙型电容传感器

图 4.5 所示为具有固定介质的变间隙型电容传感器，固定介质的相对介电常数为 ε_r，

厚度为 d_2,空气气隙的厚度为 d_1,此时电容 C_0 为

$$C_0 = \frac{\dfrac{\varepsilon_0 A}{d_1} \cdot \dfrac{\varepsilon_0 \varepsilon_r A}{d_2}}{\dfrac{\varepsilon_0 A}{d_1} + \dfrac{\varepsilon_0 \varepsilon_r A}{d_2}} = \frac{\varepsilon_0 A}{d_1 + \dfrac{d_2}{\varepsilon_r}} \tag{4-16}$$

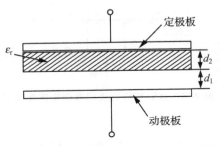

图 4.5　固定介质的变间隙型电容传感器

当动极板上移 Δd,则空气气隙的厚度变为 $d_1 - \Delta d$,且有

$$C_0 + \Delta C = \frac{\varepsilon_0 A}{d_1 - \Delta d + \dfrac{d_2}{\varepsilon_r}} \tag{4-17}$$

式(4-17)两边同时除以 C_0,则有

$$\frac{\Delta C}{C_0} = \frac{\Delta d}{d - \Delta d + \dfrac{d_2}{\varepsilon_r}} = \frac{\Delta d}{d_1 + d_2} \cdot \frac{1}{\dfrac{d_1 + \dfrac{d_2}{\varepsilon_r} - \Delta d}{d_1 + d_2}} \tag{4-18}$$

令 $N_1 = \dfrac{d_1 + d_2}{d_1 + \dfrac{d_2}{\varepsilon_r}}$,则有

$$\frac{\Delta C}{C_0} = \frac{\Delta d}{d_1 + d_2} N_1 \left[1 + \left(N_1 \frac{\Delta d}{d_1 + d_2} \right) + \left(N_1 \frac{\Delta d}{d_1 + d_2} \right)^2 + \cdots \right] \tag{4-19}$$

当 $N_1 \dfrac{\Delta d}{d_1 + d_2} \ll 1$ 时,略去高次项,得

$$\frac{\Delta C}{C_0} \approx N_1 \frac{\Delta d}{d_1 + d_2} \tag{4-20}$$

传感器的灵敏度为

$$K = \frac{\dfrac{\Delta C}{C_0}}{\Delta d} = \frac{N_1}{d_1 + d_2} \tag{4-21}$$

非线性误差为

$$\delta_L = N_1 \frac{\Delta d}{d_1 + d_2} \tag{4-22}$$

结合式(4-21)和式(4-22)可得出如下结论:① N_1 既是灵敏度因子又是非线性因子, $N_1 \geqslant 1$,与介质厚度比有关,与介质的介电常数有关;② N_1 随 $\dfrac{d_2}{d_1}$ 的增加而增加;③ 当 N_1 不

变时，ε_r 越大，灵敏度和非线性误差越大。

此外，若采用差动结构，式(4-19)中的偶次项被抵消，传感器的灵敏度和非线性也将得到改善。

2. 变面积型电容传感器

变面积型电容传感器包括直线位移型、同心圆筒型和角位移型。

（1）直线位移型

图 4.6 所示为直线位移型变面积式电容传感器的原理图。两个极板中，一个是定极板，另一个是动极板。初始状态，上下极板重合时的电容量为

$$C_0 = \frac{\varepsilon ba}{d} \tag{4-23}$$

被测量通过动极板移动引起两极板有效覆盖面积 S 改变，从而得到电容量的变化。当动极板相对于定极板沿长度方向平移 Δx 时，则电容量为

$$C_x = \frac{\varepsilon b(a - \Delta x)}{d} = C_0 - \frac{\varepsilon b \Delta x}{d} \tag{4-24}$$

$$\Delta C = C_x - C_0 = -\frac{\varepsilon b \Delta x}{d} \tag{4-25}$$

式(4-25)两边同时除以 C_0，可得电容的相对变化量为

$$\frac{\Delta C}{C_0} = -\frac{\Delta x}{a} \tag{4-26}$$

由式(4-26)可知 ΔC 与 Δx 呈线性关系。电容器的灵敏度为

$$K = -\frac{\Delta C}{\Delta x} = \frac{\varepsilon b}{d} \tag{4-27}$$

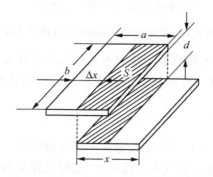

图 4.6　直线位移型变面积式电容传感器原理图

由式(4-27)可知，增大极板边长 b，或减小间隙 d，可提高传感器的灵敏度。但极板的另一个边长 a 不宜过小，否则边缘电场会影响线性特性。为提高测量精度，也常用如图 4.7 所示的结构形式，以减少动极板与定极板之间的相对极距变化而引起的测量误差。

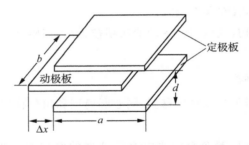

图 4.7　中间极板移动的变面积式电容传感器原理图

图 4.8 所示为齿形变面积式电容传感器,它是图 4.6 所示传感器的一种变形。采用齿形极板的目的是增加遮盖面积,提高传感器的分辨率和灵敏度。当极板的齿数为 n 时,极板移动 Δx 后的电容为

$$C_x = n \left[\frac{\varepsilon b(a - \Delta x)}{d} \right] \tag{4-28}$$

$$\Delta C = C_x - nC_0 = -\frac{n\varepsilon b}{d} \Delta x \tag{4-29}$$

电容器的灵敏度为

$$K' = -\frac{\Delta C}{\Delta x} = n \frac{\varepsilon b}{d} \tag{4-30}$$

对比式(4-27)和式(4-30)可知,齿形极板电容器的灵敏度为单极板的 n 倍。

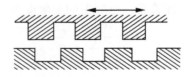

图 4.8　齿形变面积式电容传感器原理图

平行极板直线位移型电容传感器的最大不足是对移动极板平行度要求较高,稍有倾斜则改变极距 d,影响测量精度。而圆筒型结构受极板径向变化的影响很小,是实际中最常用的结构。

(2) 同心圆筒型

图 4.9 所示为同心圆筒型直线位移式电容传感器结构图。外圆筒为定极板,内圆筒为动极板。初始位置时,动极板全部进入定极板中,此时电容量为

$$C_0 = \frac{2\pi\varepsilon h_0}{\ln \dfrac{R}{r}} \tag{4-31}$$

式中,h_0 为外圆筒与内圆筒覆盖部分的长度,R 和 r 分别为外圆筒内半径和内圆柱外半径。

当两圆筒相对移动 x 时,电容的变化量 ΔC 为

$$\Delta C = \frac{2\pi\varepsilon(h_0 - x)}{\ln \dfrac{R}{r}} \tag{4-32}$$

电容的相对变化量为

$$\frac{\Delta C}{C_0} = -\frac{x}{h_0} \tag{4-33}$$

由式(4-33)可知,同心圆筒型变面积式电容传感器具有良好的线性,多数情况下用于检测位移等参数。

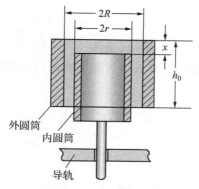

图 4.9　同心圆筒型直线位移式电容传感器结构图

（3）角位移型

图 4.10 所示为角位移型变面积式电容传感器原理图。当动极板有一角位移时,两极板间覆盖面积就发生变化,从而导致电容量的变化。当 $\theta = 0$ 时,初始电容为 $C_0 = \dfrac{\varepsilon_0 \varepsilon_r A}{d}$；当

$\theta \neq 0$ 时,$C = C_0 - \Delta C = \dfrac{\varepsilon_0 \varepsilon_r A \left(1 - \dfrac{\theta}{\pi}\right)}{d} = C_0 \left(1 - \dfrac{\theta}{\pi}\right)$。电容的相对变化量为

$$\frac{\Delta C}{C_0} = \frac{\theta}{\pi} \tag{4-34}$$

由式(4-34)可看出,传感器的电容量 C 与角位移 θ 呈线性关系。

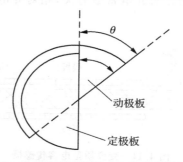

图 4.10　角位移型变面积式电容传感器原理图

上述分析表明,变面积式电容传感器的输出特性是线性的,灵敏度是常数。这类传感器多用于检测直线位移、角位移、尺寸等参量。

3. 变介质型电容传感器

变介质型电容传感器有较多的结构形式,可用来测量纸张、绝缘薄膜等的厚度,也可用来测量粮食、纺织品、木材或煤等非导电固体物质的湿度。

图 4.11 所示是一种常用的结构形式。电容的极板面积为 A,间隙为 a。当有一厚度为 d、相对介电常数为 ε_r 的固体电介质通过极板间的间隙时,电容器的电容量为

$$C=\frac{1}{\dfrac{a-d}{\varepsilon_0 A}+\dfrac{d}{\varepsilon_0 \varepsilon_r A}}=\frac{\varepsilon_0 A}{a-d+\dfrac{d}{\varepsilon_r}} \tag{4-35}$$

若固体介质的相对介电常数增加 $\Delta\varepsilon_r$(如湿度增加)时,电容也相应地增加 ΔC,增加后的电容量为

$$C+\Delta C=\frac{\varepsilon_0 A}{(a-d)+\dfrac{d}{\varepsilon_r+\Delta\varepsilon_r}} \tag{4-36}$$

电容的相对变化量为

$$\frac{\Delta C}{C}=\frac{\Delta\varepsilon_r}{\varepsilon_r}N_2\frac{1}{1+N_3\dfrac{\Delta\varepsilon_r}{\varepsilon_r}} \tag{4-37}$$

式中,$N_2=\dfrac{1}{1+\dfrac{\varepsilon_r(a-d)}{d}}$ 为灵敏度因子,$N_3=\dfrac{1}{1+\dfrac{d}{\varepsilon_r(a-d)}}$ 为非线性因子。

当 $N_3\dfrac{\Delta\varepsilon_r}{\varepsilon_r}\ll 1$ 时,将式(4-37)按泰勒级数展开为

$$\frac{\Delta C}{C}=\frac{\Delta\varepsilon_r}{\varepsilon_r}N_2\left[1-N_3\frac{\Delta\varepsilon_r}{\varepsilon_r}+\left(N_3\frac{\Delta\varepsilon_r}{\varepsilon_r}\right)^2-\left(N_3\frac{\Delta\varepsilon_r}{\varepsilon_r}\right)^3+\cdots\right] \tag{4-38}$$

式中,N_2 和 N_3 的值与间隙比 $\dfrac{d}{a-d}$ 有关,$\dfrac{d}{a-d}$ 越大,则灵敏度(N_2)越高,非线性度(N_3)越小。N_2 和 N_3 的值还与介质的相对介电常数有关,相对介电常数小的材料可以得到较高的灵敏度和较低的非线性。

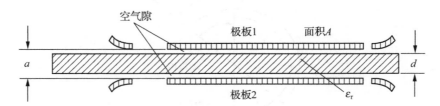

图 4.11　变介质型电容传感器

图 4.11 所示传感器也可以用来测量介电材料厚度的变化。在这种情况下,介电材料的相对介电常数 ε_r 为常数,则 d 为自变量,此时电容的相对变化量为

$$\frac{\Delta C}{C}=\frac{\Delta d}{d}N_4\frac{1}{1-N_4\dfrac{\Delta d}{d}} \tag{4-39}$$

式中,$N_4 = \dfrac{\varepsilon_r - 1}{1 + \varepsilon_r \dfrac{a-d}{d}}$。

当 $N_4 \left(\dfrac{\Delta d}{d}\right) \ll 1$ 时,将式(4-39)按泰勒级数展开为

$$\frac{\Delta C}{C} = \frac{\Delta d}{d} N_4 \left[1 + N_4 \frac{\Delta d}{d} + \left(N_4 \frac{\Delta d}{d}\right)^2 + \left(N_4 \frac{\Delta d}{d}\right)^3 + \cdots \right] \tag{4-40}$$

由式(4-40)可知,N_4 既是反映灵敏度大小的灵敏度因子,也是反映非线性程度的非线性因子。

若被测介质充满两极板间,即 $d = a$,如图 4.12 所示。此时初始电容为

$$C = \frac{\varepsilon_0 \varepsilon_r A}{a} \tag{4-41}$$

若相对介电常数变为 $\varepsilon_r + \Delta \varepsilon_r$,电容变为 $C + \Delta C$,则

$$C + \Delta C = \frac{\varepsilon_0 (\varepsilon_r + \Delta \varepsilon_r) A}{a} = C_0 + \frac{\varepsilon_0 \Delta \varepsilon_r A}{a} \tag{4-42}$$

由式(4-42)可知增加的电容量为

$$\Delta C = \frac{\varepsilon_0 A}{a} \Delta \varepsilon_r \tag{4-43}$$

可见 ΔC 和 $\Delta \varepsilon_r$ 成正比。故此电容传感器可测量介质介电常数的变化,如测原油含水率。

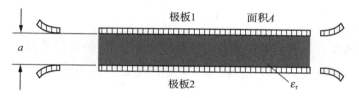

图 4.12 变介电常数的电容传感器($d = a$)

根据变介电常数电容传感器的工作原理,可将其用于液位的测量。据此制成的传感器为电容式液位传感器(图 4.13)。在被测介质中放入两个同心圆柱形极板,若容器内液体介质的介电常数为 ε_1,容器上面空气的介电常数为 ε_0,当容器液位变化时,两极板间电容量也发生变化。设容器内的介质为不导电的液体,筒高为 h,D 和 d 分别为外圆筒内直径和内圆筒外直径。初始电容量为

$$C_0 = \frac{2\pi \varepsilon_0 h}{\ln \dfrac{D}{d}} \tag{4-44}$$

当容器中液体介质浸没电极的高度为 x,此时总的电容量为

$$C = \frac{2\pi \varepsilon_1 x}{\ln \dfrac{D}{d}} + \frac{2\pi \varepsilon_0 (h - x)}{\ln \dfrac{D}{d}} = \frac{2\pi \varepsilon_0 h}{\ln \dfrac{D}{d}} + \frac{2\pi (\varepsilon_1 - \varepsilon_0) x}{\ln \dfrac{D}{d}}$$

$$= C_0 + \frac{2\pi(\varepsilon_1 - \varepsilon_0)x}{\ln\dfrac{D}{d}} \qquad\qquad (4\text{-}45)$$

则
$$\Delta C = C - C_0 = \frac{2\pi(\varepsilon_1 - \varepsilon_0)}{\ln\dfrac{D}{d}}x = Kx \qquad\qquad (4\text{-}46)$$

由式(4-46)可知电容的增量正比于被测液位。

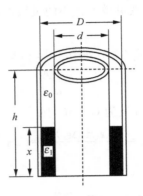

图 4.13　电容式液位传感器结构图

除此之外,还可利用变介电常数电容传感器测量被测介质的插入深度,如图 4.14 所示。无介质插入时,初始电容量为

$$C_0 = \frac{\varepsilon_0 \varepsilon_{r1} L_0 b_0}{d_0} \qquad\qquad (4\text{-}47)$$

式中,b_0 为极板宽度。当被测电介质进入极板的深度为 L 时,电容量为

$$C = C_1 + C_2 = \varepsilon_0 b_0 \frac{\varepsilon_{r1}(L_0 - L) + \varepsilon_{r2}L}{d_0} \qquad\qquad (4\text{-}48)$$

电容的相对变化量为

$$\frac{\Delta C}{C_0} = \frac{C - C_0}{C_0} = \frac{L(\varepsilon_{r2} - 1)}{L_0} \qquad\qquad (4\text{-}49)$$

由式(4-49)可知电容的变化量与电介质的移动量 L 呈线性关系。

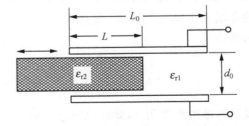

图 4.14　测量被测介质的插入深度示意图

4.2　电容式传感器的等效电路和测量电路

* *

4.2.1　电容式传感器的等效电路

4.1 节中对各种电容传感器的灵敏度和非线性误差的分析都是在纯电容的条件下进行的,这在大多数情况下是允许的。若考虑环境温度、湿度和电源频率等外界条件的影响,电容传感器就不是一个纯电容,它有引线,存在引线电阻和分布电容,极板之间还存在等效损耗电阻 R_p,因此电容传感器的等效电路如图 4.15 所示。

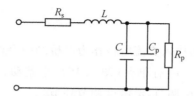

图 4.15　电容传感器的等效电路

在图 4.15 中,R_p 为并联损耗电阻,表示极板间泄漏电阻和极板间介质损耗,反映电容器在低频时的损耗。随着供电频率增大,容抗减小,其影响也减弱,电源频率高至几兆赫,R_p 可以忽略;串联电阻 R_s 为引线电阻、电容器支架和极板电阻的等效电阻,这个电阻在低频时很小,随着频率增加,由于电流的趋肤效应,R_s 的值增大。但是,即使在几兆赫频率下工作,R_s 仍然很小。因此,只有在很高的工作频率下才考虑 R_s。电感 L 是电容器本身的电感和外表引线的电感,它与电容器的结构和引线的长度有关。如果用电缆与电容式传感器相连接,则 L 中应包括电缆的电感。

等效电路有一个谐振频率,通常为几十兆赫。在谐振或接近谐振时,它会破坏电容器的正常作用。因此,只有低于谐振频率(通常为谐振频率的 $\frac{1}{3} \sim \frac{1}{2}$)时,电容传感器才能正常工作。

上述分析表明,电容传感器工作时,通常不考虑 R_p 和 R_s 的影响,只考虑 L 的影响,传感器的有效电容可近似表示为

$$\frac{1}{\mathrm{j}\omega C_e} = \mathrm{j}\omega L + \frac{1}{\mathrm{j}\omega C} \tag{4-50}$$

由式(4-50)进一步求得 C_e 为

$$C_e = \frac{C}{1 - \omega^2 LC} \tag{4-51}$$

式中,C_e 为传感器的等效电容,ω 为电源角频率。

当被测量变化时,传感器等效电容的相对变化率为

$$\frac{\Delta C_{e}}{C_{e}} = \frac{1}{1 - \omega^2 LC} \cdot \frac{\Delta C}{C} \tag{4-52}$$

式(4-52)表明电容传感器的电容实际相对变化与传感器固有电感有关。因此,在使用电容传感器时不要随便改变其引线电缆的长度,否则会使测量结果不准。如果实在要改变引线电缆的长度,则在改变引线电缆长度后要重新校正传感器的灵敏度。

4.2.2 电容式传感器的测量电路

电容式传感器是将被测非电量的变化转换为电容量变化的一种传感器,而电容量及电容变化量都十分微小(几皮法至几十皮法),这样微小的电容量必须借助测量电路进行检测,并将其转换成与其成单值函数关系的电压、电流或频率。电容式传感器的测量电路包括电桥电路、运算放大器式电路、差动脉宽调制电路、调频电路和二极管双 T 形交流电桥电路。

1. 电桥电路

电桥电路是将电容传感器接入交流电桥作为电桥的一个臂或两个相邻臂,另两个臂可以是电阻、电容或电感。电桥电路有单臂(图 4.16)、半差动、全差动三种工作形式。在实际电桥电路中,还附有零点平衡调节、灵敏度调节环节。

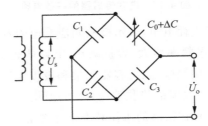

图 4.16 单臂接法交流电桥电路

将电容传感器接入交流电桥作为电桥的一个臂或两个相邻臂,另两个臂也可以是变压器的两个次级线圈。变压器式电桥使用的元件最少,桥路电阻最小,目前用得较多。图 4.17 所示为差动接法变压器交流电桥电路,其输出电压为

$$\dot{U}_{o} = \frac{(C_0 + \Delta C) - (C_0 - \Delta C)}{(C_0 + \Delta C) + (C_0 - \Delta C)} \dot{U}_{s} = \frac{\Delta C}{C_0} \dot{U}_{s} \tag{4-53}$$

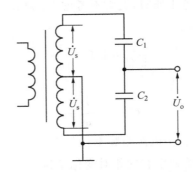

图 4.17 差动接法变压器交流电桥电路

电容电桥的主要特点有：① 高频交流正弦波供电；② 电桥输出调幅波，要求其电源电压波动极小，须采用稳幅、稳频等措施；③ 通常处于不平衡工作状态，传感器必须工作在平衡位置附近，否则电桥非线性增大，且在准确度要求高的场合应采用自动平衡电桥；④ 输出阻抗很高（一般达几兆欧至几十兆欧），输出电压低，必须后面接高输入阻抗、高放大倍数的处理电路。电容传感器的电容量小，变化更小（皮法级）。理论上，交流电桥可作为电容传感器的测量电路，但由于电容及变化太小，不易实现。

2. 运算放大器式电路

图 4.18 所示为运算放大器式测量电路，图中 C_x 为传感器，它跨接在高增益运算放大器的输入端与输出端之间，C_0 为固定电容。

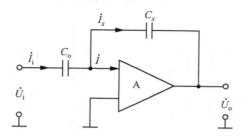

图 4.18   运算放大器式测量电路

由于运算放大器的输入阻抗 Z_i 很大，故输入电流等于零，因此可将其视为理想运算放大器。根据基尔霍夫定律，有

$$\begin{cases} \dot{U}_i = -\dfrac{1}{j\omega C_0}\dot{I}_i \\[2mm] \dot{U}_o = -\dfrac{1}{j\omega C_x}\dot{I}_x \\[2mm] \dot{I}_i = \dot{I}_x \end{cases} \tag{4-54}$$

式中，$\dot{U}_o$ 是输出电压，则

$$\dot{U}_o = -\dot{U}_i \frac{C_0}{C_x} = -\dot{U}_i \frac{C_0}{\varepsilon A}d \tag{4-55}$$

负号表明输出与输入电源电压反相。显然，输出电压与电容极板间距呈线性关系，这就从原理上保证变极距型电容式传感器的线性。这里假设放大器开环放大倍数 A 趋于 ∞，输入阻抗 Z_i 趋于 ∞，因此仍然存在一定的非线性误差，但一般 A 和 Z_i 足够大，所以这种误差很小。由于 C_x 变化小，所以该电路实现起来困难。

3. 差动脉宽调制电路

根据电路知识可知：利用对传感器电容的充放电使电路输出脉冲的宽度随传感器电容量变化而变化，再通过低通滤波器得到对应被测量变化的直流信号，这就是差动脉宽调制电路的工作原理。差动脉宽调制电路如图 4.19 所示。图 4.20 所示为电路各点的充放电波形。

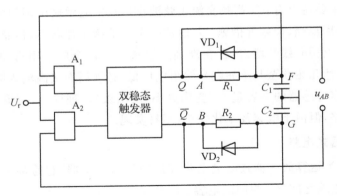

图 4.19　差动脉宽调制电路

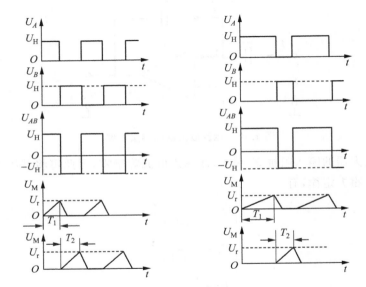

图 4.20　电路各点的充放电波形

图 4.19 中,C_1 和 C_2 为差动式传感器的两个电容,A_1 和 A_2 是两个比较器,U_r 为触发器的参考电压。由电路可知

$$U_A = \frac{T_1}{T_1+T_2}U_1, \quad U_B = \frac{T_2}{T_1+T_2}U_1 \tag{4-56}$$

式中,U_A 和 U_B 分别为 A 点和 B 点的矩形脉冲的直流分量,T_1 和 T_2 分别为 C_1 和 C_2 的充电时间,U_1 为触发器输出的高电位。

C_1 和 C_2 的充电时间 T_1 和 T_2 分别为

$$T_1 = R_1 C_1 \ln \frac{U_1}{U_1-U_r}$$

$$T_2 = R_2 C_2 \ln \frac{U_1}{U_1-U_r} \tag{4-57}$$

式中,U_r 为触发器的参考电压。输出的直流电压 $U_。$ 为

$$U_\text{o}=U_A-U_B=\frac{T_1}{T_1+T_2}U_1-\frac{T_2}{T_1+T_2}U_1=\frac{T_1-T_2}{T_1+T_2}U_1 \tag{4-58}$$

设 $R_1=R_2=R$，则

$$U_\text{o}=\frac{C_1-C_2}{C_1+C_2}U_1 \tag{4-59}$$

式(4-59)说明差动脉宽调制电路输出的直流电压与传感器两电容的差值成正比。

对于差动式变极距型电容传感器来说，输出的直流电压 U_o 为

$$U_\text{o}=\frac{\Delta d}{d_0}U_1 \tag{4-60}$$

对于差动式变面积型电容传感器来说，输出的直流电压 U_o 为

$$U_\text{o}=\frac{\Delta S}{S_0}U_1 \tag{4-61}$$

差动脉宽调制电路具有如下特性：① 适用于任何差动式电容传感器，并具有理论上的线性特性；② 该电路采用直流电源，电压稳定度高，不存在稳频、波形纯度的要求，也不需要相敏检波与解调等；③ 对元件的无线性有要求；④ 经低通滤波器可输出较大的直流电压，对输出矩形波的纯度要求也不高。

4. 调频电路

此种调频电路属于载波频率改变的调幅调频方式。图 4.21 所示为调频-鉴频电路原理图。该测量电路把电容式传感器与一个电感元件组合，构成一个振荡器谐振电路。当传感器工作时，电容量发生变化，导致振荡频率产生相应的变化，再经过鉴频电路将频率的变化转换为振幅的变化，经放大器放大后即可显示，这种方法称为调频法。具体电路如图 4.22 所示。

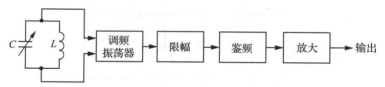

图 4.21　调频-鉴频电路原理图

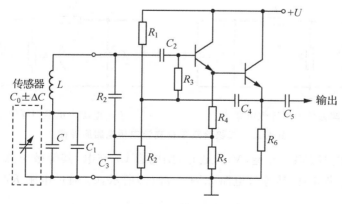

图 4.22　调频-鉴频各部分电路构成图

调频振荡器的振荡频率由式(4-62)决定:

$$f = \frac{1}{2\pi\sqrt{LC}} \tag{4-62}$$

式中,L 为振荡器的电感;总电容 $C = C_1 + C_2 + C_0 \pm \Delta C$,$C_1$ 为振荡回路的固有电容,C_2 为传感器的引线分布电容,$C_0 \pm \Delta C$ 为传感器电容。初始时,被测信号为零,振荡器的一个固有频率为

$$f_0 = \frac{1}{2\pi\sqrt{(C_1 + C_2 + C_0)L}} \tag{4-63}$$

当被测信号不为 0 时,$\Delta C \neq 0$,此时的频率为

$$f = \frac{1}{2\pi\sqrt{(C_1 + C_2 + C_0 \pm \Delta C)L}} = f_0 \pm \Delta f \tag{4-64}$$

用调频系统作为电容传感器的测量电路具有如下优点:① 灵敏度高,可测量 $0.01~\mu m$ 甚至更小的位移变化量;② 易于用数字仪器测量,并与计算机通信,抗干扰能力强;③ 能获得高电平的直流信号或频率数字信号。其缺点是温度影响大,给电路设计和传感器设计带来一定麻烦。

5. 二极管双 T 形交流电桥电路

图 4.23 所示为二极管双 T 形交流电桥电路原理图。e 是高频电源,提供幅值为 U 的对称方波,VD_1、VD_2 为特性完全相同的二极管,固定电阻 $R_1 = R_2 = R$,C_1 和 C_2 为传感器的两个差动电容。

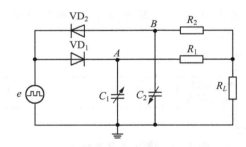

(a) 二极管双 T 形交流电桥电路原理图

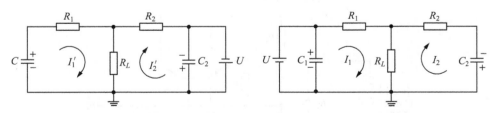

(b) 电源为负半周等效电路图   (c) 电源为正半周等效电路图

图 4.23 二极管双 T 形交流电桥电路原理图

当 e 为负半周时,VD_2 导通,VD_1 截止,则电容 C_2 充电,其等效电路如图 4.23(b)所示;在随后出现正半周时,其等效电路如图 4.23(c)所示,C_2 通过电阻 R_2、负载电阻 R_L 放

电,流过 R_L 的电流为 I_2。电流 $I_1 = I_2$,且方向相反,在一个周期内流过 R_L 的平均电流为零。

若传感器输入不为 0,则 $C_1 \neq C_2$,$I_1 \neq I_2$,此时在一个周期内通过 R_L 上的平均电流不为零,因此产生输出电压。输出电压在一个周期内的平均值为

$$U_\circ = I_L R_L = \frac{1}{T}\int_0^T [I_1(t) - I_2(t)]\mathrm{d}t \cdot R_L$$

$$= \frac{R(R+2R_L)}{(R+R_L)^2} \cdot R_L U f (C_1 - C_2) \tag{4-65}$$

式中,f 为电源频率。

当 R_L 已知时,式(4-65)中 $\left[\dfrac{R(R+2R_L)}{(R+R_L)^2}\right] \cdot R_L = M$(常数),则式(4-65)可改写为

$$U_\circ = U f M (C_1 - C_2) \tag{4-66}$$

由式(4-66)可知,输出电压 $U_\circ$ 不仅与电源电压幅值和频率有关,而且与 T 形网络中的电容 C_1 和 C_2 的差值有关。当电源电压确定后,输出电压 $U_\circ$ 是电容 C_1 和 C_2 的函数。电路的灵敏度与电源电压幅值和频率有关,故要求输入电源稳定。当 U 幅值较高,使二极管 VD_1 和 VD_2 工作在线性区域时,测量的非线性误差很小。电路的输出阻抗与电容 C_1 和 C_2 无关,而仅与 R_1、R_2 及 R_L 有关,约为 $1 \sim 100$ kΩ。输出信号的上升沿时间取决于负载电阻。对于 1 kΩ 的负载电阻上升时间为 20 μs 左右,故可用来测量高速的机械运动。

二极管双 T 形交流电桥电路具有如下特点:① 线路简单,可全部放在探头内,大大缩短了电容引线,减小了分布电容的影响;② 电源周期、幅值直接影响灵敏度,要求它们高度稳定;③ 输出阻抗为 R,与电容无关,克服了电容式传感器高内阻的缺点;④ 适用于具有线性特性的单组式和差动式电容式传感器。

4.3 电容式传感器的特点和设计要点

4.3.1 电容式传感器的特点

1. 电容式传感器的优点

（1）温度稳定性好

传感器的电容值一般与电极材料无关,仅取决于电极的几何尺寸,且在空气等介质中的损耗很小,因此只要从强度和温度系数等机械特性考虑,合理选择材料和几何尺寸即可,其他因素（因本身发热极小）影响甚微。而电阻式传感器有电阻,供电后产生热量;电感式传感器存在铜损、电涡流损耗等,引起传感器本身发热,产生零漂。

（2）结构简单、适应性强

电容式传感器结构简单，易于制造，能在高（低）温、强辐射及强磁场等各种恶劣的环境条件下工作，适应能力强，尤其是可以承受很大的温度变化，在高压力、高冲击和过载等情况下都能正常工作，能测超高压和低压差，也能对带磁工件进行测量。此外，传感器的体积可以做得很小，以便实现某些具有特殊要求的测量。

（3）动态响应好

电容式传感器由于极板间的静电引力很小（约几个 10^{-5} N），需要的作用能量极小，且它的可动部分可以做得小而薄、质量轻，因此其固有频率很高，动态响应时间短，能在几兆赫兹的频率下工作，特别适合动态测量。又由于其介质损耗小，可以用较高的频率供电，因此系统工作频率高。它可用于测量高速变化的参数，如测量振动、瞬时压力等。

（4）可以实现非接触测量，具有平均效应

在被测件不能接触测量的情况下，电容式传感器可以完成测量任务。当采用非接触测量时，电容式传感器具有平均效应，可以减小工件表面粗糙度等对测量结果的影响。

电容式传感器除具有上述优点外，还因带电极板间的静电引力极小，因此所需输入能量极小，所以特别适合低能量输入的测量，如测量极低的力和很小的位移、加速度等。电容式传感器可以做得很灵敏，分辨力非常强，能感受 0.001 m 甚至更小的位移。

2. 电容式传感器的缺点

（1）输出阻抗高，负载能力差

电容式传感器的容量受其电极几何尺寸等限制，一般为几十到几百皮法，使传感器的输出阻抗很高，尤其当采用音频范围内的交流电源时，输出阻抗高达 $10^6 \sim 10^8$ Ω。因此传感器负载能力差，易受外界干扰影响而产生不稳定现象，严重时甚至无法工作，必须采取屏蔽措施，这给设计和使用带来不便。容抗大还要求传感器绝缘部分的电阻值极高（几十兆欧），否则绝缘部分将作为旁路电阻而影响传感器的性能（如灵敏度降低），为此还要特别注意周围环境如温湿度、清洁度等对绝缘性能的影响。高频供电虽然可降低传感器输出阻抗，但放大、传输远比低频时复杂，且寄生电容影响加大，难以保证传感器工作稳定。

（2）寄生电容影响大

电容式传感器的初始电容量很小，其引线电缆电容（1～2 m 导线可达 800 pF）、测量电路的杂散电容以及传感器极板与其周围导体构成的电容等"寄生电容"却较大，从而降低了传感器的灵敏度。这些电容（如电缆电容）常常是随机变化的，将使传感器工作不稳定，影响测量精度，其变化量甚至超过被测量引起的电容变化量，致使传感器无法工作。因此，对电缆的选择、安装、连接等都有要求。

（3）输出特性为非线性

变极距型电容传感器的输出特性是非线性的，虽可采用差动结构来改善，但不可能完全消除。其他类型的电容传感器只有在忽略了电场的边缘效应时，输出特性才为线性。否则边缘效应所产生的附加电容量将与传感器电容量直接叠加，使输出特性为非线性。

随着材料、工艺、电子技术，特别是集成电路的高速发展，电容式传感器正逐渐成为一种高灵敏度、高精度,在动态、低压及一些特殊测量方面有广阔发展前景的传感器。

4.3.2 电容式传感器的设计要点

电容式传感器具有高灵敏度、高精度等独特的优点,这与其正确设计、选材及精细的加工工艺是分不开的。在设计传感器的过程中,在所要求的温度和压力等范围内,应尽量使它具有低成本、高精度、高分辨力、稳定可靠和高频率响应等特点。在设计电容式传感器时,需要注意以下要点。

1. 保证绝缘材料的绝缘性能

减小环境温度、湿度等变化所产生的误差,以保证绝缘材料的绝缘性能。温度变化会使传感器内各零件的几何尺寸和相互位置及某些介质的介电常数发生改变,从而改变传感器的电容量,产生温度误差。湿度也会影响某些介质的介电常数和绝缘电阻值。因此,必须从选材、结构、加工工艺等方面来减小温度等误差,并保证绝缘材料具有较高的绝缘性能。

电容式传感器的金属电极的材料以温度系数低的铁镍合金为好,但较难加工。也可采用在陶瓷或石英上喷镀金或银的工艺,这样可以将电极做得极薄,对减小边缘效应极为有利。传感器内电极表面不便经常清洗,应加以密封,以防尘、防潮。若在电极表面镀以极薄的惰性金属(如铑等)层,则可代替密封件起保护作用,可防尘、防湿、防腐蚀,并在高温下可减少表面损耗、降低温度系数,但成本较高。

传感器内电极的支架除要有一定的机械强度外,还要有稳定的性能。因此,宜选用温度系数小且几何尺寸长期稳定性好,并具有高绝缘电阻、低吸潮性和高表面电阻的材料,如以石英、云母、人造宝石及各种陶瓷等做支架。虽然这些材料较难加工,但性能远高于塑料、有机玻璃等。在温度不太高的环境下,聚四氟乙烯具有良好的绝缘性能,可以考虑选用。

尽量采用空气或云母等介电常数近似为零的电介质(也不受湿度变化的影响)作为电容式传感器的电介质。若用某些液体如硅油、煤油等作为电介质,当环境温度、湿度变化时,它们的介电常数随之改变,易产生误差。这种误差虽可用后接的电子电路加以补偿,但无法完全消除。

在可能的情况下,传感器内尽量采用差动对称结构,这样可以通过某些类型的测量电路(如电桥)来减小温度等误差。宜选用 50 kHz 至几兆赫兹作为电容式传感器的电源频率,以降低对传感器绝缘部分的绝缘要求。

传感器内所有的零件应先进行清洗、烘干后再装配。传感器要密封以防止水分侵入内部而引起电容值变化和绝缘性能下降。传感器的壳体刚性要好,以免安装时变形。

2. 减小并消除边缘效应

电容式传感器的电容极板之间存在静电场。由于极板边缘效应的存在,边缘处的电场分布不均匀,进而造成电容的边缘效应,这相当于在传感器的电容里并联一个附加电容。

边缘效应不仅使电容式传感器的灵敏度降低,而且产生非线性,应尽量减小并消除电容边缘效应的影响。

为减小边缘效应的影响,可采用如下方法:适当减小极距,使电极直径或边长与极距的比增大,但易发生击穿,并有可能限制测量范围;电极应做得极薄,使之与极距相比很小,这样也可减小边缘电场的影响。此外,可在结构上增设等位环来消除边缘效应,如图 4.24 所示。等位环与电极 2 在同一平面上并将电极 2 包围,且与电极 2 电绝缘但等电位,这样就能使电极 2 的边缘电力线平直,电极 1 和电极 2 之间的电场基本均匀,而发散的边缘电场发生在等位环外周,不影响传感器两极板间电场。

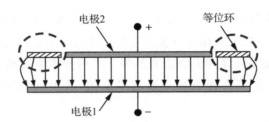

图 4.24 带有等位环的平板式电容传感器

3. 减小并消除寄生电容的影响

寄生电容与传感器电容并联,它的变化为虚假信号,会影响仪器的精度,必须予以消除。可采用以下方法减小并消除寄生电容的影响。

(1)增加传感器原始电容值

采用减小极片或极筒的极距(平板式极距为 0.2~0.5 mm,圆筒式极距为 0.15 mm)、增加工作面积或工作长度来增加原始电容值,但这受加工及装配工艺、精度、示值范围、击穿电压、结构等限制。一般电容值的变化范围为 10^{-3}~10^{3} pF,相对值的变化范围为 10^{-6}~1。

(2)集成化

将传感器与测量电路本身或其前置放大器装在一个壳体内,省去传感器的电缆引线。这样寄生电容大为减小且不易改变,使仪器工作稳定。但这种传感器因电子元件的特点而不能在高(低)温或环境差的场合使用。

(3)采用驱动电缆(双层屏蔽等位传输)技术

当电容式传感器的电容值很小,而由于某些原因(如环境温度较高),测量电路只能与传感器分开时,可采用驱动电缆技术,如图 4.25 所示。传感器与测量电路前置放大器间的引线为双屏蔽层电缆,其内屏蔽层与信号传输线(电缆芯线)通过 1:1 放大器成为等电位,从而消除了芯线与内屏蔽层之间的电容。屏蔽线由于存在随传感器输出信号变化而变化的电压,因此称为驱动电缆。采用这种技术可使电缆线长达 10 m 也不影响仪器的性能。

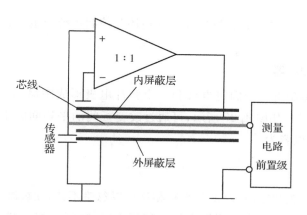

图 4.25 驱动电缆技术原理图

外屏蔽层接地或接仪器,用来防止外界电场的干扰。内外屏蔽层之间的电容是 1:1 放大器的负载。1:1 放大器是一个输入阻抗要求很高、具有容性负载、放大倍数为 1(准确度要求达到 1/10 000)的同相(要求相移为零)放大器。因此驱动电缆技术对 1:1 放大器要求很高,电路复杂,但能保证电容式传感器的电容值小于 1 pF 时也能正常工作。

当电容式传感器的初始电容值很大(几百微法)时,只要选择适当的接地点仍可采用一般的同轴屏蔽电缆,电缆可以长达 10 m,仪器仍能正常工作。

(4)整体屏蔽法

将电容式传感器和所采用的转换电路、传输电缆等用同一个屏蔽壳屏蔽起来,正确选取接地点可减小寄生电容的影响,防止外界的干扰,如图 4.26 所示。

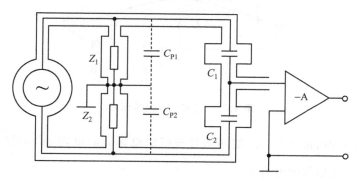

图 4.26 交流电容电桥的屏蔽系统

4.4 电容式传感器的应用

电子技术的发展,解决了电容式传感器存在的许多技术问题,使电容式传感器不但被广泛应用于精确测量位移、厚度、角度和振动等物理量,还被应用于测量力、差压、流量、成分和液位等参数。此外,电容式传感器在自动检测与控制系统中也常常用来作为位置信号发生器。

1. 电容式压差传感器

电容式压差传感器由一个固定电极和一个膜片电极形成距离为 d_0、极板有效面积为 πa^2 的平板电容传感器,如图 4.27 所示,可通过改变板间的平均间隙来改变电容量。当忽略边缘效应时,初始电容为

$$C_0 = \frac{\varepsilon_0 \pi a^2}{d_0} \tag{4-67}$$

这种传感器中的膜片很薄,厚度与直径相比可以忽略不计,在被测压力 P 的作用下,膜片向间隙方向呈球状凸起。当被测压力为均匀压力时,在距离膜片圆心为 r 的周长上,各点凸起的挠度相等(设为 y),其值为

$$y = \frac{P}{4\sigma}(a^2 - r^2) \tag{4-68}$$

式中,$\sigma = \dfrac{Et^3}{0.85\pi a^2}$ 为膜片的拉伸引力。

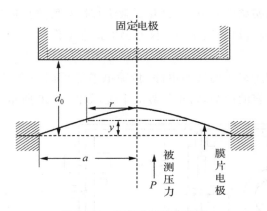

图 4.27 电容式压差传感器

球面上宽度为 dr、长度为 $2\pi r$ 的环形带与固定电极间的电容 $dC = \dfrac{\varepsilon_0 2\pi r dr}{d_0 - y}$,由此求得被测压力为 P 时,传感器的电容为

$$C = \int_0^a dC = \int_0^a \frac{\varepsilon_0 2\pi r dr}{d_0 - y} = \frac{2\pi\varepsilon_0}{d_0} \int_0^a \frac{r dr}{1 - \dfrac{y}{d_0}}$$

$$= \frac{2\pi\varepsilon_0}{d_0} \int_0^a \left(1 + \frac{y}{d_0}\right) r dr \tag{4-69}$$

将式(4-68)代入式(4-69)可得

$$C = \frac{2\pi\varepsilon_0}{d_0} \left[\frac{a^2}{2} + \frac{P}{4d_0\sigma} \int_0^a (a^2 - r^2) r dr \right]$$

$$= \frac{\varepsilon_0 \pi a^2}{d_0} + \frac{\varepsilon_0 \pi a^4}{8 d_0^2 \sigma} P = C_0 + \Delta C \tag{4-70}$$

由式(4-70)可得电容的相对变化量为

$$\frac{\Delta C}{C_0}=\frac{a^2}{8d_0\sigma}P\approx\frac{a^4}{3d_0Et^3}P \tag{4-71}$$

电容式传感器是应用最广泛的一种压力传感器,有单端式和差动式两种形式。因为差动式的灵敏度高,非线性误差较小,因此得到了广泛应用。图4.28所示为差动式电容式压差传感器,它是用弹性膜片和两个镀金的玻璃凹球面构成的两室结构电容式压差传感器。基座和玻璃层中央通有孔,测量膜片左右两室中充满硅油。在有压差作用时,硅油的不可压缩性和流动性便能将压差 ΔP 传递到测量膜片的左右面上,测量膜片变形,则弹性膜片向压力低的一侧产生位移,该位移使得两个电容一增一减。电容的变化经测量电路转换为与压差相对应的电压或电流的变化。该传感器能测 0.75 Pa 以下的微小压差。

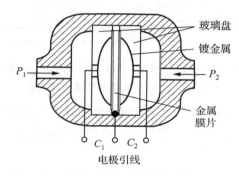

图 4.28 差动式电容式压差传感器结构图

2. 电容式转速传感器

图4.29所示为电容式转速传感器工作原理图。在电机上装齿轮,当电机转动时齿轮随之转动,放置一个电容式传感器,固定不动,外面就是传感器的定极板,齿轮充当动极板,电容间的距离一会儿变大一会儿变小。当定级板对着槽时距离很大,对着齿时距离变小,电容就会规律地一会儿大一会儿小。用后面的电路进行处理,可使输出的电压一会儿大一会儿小。最后进行整形就得到一个脉冲信号,脉冲的个数与频率和转速有必然的关系。

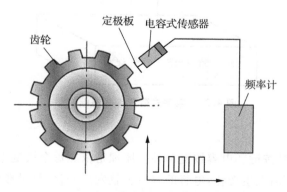

图 4.29 电容式转速传感器工作原理图

3. 电容式加速度传感器

图 4.30 所示为电容式加速度传感器,两个固定极板间有一个用弹簧片支撑的质量块,质量块的两端面经抛光后作为动极板,当传感器测量竖直方向的振动时,由于质量块的惯性作用,使其相对固定电极产生位移,两个差动电容器 C_1 和 C_2 的电容发生相应的变化,其中一个变大,另一个变小。

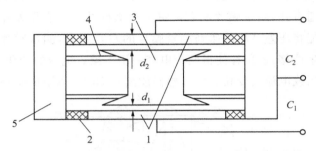

1,5—固定极板;2—壳体;3—簧片;4—质量块;6—绝缘体。

图 4.30　电容式加速度传感器结构图

加速度传感器安装在轿车上,可以作为碰撞传感器。当测得的负加速度值超过设定值时,微处理器据此判断发生了碰撞,于是轿车前部的折叠式安全气囊迅速充气而膨胀,托住驾驶员及前排乘客的胸部和头部。

4. 电容式荷重传感器

电容式荷重传感器结构如图 4.31 所示。用一块特殊钢(一般采用镍铬钼钢,其浇铸性好,弹性极限高),在同一高度上并排打圆孔,在孔的内壁以特殊的黏结剂固定两个截面为 T 形的绝缘体,保持其平行并留有一定间隙,在相对面粘贴铜箔,从而形成一排平板电容。当圆孔受荷重变形时,电容值将改变。电路上的各电容并联,总电容增量将正比于被测平均荷重 F。

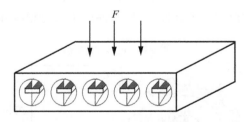

图 4.31　电容式荷重传感器结构图

5. 电容式键盘

常规的键盘有机械按键和电容按键两种。原理是依靠每个按键上的两片铜箔,按键被按下后,铜箔之间的距离发生变化,电容的容量也就发生变化,暂时形成振荡脉冲允许通过的条件。电容式键盘就是利用变极距型电容传感器实现信息转换。

6. 电容式测厚仪

电容式测厚仪是用来测量金属带材在轧制过程中的厚度。它的变换器就是电容式厚度传感器,在被测带材的上下两边各置一块面积相等、带材应力相同的极板,这样极板与带材就构成两个电容器。把两块极板用导线连接起来,就构成一个极板,而带材则是电容器的另一个极板,总电容是两个电容之和。金属带材在轧制过程中不断向前送,如果带材厚度发生变化,将引起它与上下两个极板的间距变化,即引起电容量的变化,电容的变化引起电桥不平衡输出,经过放大、检波、滤波,最后在仪表上显示出带材的厚度(图 4.32)。这种测厚仪的优点是带材的振动不影响测量精度。

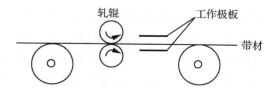

图 4.32　电容式测厚仪工作原理

7. 电容式湿度传感器

图 4.33 所示是利用多孔氧化铝吸湿的电容式湿度传感器示意图。以铝棒和能渗透水的黄金膜为极板,极板间充以氧化铝微孔介质。多孔性氧化铝可从含有水分的气体中吸收水蒸气或从含水液体介质中吸收水分,吸水以后,介电常数 ε 发生变化,电容量随之改变。

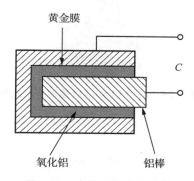

图 4.33　电容式湿度传感器

8. 电容式指纹传感器

指纹由于具有唯一性(人各不同,指指相异)和稳定性(终生基本不变)而使其成为个人身份识别的一种有效手段。指纹采集并输入计算机是进行自动指纹识别(Automatic Fingerprint Identification System,AFIS)的第一步。

指纹图像的获取一般有两种方法。一种是使用墨水和纸,这种方法费工费时且不可靠,不适用于 AFIS。另一种方法是利用设备取像,这种方法又分为光学设备取像、晶体传感器取像和超声波取像。光学设备取像是利用光的全反射原理,并使用 CCD(Charge

Coupled Device,电荷耦合器件)器件来获得指纹的图像,其优点是图像效果较好,器件本身耐磨损,但缺点是成本高且体积大。晶体指纹传感器分为电容式和压感式,用它获取的图像质量比较好,且可以采用自动获取控制(AGC)技术和软件调整的方法来改善增益的图像质量,晶体传感器的体积和功耗都比较小,成本也比光学设备低,但在耐磨损方面逊色一些。超声波取像是一种新兴的指纹提取手段,它直接扫描真皮组织,因此,积累在皮肤上的污垢和油脂对超声波获得的图像影响不大,但器件成本较高,目前还没有成熟的产品在市场上出现。

美国 Veridicom 公司推出的 FPS110 电容式指纹传感器是由著名的贝尔实验室联合英特尔等公司,投资几十亿美金,历经数十载才开发出来的,目前在国际晶体指纹传感器市场上占主要份额。FPS110 电容式指纹传感器表面集合了 300×300 个电容器,其外面是绝缘表面,当用户的手指放在上面时,皮肤组成电容阵列的另一面。电容器的电容值由于导体间的距离变化而变化,通过读取充、放电之后的电容差值来获取指纹图像。该传感器的生产采用标准 CMOS 技术,大小为 15 mm×15 mm,获取的图像大小为 300×300,分辨率为500 dpi。FPS110 提供与 8 位微处理器相连的接口,并且内置 8 位高速 A/D 转换器,可直接输出 8 位灰度图像。FPS110 指纹传感器整个芯片的功耗很低(<200 mW),价格相对比较便宜。图 4.34 所示为利用 FPS110 获取的指纹图像。

图 4.34　利用 FPS110 获取的指纹图像

习　题
* * * * * * * * * * * * *

一、单项选择题

1. 下列电路不属于电容式传感器测量电路的是(　　)。

A. 调频测量电路　　　　　　　　　　B. 运算放大器电路

C. 脉冲宽度调制电路　　　　　　　　D. 相敏检波电路

2. 若将变面积型电容式传感器接成差动形式,则其灵敏度将(　　)。

A. 保持不变　　　　　　　　　　　　B. 增大一倍

C. 减小一半　　　　　　　　　　　　D. 增大两倍

3. 差动式电容传感器采用脉宽调制电路作为测量电路时,其输出电压正比于(　　)。

A. $C_1 - C_2$

B. $\dfrac{C_1 - C_2}{C_1 + C_2}$

C. $\dfrac{C_1 + C_2}{C_1 - C_2}$

D. $\dfrac{\Delta C_1}{C_1} + \dfrac{\Delta C_2}{C_2}$

4. 当变间隙型电容传感器的两极板间的初始距离 d_0 增加时,将引起传感器的(　　)。

A. 灵敏度 K_0 增加

B. 灵敏度 K_0 不变

C. 非线性误差增加

D. 非线性误差减小

二、简答题

1. 根据电容式传感器的工作原理,可将其分为几种类型? 每种类型各有什么特点? 各适用于什么场合?

2. 简述差动式电容测厚传感器系统的工作原理。

3. 简述电容式传感器的工作原理与分类。

第五章 电感式传感器

电感式传感器是利用电磁感应原理将被测非电量（如位移、压力、流量和振动等）的变化转换成线圈自感系数（L）或互感系数（M）的变化，再由测量电路转换为电压或电流的变化量输出，此输出要反映被测物理量的大小。电感式传感器是一种机电转换装置，被广泛应用于现代工业生产和科学技术中。

电感式传感器具有如下特点：

① 结构简单：没有活动的电触点，寿命长。

② 灵敏度高：输出信号强，电压灵敏度每毫米能达到上百毫伏。

③ 分辨率高：能感受微小的机械位移与微小的角度变化。

④ 重复性与线性度好：在一定位移范围内，输出特性的线性度好，输出稳定。

⑤ 存在交流零位信号，不适宜进行高频动态测量。

电感式传感器有两种分类方式：① 根据转换原理，可分为自感式、互感式和电涡流式三种；② 根据结构，可分为气隙型、面积型和螺管型。

5.1 自感式电感传感器

5.1.1 自感式电感传感器的工作原理

自感式电感传感器的结构如图 5.1 所示，由线圈、铁芯和衔铁三部分组成。铁芯与衔铁由硅钢片或坡莫合金等导磁材料制成。在铁芯和衔铁之间有气隙，气隙厚度为 δ，传感器的运动部分与衔铁相连。工作时，δ 随衔铁运动而变化，引起磁阻变化（故又称为变磁阻式传感器），导致电感变化，从而在线圈中产生感应电动势。

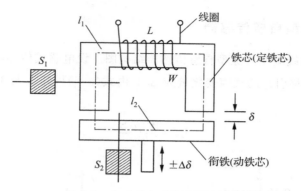

图 5.1　自感式电感传感器结构图

线圈电感 L 为

$$L = \frac{\psi}{I} = \frac{W\varphi}{I} \tag{5-1}$$

式中，ψ 为线圈的总磁链，I 为通过线圈的电流，W 为线圈的匝数，φ 为穿过线圈的磁通。由磁路欧姆定律可知

$$\varphi = \frac{IW}{R_m} \tag{5-2}$$

式中，R_m 为磁路总磁阻，将式(5-1)和式(5-2)联立得

$$L = \frac{W^2}{R_m} \tag{5-3}$$

因为气隙很小，所以可认为气隙中的磁场是均匀的。若忽略磁路磁损，则磁路总磁阻为

$$R_m = \frac{l_1}{\mu_1 S_1} + \frac{l_2}{\mu_2 S_2} + \frac{2\delta}{\mu_0 S} \tag{5-4}$$

式中，μ_1、l_1 和 S_1 分别为铁芯的磁导率、磁路长度和截面积，μ_2、l_2 和 S_2 分别为衔铁的磁导率、磁路长度和截面积，μ_0、δ 和 S 分别为空气隙的磁导率、气隙厚度和截面积。

通常气隙的磁阻远大于铁芯和衔铁的磁阻，即

$$\left.\begin{array}{l} \dfrac{2\delta}{\mu_0 S} \gg \dfrac{l_1}{\mu_1 S_1} \\[2mm] \dfrac{2\delta}{\mu_0 S} \gg \dfrac{l_2}{\mu_2 S_2} \end{array}\right\} \Rightarrow R_m = \frac{2\delta}{\mu_0 S} \tag{5-5}$$

将式(5-5)代入式(5-3)可得

$$L = \frac{W^2}{R_m} = \frac{W^2 \mu_0 S}{2\delta} \tag{5-6}$$

式(5-6)表明，当线圈匝数为常数时，电感 L 仅仅是磁路中磁阻 R_m 的函数，改变 δ 或 S 均可导致电感变化，因此变磁阻式传感器又可分为变气隙型自感传感器和变面积型自感传感器。目前使用最广泛的是变气隙型自感传感器。

5.1.2　变气隙型自感传感器

图 5.2 所示为单线圈变气隙型自感传感器结构图。设电感式传感器初始气隙为 δ_0，初始电感为 L_0，衔铁位移引起的气隙变化量为 $\Delta\delta$。由式（5-6）可知 L 与 δ 之间是非线性关系（图 5.3）。初始电感为

$$L_0 = \frac{W^2 \mu_0 S}{2\delta_0} \tag{5-7}$$

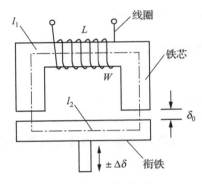

图 5.2　变气隙型自感传感器结构图　　　　图 5.3　变气隙型自感传感器特性图

当衔铁上移 $\Delta\delta$ 时，传感器气隙减小 $\Delta\delta$，即 $\delta = \delta_0 - \Delta\delta$，此时输出电感为

$$L = L_0 + \Delta L = \frac{W^2 \mu_0 S_0}{2(\delta_0 - \Delta\delta)} = \frac{L_0}{1 - \dfrac{\Delta\delta}{\delta_0}} \tag{5-8}$$

当 $\dfrac{\Delta\delta}{\delta_0} \ll 1$ 时，将式（5-8）进行泰勒级数展开，可得

$$L = L_0 + \Delta L = L_0 \left[1 + \frac{\Delta\delta}{\delta_0} + \left(\frac{\Delta\delta}{\delta_0}\right)^2 + \left(\frac{\Delta\delta}{\delta_0}\right)^3 + \cdots \right] \tag{5-9}$$

将式（5-9）两端同时除以 L_0，可得

$$\frac{\Delta L}{L_0} = \frac{\Delta\delta}{\delta_0} \left[1 + \frac{\Delta\delta}{\delta_0} + \left(\frac{\Delta\delta}{\delta_0}\right)^2 + \left(\frac{\Delta\delta}{\delta_0}\right)^3 + \cdots \right] \tag{5-10}$$

同理，当衔铁随被测物体的初始位置向下移动 $\Delta\delta$ 时，有

$$\frac{\Delta L}{L_0} = \frac{\Delta\delta}{\delta_0} \left[1 - \frac{\Delta\delta}{\delta_0} + \left(\frac{\Delta\delta}{\delta_0}\right)^2 - \left(\frac{\Delta\delta}{\delta_0}\right)^3 + \cdots \right] \tag{5-11}$$

对式（5-10）和式（5-11）进行线性处理，即忽略高次项后，可得

$$\frac{\Delta L}{L_0} \approx \frac{\Delta\delta}{\delta_0} \tag{5-12}$$

传感器的灵敏度为

$$K_0 = \frac{\dfrac{\Delta L}{L_0}}{\Delta\delta} = \frac{1}{\delta_0} \tag{5-13}$$

非线性误差为

$$\delta_L = \left| \frac{\Delta\delta}{\delta_0} \right| \times 100\% \qquad (5\text{-}14)$$

由此可见,变气隙型自感传感器的测量范围与灵敏度及线性度相矛盾,因此变气隙型自感传感器适用于测量微小位移,一般 $\frac{\Delta\delta}{\delta_0}$ 在 $0.1\sim0.2$。为了减小非线性误差,实际测量中广泛采用差动式变气隙型自感传感器。

差动式变气隙型自感传感器由两个电气参数和磁路完全相同的传感线圈共用一个衔铁来构成,如图 5.4 所示。当被测量通过导杆使衔铁上下移动时,两个回路中磁阻发生大小相等、方向相反的变化,形成差动形式。这种结构除了可以改善线性、提高灵敏度外,也可以对温度变化、电源频率变化等产生的影响进行补偿,从而减少外界因素造成的误差。

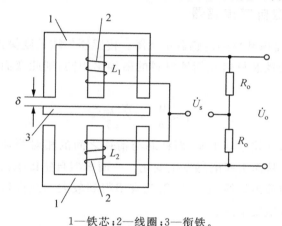

1—铁芯;2—线圈;3—衔铁。

图 5.4　差动式变气隙型自感传感器结构图

差动式变气隙型自感传感器的初始电感为

$$L_0 = \frac{W^2 \mu_0 S}{2\delta_0} \qquad (5\text{-}15)$$

衔铁向上移动时,$L_1 = \dfrac{W^2 \mu_0 S}{2(\delta_0 - \Delta\delta)}$,$L_2 = \dfrac{W^2 \mu_0 S}{2(\delta_0 + \Delta\delta)}$。当 $\dfrac{\Delta\delta}{\delta_0} \ll 1$ 时,将 L_1 和 L_2 进行泰勒级数展开,可得

$$\begin{cases} L_1 = L_0 \left[1 + \dfrac{\Delta\delta}{\delta_0} + \left(\dfrac{\Delta\delta}{\delta_0} \right)^2 + \left(\dfrac{\Delta\delta}{\delta_0} \right)^3 + \cdots \right] \\[3mm] L_2 = L_0 \left[1 - \dfrac{\Delta\delta}{\delta_0} + \left(\dfrac{\Delta\delta}{\delta_0} \right)^2 - \left(\dfrac{\Delta\delta}{\delta_0} \right)^3 + \cdots \right] \end{cases} \qquad (5\text{-}16)$$

进一步可得

$$\frac{\Delta L}{L_0} = 2\frac{\Delta\delta}{\delta_0} \left[1 + \left(\frac{\Delta\delta}{\delta_0} \right)^2 + \left(\frac{\Delta\delta}{\delta_0} \right)^4 + \cdots \right] \qquad (5\text{-}17)$$

对式(5-17)进行线性处理并忽略高次项,可得

$$\frac{\Delta L}{L_0} \approx 2\frac{\Delta\delta}{\delta_0} \qquad (5\text{-}18)$$

差动式变气隙型自感传感器的灵敏度为

$$K_0 = \frac{\frac{\Delta L}{L_0}}{\Delta \delta} = \frac{2}{\delta_0} \qquad (5\text{-}19)$$

差动式变气隙型自感传感器与单线圈变气隙型自感传感器相比,具有下列优点:① 差动式的灵敏度提高了一倍,即衔铁位移相同时,输出信号大一倍;② 单线圈式是忽略$\frac{\Delta \delta}{\delta_0}$的2次及以上的高次项,差动式是忽略$\frac{\Delta \delta}{\delta_0}$的3次及以上的高次项,因此差动式变气隙型自感传感器的线性度得到明显改善;③ 差动式的两个电感结构可抵消温度、噪声的干扰。

5.1.3 变面积型自感传感器

图 5.5 所示为变面积型自感传感器示意图。传感器气隙长度保持不变,令磁通截面积随被测非电量变化,设铁芯材料和衔铁材料的磁导率相同,则此变面积型自感传感器的自感 L 为

$$L \approx \frac{W^2}{R\delta} = \frac{W^2 \mu_0 S}{2\delta} \qquad (5\text{-}20)$$

由式(5-20)可知,气隙厚度不变,而铁芯与衔铁之间的相对覆盖面积(磁通截面)S 随被测量的变化而变化,从而引起电感发生变化。变面积型自感传感器在忽略气隙磁通边缘效应的条件下,输入与输出呈线性关系,因此有望得到较大的线性范围。但是与变气隙型自感传感器相比,其灵敏度下降。

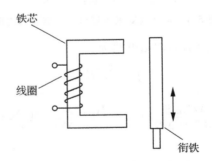

图 5.5 变面积型自感传感器示意图

5.1.4 螺管型自感传感器

螺管型自感传感器有单线圈和差动式两种结构形式。单线圈螺管型传感器的主要元件为一个螺管线圈和一根圆柱形铁芯。这种传感器的工作建立在线圈磁力线泄漏路径中的磁阻变化原理上,线圈电感与铁芯插入线圈的深度有关。这种传感器的精确理论分析较变气隙型电感传感器的理论分析要复杂得多,这是因为沿着有限长线圈的轴向磁场强度分布不均匀。

图 5.6 所示为单线圈螺管型传感器结构图。当线圈参数和衔铁尺寸一定时,电感相对

变化量与衔铁插入长度的相对变化量成正比,但实际上由于磁场强度分布不均匀,输入量与输出量之间的关系为非线性的。铁芯在开始插入($l=0$)或几乎离开线圈时的灵敏度,比铁芯插入线圈的$\frac{1}{2}$长度时的灵敏度小得多,如图5.7所示。这说明只有在线圈中段才有可能获得较高的灵敏度,并且有较好的线性特性。

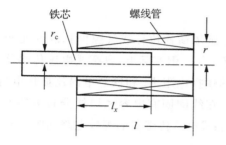

图5.6　单线圈螺管型传感器结构图

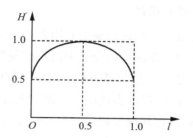

图5.7　螺管线圈内磁场分布曲线

单线圈螺管型传感器具有如下特点:① 结构简单,制造装配容易;② 由于空气间隙大,磁路的磁阻高,灵敏度低,线性范围大;③ 由于磁路大部分为空气,易受外部磁场干扰;④ 由于磁阻高,为达到某一自感量,需要的线圈匝数多,因而线圈分布电容大;⑤ 线圈框架尺寸和形状须稳定,否则影响其线性和稳定性。

单个线圈使用时,由于线圈中流向负载的电流不可能等于零,存在初始电流,因而不适用于精密测量。单线圈螺管型传感器存在不同程度的非线性。此外,外界的干扰也会引起传感器输出误差。因此,常用差动技术来改善其性能,用两个相同的传感器线圈和一个活动衔铁,构成差动式螺管型自感传感器(图5.8),以提高自感传感器的灵敏度,减小测量误差。其结构要求是:两个导磁体的几何尺寸完全相同,材料性能完全相同,两个线圈的电气参数(如电感、匝数、铜电阻等)和几何尺寸也完全相同,测量范围在$1\sim200$ mm,线性度为$0.1\%\sim1\%$,分辨率小于0.01 μm。

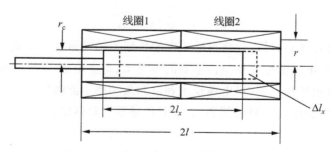

图5.8　差动式螺管型自感传感器结构图

下面将变气隙型、变面积型和螺管型三种自感传感器的性能进行比较。

① 变气隙型自感传感器的灵敏度高,其主要缺点是非线性明显。为了控制线性误差,示值范围较小,自由行程小,因为衔铁在运动方向上受铁芯限制,制造装配困难。

② 变面积型自感传感器的灵敏度较低,优点是具有较好的线性度,因而示值范围可取

得大些。

③ 螺管型自感传感器的灵敏度比变面积型更低,但示值范围大,线性度也较好,应用广泛。

5.1.5 自感式电感传感器的电路

1. 等效电路

自感式电感传感器是利用铁芯线圈中的电感随衔铁位移或气隙面积改变而变化的原理制成的。在前面的分析中线圈被视为纯电感元件。但实际上,自感式电感传感器不是纯电感。电感 L 还包括损耗电阻 R_s,其由线圈的铜损电阻 R_c 和铁芯电涡流损耗电阻 R_e 构成。此外,线圈由引线电缆与测量电路相连,存在线圈固有电容和引线分布电容 C。为简便起见,可将其视为集中参数,用 Z_p 表示。自感式电感传感器的等效电路如图 5.9 所示。

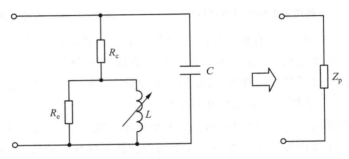

图 5.9 自感式电感传感器的等效电路

当 $\omega L \gg R_s (R_s = R_c + R_e)$ 时,品质因数 $Q \gg 1$,传感器的总阻抗(等效电路总阻抗)为

$$Z_p = \frac{R_s}{(1 - \omega^2 LC)^2} + j\,\frac{\omega L}{1 - \omega^2 LC} = R_p + j\omega L \tag{5-21}$$

式中,ω 为电源角频率。电感相对变化为

$$\frac{\Delta L_p}{L_p} = \frac{1}{1 - \omega^2 LC} \cdot \frac{\Delta L}{L} \tag{5-22}$$

由此可见,电容并联后,可以提高自感式电感传感器的灵敏度。由式(5-22)可见,自感式电感传感器的等效电感的变化量与传感器的电感 L、寄生电容 C 及电源角频率 ω 有关。因此,在使用自感式电感传感器时,电缆长度和电源角频率不能随便改变,否则会产生测量误差。若要改变电缆长度或电源角频率,必须对传感器重新标定。

2. 测量电路

自感式电感传感器可把被测量的变化转换为电感的变化。为测出电感的变化,须用测量电路把电感的变化转换成电压(或电流)的变化。最常用的测量电路有调频电路、调幅电路和调相电路。

(1)交流电桥

交流电桥是自感式电感传感器的主要测量电路。为提高灵敏度,改善线性度,自感线圈一般接成差动形式,如图 5.10 所示。Z_1 和 Z_2 为工作臂,即线圈阻抗,Z_3 和 Z_4 为平衡臂。初始时,$Z_1=Z_2=Z=R_s+j\omega L$,$Z_3=Z_4=R$,$L_1=L_2=L$。工作时,$Z_1=Z+\Delta Z$,$Z_2=Z-\Delta Z$,当 $Z_L\to\infty$ 时,有

$$\dot{U}_o=\frac{\dot{U}_i}{2}\cdot\frac{\Delta Z}{Z}=\frac{\dot{U}_i}{2}\cdot\frac{j\omega\Delta L}{R_s+j\omega L} \tag{5-23}$$

当自感线圈的品质因数 $Q=\dfrac{\omega L}{R_s}$ 很大时,

$$\dot{U}_o\approx\frac{\dot{U}_i}{2}\cdot\frac{\Delta L}{L} \tag{5-24}$$

对差动式变气隙型自感传感器来说,其电感相对变化为

$$\frac{\Delta L}{L}=2\frac{\Delta\delta}{\delta_0}\Rightarrow\dot{U}_o\approx\dot{U}_i\cdot\frac{\Delta\delta}{\delta_0} \tag{5-25}$$

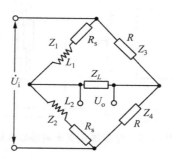

图 5.10　交流电桥原理图

由式(5-25)可知,交流电桥输出电压与 $\Delta\delta$ 有关,相位与衔铁移动方向有关。由于是交流信号,还要经过适当电路(如相敏检波电路)处理才能判别衔铁位移的大小及方向。当 Q 值很低时,自感线圈的电感远小于电阻,电感线圈相当于纯电阻,交流电桥即为电阻电桥。例如,应变测量仪就是如此。此时输出电压为

$$\dot{U}_o=\frac{\dot{U}_i}{2}\cdot\frac{\Delta R_s}{R_s} \tag{5-26}$$

（2）变压器式交流电桥

变压器式交流电桥(图 5.11)的两桥臂 Z_1 和 Z_2 为传感器线圈阻抗,另外两桥臂为交流变压器次级线圈阻抗的一半。当负载阻抗为无穷大时,有

$$I=\frac{\dot{U}_i}{Z_1+Z_2} \tag{5-27}$$

此时输出电压为

$$\dot{U}_o=\frac{\dot{U}_i}{Z_1+Z_2}Z_1-\frac{\dot{U}_i}{2}=\frac{\dot{U}_i}{2}\cdot\frac{Z_1-Z_2}{Z_1+Z_2} \tag{5-28}$$

当衔铁处于中间位置时,$Z_1=Z_2=Z$,此时输出电压 $\dot{U}_o=0$。

当衔铁向一端偏移时，$Z_1 = Z - \Delta Z$，$Z_2 = Z + \Delta Z$，此时输出电压为

$$\dot{U}_o = \frac{\dot{U}_i}{2} \cdot \frac{Z_1 - Z_2}{Z_1 + Z_2} = -\frac{\dot{U}_i}{2} \cdot \frac{\Delta Z}{Z} = -\frac{\dot{U}_i}{2} \cdot \frac{\mathrm{j}\omega\Delta L}{R + \mathrm{j}\omega L} \qquad (5\text{-}29)$$

当衔铁反向偏移时，$Z_1 = Z + \Delta Z$，$Z_2 = Z - \Delta Z$，此时输出电压为

$$\dot{U}_o = \frac{\dot{U}_i}{2} \cdot \frac{Z_2 - Z_1}{Z_1 + Z_2} = \frac{\dot{U}_i}{2} \cdot \frac{\Delta Z}{Z} = \frac{\dot{U}_i}{2} \cdot \frac{\mathrm{j}\omega\Delta L}{R + \mathrm{j}\omega L} \qquad (5\text{-}30)$$

若线圈的 Q 值很大，损耗电阻 R_s 可忽略，则输出电压为

$$\dot{U}_o = \pm \frac{\dot{U}_i}{2} \cdot \frac{\Delta L}{L} \qquad (5\text{-}31)$$

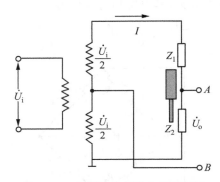

图 5.11　变压器式交流电桥原理图

上述分析表明，当衔铁向上或向下移动相同的距离时，产生的输出电压大小相等，但极性相反。由于是交流信号，判断衔铁位移的大小及方向同样需要经过相敏检波电路的处理。变压器式交流电桥与电阻平衡臂电桥相比，具有元件少、输出阻抗小、桥路开路时电路为线性的优点，但因为变压器副边不接地，易引起来自原边的静电感应电压，使高增益放大器不能工作。

图 5.12 所示是相敏检波电路的原理图。电桥由差动式电感传感器线圈 Z_1 和 Z_2 及平衡电阻 R_1 和 R_2 组成。当 $R_1 = R_2$，$VD_1 \sim VD_4$ 构成相敏整流器，桥的一条对角线接有交流电源 u，另一条对角线接有电压表。当衔铁偏离中间位置而使 Z_1 增加 ΔZ 时，Z_2 减少 ΔZ。当电源 u 上端为正、下端为负时，电阻 R_1 上的压降大于 R_2 上的压降；当 u 上端为负、下端为正时，R_2 上的压降大于 R_1 上的压降，电压表 V 的输出上端为正、下端为负。

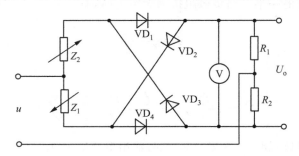

图 5.12　相敏检波电路的原理图

图 5.13 所示为非相敏整流电路和相敏整流电路输出电压比较。由图可知,使用相敏整流电路,输出电压 U_o 不仅能反映衔铁位移的大小和方向,而且还能消除零点残余电压的影响。

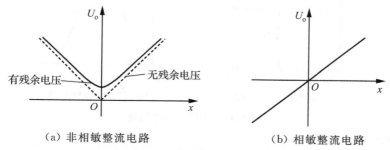

（a）非相敏整流电路　　　　　　　　　　　（b）相敏整流电路

图 5.13　非相敏整流电路和相敏整流电路输出电压比较

（3）谐振式调频电路

调频电路的基本原理是传感器电感的变化引起输出电压频率 f 的变化。一般把传感器电感线圈 L 和固定电容 C 接入一个振荡电路中,如图 5.14(a)所示。图中 G 表示振荡电路,其振荡频率 $f = \dfrac{1}{2}\pi\sqrt{LC}$。当 L 变化时,振荡频率随之变化,根据 f 的大小即可测出被测量的值。图 5.14(b)所示为 $f\text{-}L$ 特性曲线,f 和 L 具有明显的非线性关系,须做适当的线性化处理。

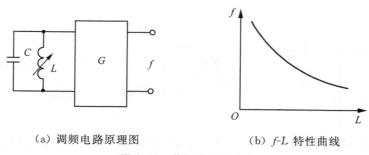

（a）调频电路原理图　　　　　　　　　（b）$f\text{-}L$ 特性曲线

图 5.14　谐振式调频电路

（4）谐振式调幅电路

图 5.15 所示为谐振式调幅电路,传感器电感 L 与电容 C、变压器原边串联在一起,接入交流电源,变压器副边将有电压输出。输出电压的频率与电源频率相同,而幅值随着电感 L 的变化而变化,其中 L_0 为谐振点的电感值,此电路灵敏度很高,但线性变差,适用于线性要求不高的场合。

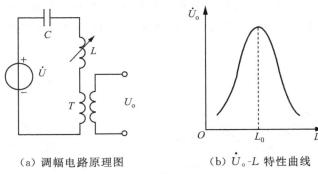

$$(a) \text{ 调幅电路原理图} \qquad (b) \ \dot{U}_o\text{-}L \text{ 特性曲线}$$

（a）调幅电路原理图　　　（b）$\dot{U}_o$-L 特性曲线

图 5.15　谐振式调幅电路

（5）谐振式调相电路

调相电路的基本原理是传感器电感的变化将引起输出电压相位角 φ 的变化。图 5.16（a）所示是一个相位电桥，一个桥臂为传感器，另一个桥臂为固定电阻 R。设计电路时使线圈的品质因数较大。忽略其损耗电阻，则电感线圈与固定电阻上的压降 $\dot{U}_L$ 和 $\dot{U}_R$ 两个向量垂直，如图 5.16（b）所示。当电感 L 变化时，输出电压 $\dot{U}_o$ 的幅值不变，相位角 φ 随之变化。设 ω 为电源的角频率，则 φ 与 L 的关系为

$$\varphi = -2\arctan\frac{\omega L}{R} \tag{5-32}$$

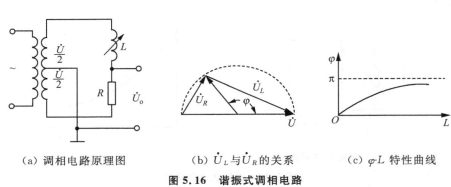

（a）调相电路原理图　　　（b）$\dot{U}_L$ 与 $\dot{U}_R$ 的关系　　　（c）φ-L 特性曲线

图 5.16　谐振式调相电路

5.1.6　自感式电感传感器的设计要点

在设计自感式电感传感器时须注意以下几方面的影响。

1. 电源电压幅值与频率

激励电源电压幅值的波动会使线圈激励磁场的磁通发生变化，直接影响输出电压。但只要适当地选择频率，频率波动的影响就不会太大。

2. 温度变化

① 材料的线膨胀系数引起零件尺寸的变化。

② 材料的电阻率温度系数引起线圈铜阻的变化。

③ 磁性材料磁导率温度系数、绕组绝缘材料的温度系数和线圈几何尺寸的变化引起线圈电感的变化。

3. 非线性特性

采用差动结构,限制衔铁的最大位移量,一般取 $\Delta\delta$ 为 $0.1\delta_0 \sim 0.2\delta_0$。

4. 零位误差——电桥的残余不平衡电压

① 差动线圈的电气参数及导磁体的几何尺寸不一致。
② 传感器具有铁损。
③ 电源电压中含有高次谐波。
④ 寄生电容的影响。

5.1.7 自感式电感传感器的应用

自感式电感传感器一般用于接触测量,包括静态测量和动态测量。其主要用于位移测量,也可用于振动、压力、流量、液位等参数的测量。

1. 电感测微仪

电感测微仪是一种能够测量微小尺寸变化的精密测量仪器,它由主体和测头两部分组成,配上相应的测量装置(如测量台架等),能够完成各种精密测量。例如,检查工件的厚度、内径、外径、椭圆度、平行度、直线度、径向跳动等,被广泛应用于精密机械制造业、晶体管和集成电路制造业以及国防、科研、计量部门的精密长度测量。目前,国内常用的电感测微仪有指针式和数字式两种。

电感测微仪的硬件电路主要包括电感式传感器、正弦波振荡器、交流放大器、相敏检波器,如图 5.17 所示。正弦波振荡器为电感式传感器和相敏检波器提供了频率与幅值稳定的激励电压,其输出的信号加到测头中由线圈和电位器组成的电感桥路上,工件的微小位移经电感式传感器的测头带动两线圈内衔铁移动,使两线圈内的电感发生相对变化。当衔铁处于两线圈的中间位置时,两线圈的电感相等,电桥平衡。当测头带动衔铁上下移动时,若上线圈的电感增加,则下线圈的电感减少;若上线圈的电感减少,则下线圈的电感增加。交流阻抗相应地变化,电桥失去平衡,从而输出一个幅值与位移成正比、频率与振荡器频率相同、相位与位移方向对应的调制信号。此信号经放大,由相敏检波器辨出极性,得到一个与衔铁位移对应的直流电压信号,经数据处理后进行显示。

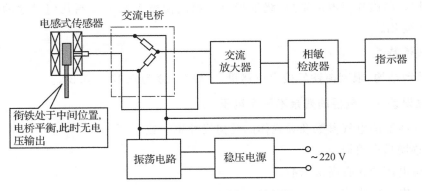

图 5.17　电感测微仪系统框图

利用电感测微仪可制成电感式滚珠直径分选装置,其内部结构原理如图 5.18 所示。由机械排序装置送来的滚珠按顺序进入电感测微仪,电感测微仪的测杆在电磁铁的控制下,先提升到一定的高度,让滚珠进入其正下方,然后电磁铁释放,衔铁向下压住滚珠,滚珠的直径决定了衔铁位置的大小。电感式传感器的输出信号送到计算机,由计算机计算出直径的偏差值。完成测量的滚珠被机械装置推出电感测微仪,这时相应的翻板打开,滚珠落入与其直径偏差相对应的容器中。以上测量和分选步骤是在计算机的控制下进行的。

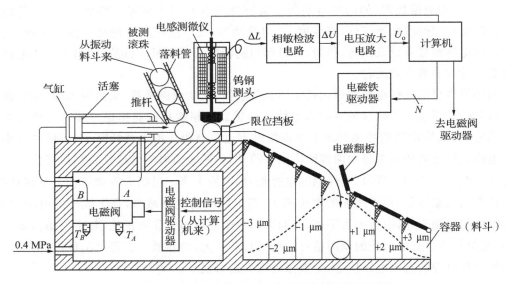

图 5.18　电感式滚珠直径分选装置内部结构原理图

2. 电感压力传感器

图 5.19 所示为差动式变气隙型电感压力传感器,主要由 C 形弹簧管、衔铁、铁芯和线圈等组成。当被测压力进入 C 形弹簧管时,C 形弹簧管产生形变,其自由端产生位移,带动与自由端连接成一体的衔铁运动,使线圈 1 和线圈 2 中的电感产生大小相等、符号相反的变化,即一个电感增大,另一个电感减小。电感的这种变化通过电桥电路转换成电压输出,

再通过相敏检测电路等电路处理,使输出信号与被测压力之间成正比例关系。输出信号的大小取决于衔铁位移的大小,输出信号的相位取决于衔铁移动的方向。

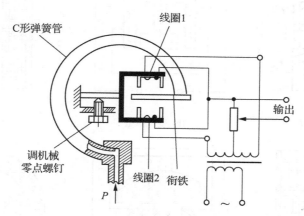

图 5.19　差动式变气隙型电感压力传感器

5.2　互感式电感传感器

＊＊＊＊＊＊＊＊＊＊＊＊＊＊＊＊＊＊＊

互感式电感传感器是将被测的非电量变化转换为传感器线圈的互感系数的变化。这种传感器是根据变压器的基本原理设计的,并且次级绕组常用差动的形式连接,故也称之为差动变压器式传感器。

5.2.1　差动变压器的结构

差动变压器的基本元件有衔铁、初级线圈、次级线圈和线圈框架等。初级线圈作为差动变压器激励用,相当于变压器的原边,而次级线圈由结构、尺寸和参数相同的两个线圈反相串接而成,相当于变压器的副边。其结构形式较多,有变气隙型、螺管型和变面积型等。图 5.20(a)和(b)所示是两种变气隙型结构的差动变压器,衔铁均为板形,灵敏度高,测量范围则较窄,一般用于测量几微米到几百微米的机械位移;图 5.20(c)和(d)所示为两种圆柱形衔铁的螺管型差动变压器,可用于测量 1 mm 至上百毫米的位移;图 5.20(e)和(f)所示是两种变面积型差动变压器,通常可测几秒产生的微小位移,输出线性范围一般在±10°左右。

在非电量测量中,应用得最多的是螺管型差动变压器,它可以测量较小范围内的机械位移,并具有测量精度高、灵敏度高、结构简单、性能可靠等优点。

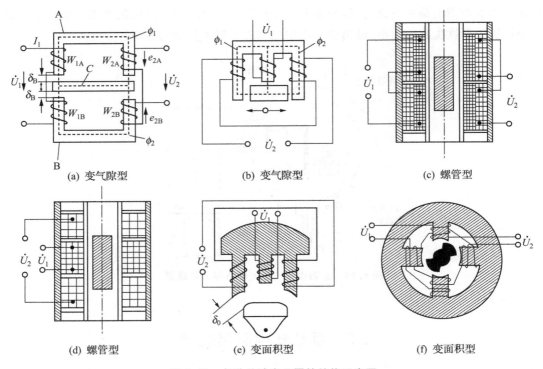

（a）变气隙型　　　　　　　（b）变气隙型　　　　　　　（c）螺管型

（d）螺管型　　　　　　　（e）变面积型　　　　　　　（f）变面积型

图 5.20　各种差动变压器的结构示意图

5.2.2　差动变压器的工作原理

差动变压器的结构虽然有很多形式，但其工作原理基本相同。下面以三段式螺管型差动变压器为例来说明差动变压器的工作原理。图 5.21 所示为三段式螺管型差动变压器结构示意图。

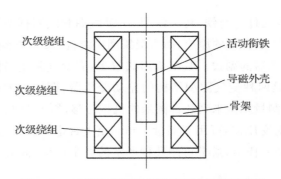

次级绕组　　　　　　　　　活动衔铁

次级绕组　　　　　　　　　导磁外壳

次级绕组　　　　　　　　　骨架

图 5.21　三段式螺管型差动变压器结构示意图

在忽略线圈寄生电容和衔铁损耗的情况下，三段式螺管型差动变压器的等效电路如图 5.22 所示。当衔铁处于中间位置时，两个次级绕组互感相同，所以差动输出电动势为零；当衔铁移向次级绕组 L_{s1} 时，互感 M_1 增大，M_2 减小，因而次级绕组 L_{s1} 内的感应电动势大于次级绕组 L_{s2} 内的感应电动势，这时差动变压器输出电动势不为零；同理，当衔铁移向

次级绕组 L_{s2} 时,差动变压器输出电动势仍不为零,但由于移动方向改变,所以输出电动势反相。因此,通过差动变压器输出电动势的大小和相位可以确定衔铁位移的大小和方向。

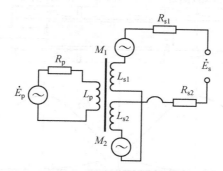

图 5.22 三段式螺管型差动变压器等效电路

当次级绕组开路时,变压器初级绕组的交流电流为

$$\dot{I}_p = \frac{\dot{E}_p}{R_p + j\omega L_p} \tag{5-33}$$

式中,ω 为激励电压的角频率,$\dot{E}_p$ 为初级线圈的激励电压,$\dot{I}_p$ 为初级线圈的激励电流,R_p 和 L_p 分别为初级线圈的直流电阻和电感。

根据电磁感应定律,次级绕组的感应电动势为

$$\dot{E}_{s1} = -j\omega M_1 \dot{I} \tag{5-34}$$

$$\dot{E}_{s2} = -j\omega M_2 \dot{I} \tag{5-35}$$

式中,M_1 和 M_2 分别为初级线圈与次级线圈 1、2 间的互感。由于次级绕组反相串接,所以差动变压器的空载输出电压为

$$\dot{E}_s = -j\omega(M_1 - M_2)\frac{\dot{E}_p}{R_p + j\omega L_p} \tag{5-36}$$

其有效值为

$$\dot{E}_s = \frac{\omega(M_1 - M_2)\dot{E}_p}{\sqrt{R_p^2 + (\omega L_p)^2}} \tag{5-37}$$

下面分三种情况进行分析:

① 当活动衔铁处于中间位置时,$M_1 = M_2 = M$,故 $E_s = 0$。

② 当活动衔铁上升时,$M_1 = M + \Delta M$,$M_2 = M - \Delta M$,与 E_{s1} 同相,则

$$E_s = \frac{2\omega\Delta M E_p}{\sqrt{R_p^2 + (\omega L_p)^2}} \tag{5-38}$$

③ 当活动衔铁下降时,$M_1 = M - \Delta M$,$M_2 = M + \Delta M$,与 E_{s2} 同相,则

$$E_s = -\frac{2\omega\Delta M E_p}{\sqrt{R_p^2 + (\omega L_p)^2}} \tag{5-39}$$

图 5.23 所示为差动变压器输出电压特性曲线。由图可知,输出(交流电压)幅值与衔

铁偏移量成正比;衔铁过平衡点时,相位改变 $180°$。

次级线圈 L_{s1}　　　原线圈 L_p　　　次级线圈 L_{s2}

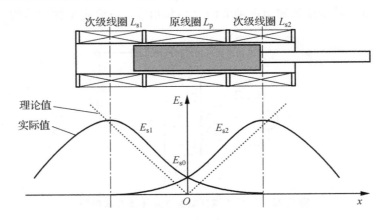

图 5.23　差动变压器输出电压特性曲线

5.2.3　差动变压器的特性

1. 灵敏度

差动变压器在单位电压的激励下,衔铁移动一个单位距离时的输出电压以 V/mm 为单位表示。理想条件下(OA 段),差动变压器的灵敏度 K 与电源激励频率 f 成正比,如图 5.24 所示。若要使传感器的灵敏度按线性增加,可提高输入的激励电压。除了激励频率和输入的激励电压对差动变压器的灵敏度有影响外,提高线圈品质因数,增大衔铁直径,选择导磁性能好、铁损耗小以及电涡流损耗小的导磁材料制作衔铁和导磁外壳等均可提高灵敏度。

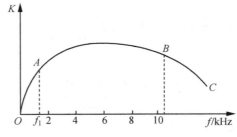

图 5.24　K 与 f 关系曲线图

2. 线性度

线性度指的是传感器实际特性曲线与理论直线之间的最大偏差除以测量范围(满量程),用百分数来表示。影响差动变压器线性度的因素主要有骨架形状和尺寸的精确性、线圈的排列、铁芯的尺寸和材质、激励频率和负载状态等。要想改善差动变压器的线性度,可采用的测量范围为线圈骨架长度的 $\dfrac{1}{10} \sim \dfrac{1}{4}$,激励频率采用中频,并用相敏检波电路。

3. 零点残余电压

当差动变压器的衔铁处于中间位置时,理想条件下其输出电压为零。但实际上,当使用桥式电路时,在零点仍有一个微小的电压值(从零点几毫伏到数十毫伏)存在,称为零点残余电压,如图 5.25 所示。零点残余电压有如下危害:使零点附近产生不灵敏区,限制分辨力的提高;零点残余电压太大,影响线性度,灵敏度下降,甚至会使放大器饱和,影响电路正常工作等。

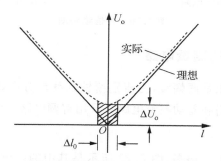

图 5.25　零点残余电压示意图

产生零点残余电压的原因如下:

① 基波分量。由于差动变压器两个次级绕组不可能完全一致,因此它的等效电路参数(互感 M、自感 L 及损耗电阻 R)不可能相同,从而使两个次级绕组的感应电动势数值不等。又由于初级线圈中铜损电阻及导磁材料的铁损和材质不均匀、线圈匝间电容的存在等因素,使激励电流与所产生的磁通相位不同。

② 高次谐波。高次谐波分量主要由导磁材料磁化曲线的非线性引起。由于磁滞损耗和铁磁饱和的影响,激励电流与磁通波形不一致产生了非正弦(主要是三次谐波)磁通,从而在次级绕组感应出非正弦电势。另外,激励电流波形失真,因其含高次谐波分量,这也将导致零点残余电压中有高次谐波成分。

消除零点残余电压的方法如下:

① 从设计和工艺上保证结构对称。为保证线圈和磁路的对称性,首先,要求提高加工精度,线圈选配成对,采用磁路可调节结构;其次,应选高磁导率、低矫顽力、低剩磁感应的导磁材料,并应经过热处理,消除残余应力,以提高磁性能的均匀性和稳定性。由高次谐波产生的因素可知,磁路工作点应选在磁化曲线的线性段。

② 选用合适的测量线路。采用相敏检波电路不仅可鉴别衔铁移动方向,而且可消除衔铁在中间位置时因高次谐波引起的零点残余电压。

③ 采用补偿线路。在差动变压器次级绕组侧串联或并联适当数值的电阻、电容元件。图 5.26(a)所示为串联电阻,此种补偿线路可消除两个次级绕组基波分量幅值上的差异。图 5.26(b)所示为并联电阻,可消除基波分量相差,减小谐波分量。此外,还可加反馈支路以实现初、次级间反馈,减小谐波分量。

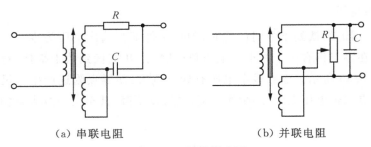

（a）串联电阻　　　　　　　　　　（b）并联电阻

图 5.26　补偿线路图

5.2.4　差动变压器的测量电路

差动变压器的输出电压是调幅波，为辨别衔铁的移动方向，需要进行解调。常用的解调电路有差动相敏检波电路和差动整流电路。采用解调电路还可消除零点残余电压。

1. 差动相敏检波电路

差动相敏检波电路的形式很多，图 5.27 所示是其中的两例。相敏检波电路要求参考电压与差动变压器次级输出电压的频率相同，相位相同或相反，因此常接入移相电路。

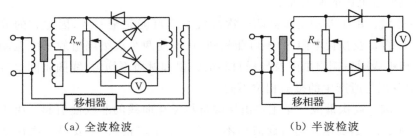

（a）全波检波　　　　　　　　　　（b）半波检波

图 5.27　差动相敏检波电路

2. 差动整流电路

差动整流电路比较简单，是最常用的一种测量电路形式，把差动变压器两个次级电压分别整流后，将它们的差作为输出，故差动整流电路不需要参考电压，无须考虑相位调整和零点残余电压的影响，对感应和分布电容影响不敏感。图 5.28 所示为差动整流电路结构图，包括全波电流输出、半波电流输出、全波电压输出和半波电压输出。交流电流经差动整流后变成直流输出，便于远距离输送。

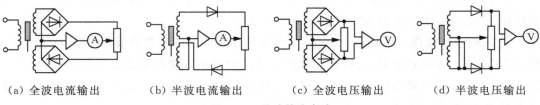

（a）全波电流输出　　（b）半波电流输出　　（c）全波电压输出　　（d）半波电压输出

图 5.28　差动整流电路

5.2.5　差动变压器的应用

差动变压器式传感器可直接测量位移,也可测量与位移有关的任何机械量,如力、力矩、压力、压差、振动、加速度、应变、液位等。

1. 位移测量

差动变压器以位移测量为其主要用途,可以作为精密测量仪的主要部件,对零件进行多种精密测量,如内径、外径、不平行度、粗糙度、不垂直度和椭圆度等;也可以作为轴承滚动自动分选机的主要测量部件,分选不同大小的钢球、圆柱和圆锥等。

在液位测量中,浮筒式液位计将水位变化转换成位移变化,再转换为电感的变化,差动变压器的输出反映液位的高低。浮筒式液位计就是把一个比重比液体大的浮筒用弹簧悬挂在液体中(若不悬挂,浮筒就会下沉,故又称为沉筒),如图 5.29 所示。浮筒所受浮力随液面升降而变化,这样就可以把液位的测量转换为浮筒浮力的测量。浮筒与差动变压器活动衔铁的导轨相连,导轨上套有弹簧,弹簧上端固定,下端与浮筒相接。当某一设定液位使铁芯处于中心位置时,差动变压器输出信号等于零;当液位上升或下降时,输出不等于零,通过相应的测量电路便能确定液位的高低。

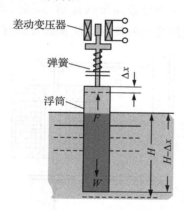

图 5.29　浮筒式液位计示意图

2. 压力测量

差动变压器式传感器与弹性敏感元件(膜片、膜盒和弹簧管等)相结合,可组成开环压力传感器和闭环力平衡式压力计,用来测量压力或压差。由于差动变压器输出的是标准信号,常称为变送器。图 5.30 所示为差动变压器式微压力变送器结构示意图。当无压力作用时,膜盒处于初始状态,固连于膜盒中心的衔铁位于差动变压器线圈的中部,输出电压为零;当被测压力经接头输入膜盒后,推动衔铁移动,从而使差动变压器输出正比于被测压力的电压。图 5.30 所示的微压力传感器可测 $-4 \times 10^4 \sim 6 \times 10^4$ Pa 的压力。

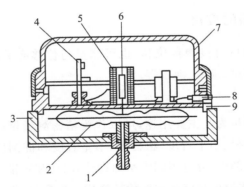

1—接头;2—膜盒;3—底座;4—线路板;5—差动变压器线圈;6—衔铁;7—罩壳;8—插头;9—通孔。

图 5.30　差动变压器式微压力变送器结构示意图

3. 加速度测量

图 5.31 所示为差动变压器式加速度传感器原理结构图,它由悬臂梁和差动变压器构成。测量时,将悬臂梁底座及差动变压器的线圈骨架固定,将衔铁的 A 端与被测振动体相连,此时传感器作为加速度测量中的惯性元件,其位移与被测加速度成正比,将加速度的测量转换为位移的测量。当被测振动体带动衔铁振动 Δx 时,差动变压器的输出电压也按相同规律变化。通过输出电压值的变化间接地反映被测加速度值的变化。

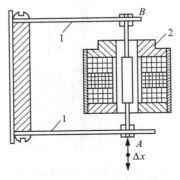

1—悬臂梁;2—差动变压器。

图 5.31　差动变压器式加速度传感器原理结构图

5.3　电涡流式传感器

电涡流式传感器是一种建立在电涡流效应原理上的传感器。所谓电涡流效应,指的是金属导体置于变化的磁场中,在金属导体内会产生感应电流——电涡流,这种电流在金属导体内是闭合的。形成电涡流须具备两个条件,即要有交变磁场和导体位于交变磁场中。

电涡流的大小常用其在金属导体内的穿透深度 h 表示,即

$$h = 5\ 030\sqrt{\frac{\rho}{\mu_r f}} \tag{5-40}$$

式中,ρ 和 μ_r 分别为金属导体的电阻率和相对磁导率,f 为交变磁场频率。电涡流的大小与 ρ、μ_r、f 和产生交变磁场的线圈与被测物体之间的距离 d 等有关,固定其中若干个参数不变,就能按电涡流大小测量另外某一个参数,电涡流式传感器就是按此原理制成的。根据传感器线圈激励信号频率的不同,可将电涡流式传感器分为高频反射式和低频透射式两类。

电涡流式传感器主要由产生交变磁场的通电线圈和置于线圈附近的金属导体(可以是被测物体)两部分组成,如图 5.32 所示。电涡流式传感器具有结构简单、体积小、频率响应范围宽、灵敏度高、抗干扰能力强、测量线性范围大和非接触式连续测量等优点,可用于测量位移、振动、厚度、转速和温度等参数。利用其非接触测量的优点,还可进行无损探伤和制作接近开关。

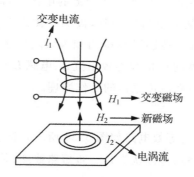

图 5.32　电涡流式传感器示意图

5.3.1　高频反射式电涡流传感器

1. 结构

所谓高频,指的是激励电流的频率大于 1 MHz。这种高频磁场作用于金属板表面,由于集肤效应,在金属板表面形成电涡流。目前较常用的电涡流式传感器就是高频反射式电涡流传感器,其主要由一个安置在框架上的扁平圆形线圈组成,如图 5.33 所示。此线圈可以粘贴于框架上,或在框架上开一条槽沟,将导线绕在槽内。CZF1 型电涡流传感器采用将导线绕在聚四氟乙烯框架窄槽内形成线圈的结构方式。

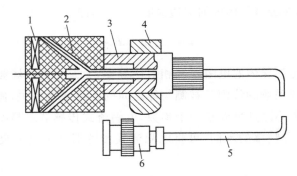

1—线圈；2—框架；3—框架衬套；4—支架；5—电缆；6—插头。

图 5.33　高频反射式电涡流传感器结构

2. 工作原理

传感器线圈在高频电流 I_1 作用下产生一个高频交变磁场 H_1，当被测导体接近线圈时，在磁场作用范围的导体表层产生与磁场相交链的电涡流，此电涡流又将产生一个交变磁场 H_2 来阻碍磁场的变化。从能量角度来看，被测导体内存在电涡流损耗（当频率较高时可以忽略磁损耗）。能量损耗使传感器的 Q 值和等效阻抗 Z 降低，因此当被测导体与传感器间的距离 d 改变时，传感器的 Q 值和等效阻抗 Z、电感 L 均发生变化，于是把位移量转换成电量，这就是高频反射式电涡流传感器的工作原理。

3. 等效电路

高频反射式电涡流传感器的等效电路如图 5.34 所示。把被测导体上形成的电涡流等效成一个短路环中的电流，短路环可以认为是一匝短路线圈，其电阻为 R_2，电感为 L_2，其中 R_2 的表达式为

$$R_2 = \frac{2\pi\rho}{h \ln \dfrac{r_a}{r_i}} \tag{5-41}$$

式中，R_2 为电涡流短路环等效电阻，h 为电涡流的穿透深度，ρ 为被测导体的电阻率，r_a 为短路环的外半径，r_i 为短路环的内半径。这样线圈与被测导体便可等效为两个相互耦合的线圈。线圈与导体间存在一个互感 M，它随线圈与导体间距 x 的减小而增大。

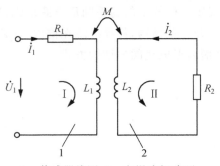

1—传感器线圈；2—电涡流短路环。

图 5.34　高频反射式电涡流传感器等效电路图

根据基尔霍夫定律,可列出如下方程:

$$\begin{cases} R_1\dot{I}_1 + j\omega L_1\dot{I}_1 - j\omega M\dot{I}_2 = \dot{U}_1 \\ -j\omega M\dot{I}_1 + R_2 I_2 + j\omega L_2\dot{I}_2 = 0 \end{cases} \tag{5-42}$$

由式(5-42)可得传感器线圈的等效阻抗为

$$Z = \frac{\dot{U}_1}{\dot{I}_1} = R_1 + \frac{\omega^2 M^2 R_2}{R_2^2 + (\omega L_2)^2} + j\omega\left[L_1 - \frac{\omega^2 M^2 L_2}{R_2^2 + (\omega L_2)^2}\right] = R_{\rm eq} + j\omega L_{\rm eq} \tag{5-43}$$

高频线圈的等效电阻为

$$R_{\rm eq} = R_1 + \frac{\omega^2 M^2}{R_2^2 + (\omega L_2)^2}R_2 \tag{5-44}$$

其中 $\dfrac{\omega^2 M^2}{R_2^2 + (\omega L_2)^2}R_2$ 为反射电阻,即电涡流回路电阻折算至高频线圈。

高频线圈的等效电感为

$$L_{\rm eq} = L_1 - \frac{\omega^2 M^2}{R_2^2 + (\omega L_2)^2}L_2 \tag{5-45}$$

其中 $\dfrac{\omega^2 M^2}{R_2^2 + (\omega L_2)^2}L_2$ 为反射电感,即电涡流回路电感折算至高频线圈。

由以上分析可得到如下结论:

① 等效阻抗中的电阻 $R_{\rm eq}$ 总比原高频线圈的电阻 R_1 要大。这是由于电涡流损耗、磁滞损耗都将增加阻抗的实部。

② 等效电感 $L_{\rm eq}$ 与磁效应有关。因为高频线圈电感 L_1 与金属导体的磁性质有关:当金属为磁性材料时,L_1 将增大;非磁性材料则不会影响 L_1。

③ 等效电感中第二项与电涡流效应有关:电涡流引起的磁场 H_2 将使等效电感减少,且 x 越小,电感减少的程度就越大。

等效电阻和等效电感也常用线圈的品质因数 $Q_{\rm eq}$ 来描述,定义为

$$Q_{\rm eq} = \frac{\omega L_{\rm eq}}{R_{\rm eq}} \tag{5-46}$$

由式(5-46)可知,线圈复阻抗的实部(等效电阻)增大、虚部(等效电感)减小,线圈的等效品质因数下降,即 $\omega L_{\rm eq}$ 减小,$R_{\rm eq}$ 增大,$Q_{\rm eq}$ 减小。

4. 转换电路

由电涡流式传感器的工作原理可知,被测量的变化可以转换成传感器线圈的参数如品质因数、等效阻抗和等效电感的变化。转换电路的任务是把这些参数转换为电压或电流输出,相应地有三种转换电路,分别为 Q 值转换电路、阻抗转换电路和电感转换电路。Q 值转换电路使用得较少。阻抗转换电路一般用电桥法。电感转换电路一般用谐振法,也称为电感变换器,通常是将线圈的电感 L 与固定电容 C 并联组成谐振回路。谐振法又可分为调幅法和调频法。

（1）交流电桥

交流电桥的作用是将传感器线圈的阻抗变化转换为电压或电流的变化。如图 5.35 所示，L_1 和 L_2 是两个差动传感器线圈，它们与电容 C_1、C_2 的并联阻抗 Z_1、Z_2 作为电桥的两个桥臂。

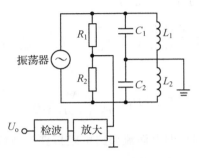

图 5.35　交流电桥测量电路

（2）调幅式电路

调幅式电路的原理如图 5.36 所示，它是由传感器线圈 L_x、电容器 C_0 和石英晶体组成的石英晶体振荡电路。石英晶体振荡器起恒流源的作用，给谐振回路提供一个频率（f_0）稳定的激励电流 I_i。LC 回路输出电压为

$$U_o = I_i f(Z) \tag{5-47}$$

式中，Z 为 LC 回路的阻抗。

当金属导体远离传感器线圈时，LC 并联谐振回路的谐振频率即为石英晶体振荡频率 f_0，回路呈现的阻抗最大，谐振回路上的输出电压也最大；当金属导体靠近传感器线圈时，线圈的等效电感 L 发生变化，导致回路失谐，从而使输出电压降低，L 的数值随距离 x 的变化而变化。因此，输出电压也随 x 而变化。输出电压经放大、检波后，由指示仪表直接显示出 x 的大小。

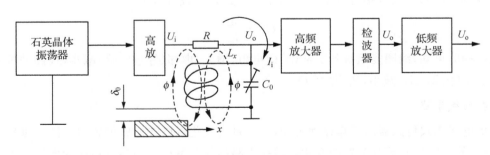

图 5.36　调幅式电路原理图

（3）调频式电路

调频式电路（100 kHz～1 MHz）的原理如图 5.37 所示。传感器线圈接入 LC 振荡回路，当传感器与被测导体的距离 x 改变时，在电涡流影响下，传感器的电感发生变化，将导致振荡频率发生变化。该变化的频率是距离 x 的函数，即 $f = L(x)$。该频率可由数字频率

计直接测量,或者通过 f-V 变换,用数字电压表测量对应的电压。为避免输出电缆的分布电容的影响,通常将 L 和 C 装在传感器内。振荡器的频率

$$f = \frac{1}{2\pi \sqrt{L(x)C}} \tag{5-48}$$

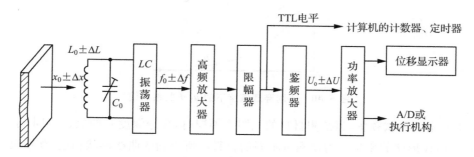

图 5.37　调频式电路原理图

5.3.2　低频透射式电涡流传感器

图 5.38 所示为低频透射式电涡流传感器原理示意图,发射线圈 L_1 和接收线圈 L_2 分置于被测金属板的上下方。由于低频磁场集肤效应小、渗透深,当低频(音频范围)电压 u_1 加到线圈 L_1 的两端后,所产生磁力线的一部分透过金属板,使线圈 L_2 产生感应电动势 u_2。但由于电涡流消耗部分磁场能量,使感应电动势 u_2 减少。当金属板越厚时,损耗的能量越大,感应电动势 u_2 越小。因此,u_2 的大小与金属板的厚度及材料的性质有关。试验表明,u_2 随材料厚度 l 的增加按负指数规律减少,即

$$u_2 \propto e^{-\frac{l}{h}} \tag{5-49}$$

式中,l 为被测金属板 M 的厚度,h 为穿透深度,且 $h \propto \sqrt{\dfrac{\rho}{f}}$。$u_2$ 与 l 的关系曲线如图 5.39 所示。因此,若金属板材料的性质一定,则利用 u_2 的变化即可测其厚度。

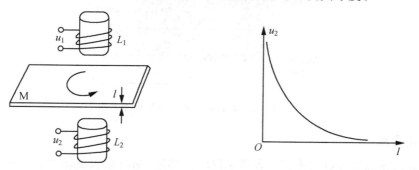

图 5.38　低频透射式电涡流传感器原理图　　图 5.39　线圈感应电动势 u_2 与厚度 l 的关系曲线

当选用不同的测试频率时,穿透深度 h 的值是不同的,从而使 u_2-l 曲线的形状发生变化,如图 5.40 所示。当 l 较小时,h_3 曲线的斜率大于 h_1 曲线的斜率;当 l 较大时,h_1 曲线

的斜率大于 h_3 曲线的斜率。测量薄板时应选较高的频率,测量厚材时应选较低的频率。

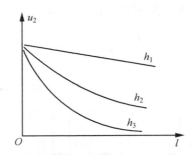

图 5.40　不同穿透深度下的 u_2-l 关系曲线

对于一定的测试频率,当被测材料的电阻率不同时,穿透深度 h 的值也不同,于是又会引起 u_2-l 曲线形状的变化。为使测量不同的材料时所得到的曲线形状相近,须在改变 ρ 时保持 h 不变,这时应相应地改变 f。测电阻率较小的材料(如紫铜)时,选用较低的 f(500 Hz),而测电阻率较大的材料(如黄铜、铝)时,则选用较高的 f(2 kHz),从而保证传感器在测量不同材料时具有较好的线性度和灵敏度。

5.3.3　电涡流式传感器的应用

1. 电磁炉

电磁炉是日常生活中必备的家用电器之一,电涡流式传感器是其核心器件之一。电磁炉的工作原理示意图如图 5.41 所示,高频电流通过励磁线圈产生交变磁场,在铁质锅底会产生无数的电涡流,使锅底自行发热,烧开锅内的食物。

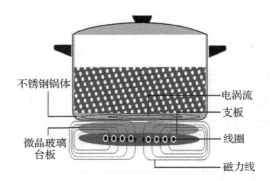

图 5.41　电磁炉工作原理示意图

2. 位移测量

电涡流式传感器可以用来测量各种试件的位移量,如汽轮机主轴的轴向位移[图 5.42(a)],磨床换向阀、先导阀的位移[图 5.42(b)],金属试件的热膨胀系数[图 5.42(c)],其位移测量范围为 0～30 mm。凡是可以转换为位移量的参数都可以用电涡流式传感器来测量,如钢水的液位、纱线的张力、流体的压力等。

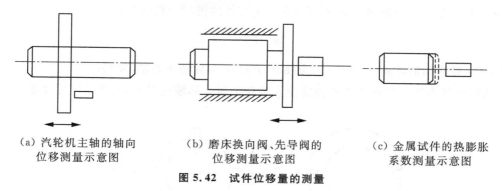

（a）汽轮机主轴的轴向　　（b）磨床换向阀、先导阀的　　（c）金属试件的热膨胀
　　位移测量示意图　　　　　　位移测量示意图　　　　　　　系数测量示意图

图 5.42　试件位移量的测量

3. 振幅测量

电涡流式传感器可以对各种振动的幅值进行无接触测量。在汽轮机和空气压缩机中常用电涡流式传感器来监控主轴的径向振动位[图 5.43(a)]，也可测量涡轮叶片的振幅位[图 5.43(b)]。在研究轴的振动时，需要了解轴的振动形式，绘出轴的振形图，为此，可用多个传感器探头并排地安装在轴的附近，用多通道指示仪输出并记录，或用计算机进行多通道数据采集，就可获得主轴上各个位置的瞬时振幅及轴振形图位[图 5.43(c)]。

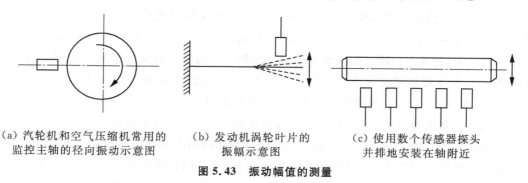

（a）汽轮机和空气压缩机常用的　　（b）发动机涡轮叶片的　　（c）使用数个传感器探头
　　监控主轴的径向振动示意图　　　　振幅示意图　　　　　　　并排地安装在轴附近

图 5.43　振动幅值的测量

4. 电涡流探雷器

探雷器其实是金属探测器的一种。它在电子线路与探头环内线圈振荡形成固定频率的交变磁场，当有金属靠近时，利用金属导磁的原理改变线圈的感抗，从而改变振荡频率，发出报警信号，但对非金属不起作用。电涡流探雷器通常由探头、信号处理单元和报警装置三部分组成。探雷器按携带和运载方式不同，分为便携式、车载式和机载式三种类型。便携式探雷器供单兵搜索地雷使用，又称单兵探雷器，多以耳机声响变化作为报警信号；机载式探雷器使用直升机作为运载工具，用于在较大地域上对地雷场实施远距离快速探测。

5. 转速测量

如图 5.44(a)所示，在转轴或飞轮上开一个键槽，靠近轴表面安装电涡流式传感器，轴转动时便能检测出传感器与轴表面的间隙变化，从而得到相对于键槽的脉冲信号，经放大、整形后，获得相对于键槽的脉冲方波信号，由频率计计数并换算成转速值。为了提高转速测量的分辨率，可采用细分方法，在轴的圆周上增加键槽数，开 z 个键槽，如图 5.44(b)所

示,转一周可输出 z 个脉冲。转速与频率和旋转体的槽(齿)数的关系为

$$n = 60 \frac{f}{z} \tag{5-50}$$

式中,n 为被测轴的转速(r/min),f 为频率(Hz),z 为旋转体的槽(齿)数。

用同样的方法可将电涡流式传感器安装在金属产品输送线上,对产品进行计数。

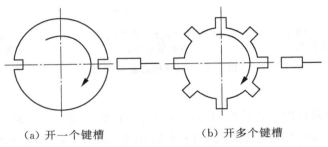

（a）开一个键槽　　　　　　（b）开多个键槽

图 5.44　转速测量

6. 电涡流式安检门

出入口检测系统可有效地探测出枪支和匕首等金属武器及其他大件金属物品,被广泛用于机场、海关、钱币厂和监狱等重要场所。电涡流式安检门原理如图 5.45 所示,内部有若干个发射线圈和若干个接收线圈,均用环氧树脂浇灌、密封在门框内。10 kHz 音频信号通过发射线圈,在线圈周围产生同频率的交变磁场。当有金属物体通过发射线圈形成交变磁场 H_1 时,交变磁场就会在该金属导体表面产生电涡流,电涡流也将产生一个新的微弱磁场 H_2。H_2 的相位与金属物体的位置、大小等有关,可以在接收线圈中感应出电压。计算机根据感应电压的大小、相位来判定金属物体的大小,并发出报警信号。由于个人携带的日常用品如皮带扣、钥匙串、眼镜架、戒指,甚至身体内值入的钢钉等也会引起误报警,因此计算机还要进行复杂的逻辑判断,才能获得既灵敏又可靠、准确的结果。目前多在安检门的侧面安装一台"软 X 光"扫描仪。当发现疑点时,可利用对人体、胶卷无害的低能量狭窄扇面 X 射线进行断面扫描,再用软件合成完整的光学图像。

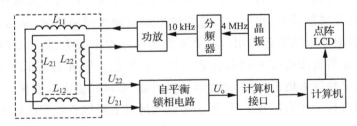

图 5.45　电涡流式安检门原理图

7. 无损探伤

电涡流探伤仪是一种无损检测装置,用于探测金属导体材料表面或近表面裂纹、热处理裂纹及焊缝裂纹等缺陷。在检测时,传感器与被测物体的距离保持不变,遇到裂纹时,金

属的电阻率、磁导率发生变化,裂纹处的位移量改变,使传感器的输出信号发生变化。在探伤时,重要的是缺陷信号和干扰信号比。为了获得需要的频率,须采用滤波器,使某一频率的信号通过,而将干扰频率的信号衰减。

8. 电涡流接近开关

接近开关又称无触点行程开关,它能在一定的距离(几毫米至几十毫米)内检测有无物体靠近。当物体与接近开关的距离接近设定距离时,就可以发出"动作"信号。接近开关的核心部分是感辨头,它对正在接近的物体有很高的感辨能力。电涡流接近开关具有如下优点:接近开关与被测物体不接触,不会产生机械磨损和疲劳损伤,工作寿命长,响应快,无触点,无火花,无噪声,防潮、防尘、防爆性能较好,输出信号负载能力强,体积小,安装、调整方便;其缺点为触点容量较小,输出短路时易烧毁。图 5.46 所示为电涡流接近开关原理图。这种接近开关只能检测金属。

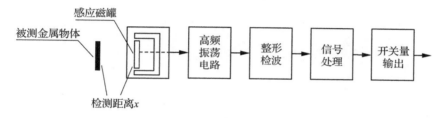

图 5.46　电涡流接近开关原理图

习　题
* * * * * * * * * * * * *

一、单项选择题

1. 电感式传感器的常用测量电路不包括(　　)。

A. 交流电桥　　　　　　　　　　　B. 变压器式交流电桥

C. 脉冲宽度调制电路　　　　　　　D. 谐振式测量电路

2. 下列说法正确的是(　　)。

A. 差动整流电路可以消除零点残余电压,但不能判断衔铁的位置

B. 差动整流电路可以判断衔铁的位置,但不能判断运动的方向

C. 相敏检波电路可以判断位移的大小,但不能判断位移的方向

D. 相敏检波电路可以判断位移的大小,也可以判断位移的方向

3. 对于差动变压器,采用交流电压表测量输出电压时,下列说法正确的是(　　)。

A. 既能反映衔铁位移的大小,也能反映位移的方向

B. 既能反映衔铁位移的大小,也能消除零点残余电压

C. 既不能反映位移的大小,也不能反映位移的方向

D. 既不能反映位移的方向,也不能消除零点残余电压

二、简答题

1. 差动变压器式传感器的零点残余电压产生的原因是什么? 怎样减小和消除影响?

2. 试比较自感式传感器与差动变压器式传感器的异同。

3. 差动变压器式传感器有几种结构形式? 各有什么特点?

4. 何谓电涡流效应?

5. 变气隙型自感传感器的输出特性与哪些因素有关?

6. 怎样改善变气隙型自感传感器的非线性? 怎样提高其灵敏度?

第六章　压电式传感器

　　压电式传感器是一种典型的自发电型传感器,以某些电介质的压电效应为基础。在外力作用下,在电介质的表面产生电荷,将机械能转化为电能,从而实现非电量测量。

　　压电传感元件是力敏感元件,可测量最终能转换为力的物理量,如力、压力和加速度等,在工程力学、生物医学、石油勘探、声波测井、电声学等领域得到了广泛的应用。

　　压电式传感器具有体积小、重量轻、工作频带宽(0.3 Hz～60 kHz)、信噪比大、灵敏度高(电压灵敏度达1 000 mV/m)、结构简单等特点。由于它没有运动部件,因此结构牢固、稳定性高。缺点是无静态输出,要求有很高的电输出阻抗。

6.1　压电式传感器的工作原理

6.1.1　压电效应

　　当沿某些电介质(晶体)的某一方向施加压力或拉力时,电介质(晶体)会产生变形,此时这种材料的两个表面将产生符号相反的电荷。当撤去外力后,电介质又重新回到不带电状态,这种现象称为压电效应。这种机械能转化为电能的现象称为顺压电效应或正压电效应。

　　当在某些电介质(晶体)的极化方向上施加电场(加电压),电介质(晶体)会产生机械变形。当撤去外加电场后,该物质的变形随之消失。这种电能转化为机械能的现象称为逆压电效应或电致伸缩效应。压电效应的可逆性如图6.1所示。具有压电效应的材料称为压电材料,压电材料能实现机械能和电能的相互转化。压电材料主要有石英晶体(天然的)和压电陶瓷(人工制造的)。

图 6.1　压电效应的可逆性

6.1.2　石英晶体的压电机理

石英晶体俗称水晶,其化学成分为 SiO_2,是具有各向异性的单晶体,有天然石英和人造石英之分。天然石英和人造石英的外形虽有不同,但是两个晶面之间的夹角是相同的。天然石英晶体的理想外形是一个正六面体,如图 6.2(a)所示。在晶体学中它可用三根互相垂直的轴来表示,石英晶体各个方向的特性是不同的。其中纵轴 z 称为中性轴,光线沿 z 轴通过晶体不产生双折射现象,因而它是作为基准轴(沿 z 轴无双折射现象,因此也称之为光轴)。经过六面体棱线并垂直于光轴的 x 轴称为电轴,在沿电轴 x 方向的力作用下产生的电荷的正压电效应最明显,也称为纵向压电效应。与 x 轴和 z 轴同时垂直的 y 轴称为机械轴。沿机械轴 y 方向以机械变形为主,逆压电效应最明显,也称为横向压电效应。压电式传感器主要是利用纵向压电效应。目前传感器中使用的均是以居里点为 573 ℃、晶体结构为六角晶系的 α 石英。

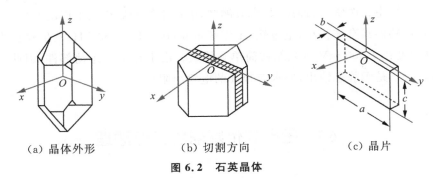

(a) 晶体外形　　　　　(b) 切割方向　　　　　(c) 晶片

图 6.2　石英晶体

为利用石英的压电效应进行力-电间的转换,须将晶体沿一定方向切割成晶片。适用于各种不同应用的切割方法很多,最常用的就是 x 切型[图 6.2(b)]和 y 切型(两个端面与 y 轴垂直)。在垂直 x 轴方向的两面用真空镀膜或沉银法得到电极面。下面以 x 切型为例,分析石英晶体的压电机理。

当在电轴 x 方向施加作用力 F_x 时,在与电轴 x 垂直的平面上将产生电荷 Q_x,其大小为

$$Q_x = d_{11} F_x \tag{6-1}$$

式中,d_{11} 为石英晶体在 x 轴方向受力时的压电系数。当受力方向和变形不同时,压电系数也不同。石英晶体的 $d_{11} = \pm 2.31 \times 10^{-12}$ C/N。对右旋石英晶体,受压时压电系数取正,受拉时压电系数为负。

在同一切片上,当沿机械轴 y 方向施加作用力 F_y 时,则仍在与 x 轴垂直的平面上产生电荷 Q_y,其大小为

$$Q_y = d_{12} F_y \frac{a}{b} \tag{6-2}$$

式中,d_{12} 为石英晶体在 y 轴方向受力时的压电系数,a 和 b 分别为石英晶体的厚度和长度。电荷 Q_x 和 Q_y 的符号由石英晶体受压力还是拉力决定。Q_x 的大小与晶体的几何尺寸无关,

而 Q_y 则与晶体的几何尺寸有关。

一般情况下，压电材料的压电特性用压电方程来描述：

$$q = d_{ij}\sigma \quad 或 \quad Q = d_{ij}F \tag{6-3}$$

式中，q 为表面电荷密度（C/cm²）；σ 为单位面积上的作用力，即应力（N/cm²）；Q 为总电荷量（C）；F 为作用力（N）；d_{ij} 为压电常数（C/N）（$i = 1,2,3,j = 1,2,3,4,5,6$）；$i$ 为晶体的极化方向，当产生电荷的表面垂于 x 轴（y 轴或 z 轴）时，记为 $i = 1(2$ 或 $3)$，$j = 1,2,3,4,5,6$ 分别表示沿 x 轴、y 轴、z 轴方向的单向应力和在垂直于 x 轴、y 轴、z 轴的平面（yz 平面、zx 平面、xy 平面）内作用的剪应力。

单向应力的符号规定：拉应力为正，压应力为负。剪切力的符号用右手螺旋定则确定。另外，还需要对因逆压电效应在晶体内产生的电场方向进行规定，以确定 d_{ij} 的符号。当电场方向指向晶轴的正向时 d_{ij} 为正，反之为负。

晶体在任意受力状态下所产生的表面电荷密度可由下列方程组决定：

$$\begin{cases} q_{xx} = d_{11}\sigma_{xx} + d_{12}\sigma_{yy} + d_{13}\sigma_{zz} + d_{14}\sigma_{yz} + d_{15}\sigma_{zx} + d_{16}\sigma_{xy} \\ q_{yy} = d_{21}\sigma_{xx} + d_{22}\sigma_{yy} + d_{23}\sigma_{zz} + d_{24}\sigma_{yz} + d_{25}\sigma_{zx} + d_{26}\sigma_{xy} \\ q_{zz} = d_{31}\sigma_{xx} + d_{32}\sigma_{yy} + d_{33}\sigma_{zz} + d_{34}\sigma_{yz} + d_{35}\sigma_{zx} + d_{36}\sigma_{xy} \end{cases} \tag{6-4}$$

式中，q_{xx}、q_{yy}、q_{zz} 分别表示沿 x 轴、y 轴、z 轴的表面产生的电荷密度；σ_{xx}、σ_{yy}、σ_{zz}、σ_{yz}、σ_{zx}、σ_{xy} 分别表示沿 x 轴、y 轴、z 轴方向的拉应力或压应力和在垂直于 x 轴、y 轴、z 轴的平面内作用的剪应力。

压电材料的压电特性可由压电常数矩阵表示：

$$[d_{ij}] = \begin{bmatrix} d_{11} & d_{12} & d_{13} & d_{14} & d_{15} & d_{16} \\ d_{21} & d_{22} & d_{23} & d_{24} & d_{25} & d_{26} \\ d_{31} & d_{32} & d_{33} & d_{34} & d_{35} & d_{36} \end{bmatrix} \tag{6-5}$$

由式（6-5）可见，d_{ij} 是矩阵 $[d_{ij}]$ 中的元素。

石英晶体的压电常数矩阵为

$$[d_{ij}] = \begin{bmatrix} d_{11} & d_{12} & 0 & d_{14} & 0 & 0 \\ 0 & 0 & 0 & 0 & d_{25} & d_{26} \\ 0 & 0 & 0 & 0 & 0 & 0 \end{bmatrix} \tag{6-6}$$

由式（6-6）可得出如下结论：

① 第三列全部为零，说明沿 z 轴的外力无压电效应。

② 第三行全部为零，说明电荷不会分布在垂直于光轴的面上。

③ 由于晶格的对称性，有

$$d_{12} = -d_{11}, d_{25} = -d_{14}, d_{26} = -2d_{11} \tag{6-7}$$

故对于石英晶体而言，只有 d_{11} 和 d_{14} 两个常数才是有意义的。

由压电常数矩阵还可看出，对能量转化有意义的石英晶体的变形方式有以下几种，分别为厚度变形、长度变形、面剪切变形、厚度剪切变形和体积变形，如图 6.3 所示。

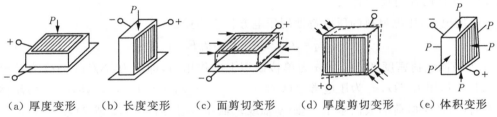

（a）厚度变形　　（b）长度变形　　（c）面剪切变形　　（d）厚度剪切变形　　（e）体积变形

图 6.3　石英晶体的变形方式

厚度变形（TE 方式）：这种变形方式利用石英晶体的纵向压电效应，如图 6.3（a）所示，产生的表面电荷密度或表面电荷为

$$q_{xx}=d_{11}\sigma_x \quad \text{或} \quad Q_x=d_{11}F_x \tag{6-8}$$

长度变形（LE 方式）：这种变形方式利用石英晶体的横向压电效应，如图 6.3（b）所示，表面电荷密度或表面电荷为

$$q_{xy}=d_{12}\sigma_y \quad \text{或} \quad Q_x=d_{12}F_x\frac{b}{a} \tag{6-9}$$

面剪切变形（FS 方式）：如图 6.3（c）所示，对 x 切晶片，其表面电荷密度为 $q_x=d_{14}\tau_{yz}$；对 y 切晶片，其表面电荷密度为 $q_y=d_{25}\tau_{xy}$。

厚度剪切变形（TS 方式）：如图 6.3（d）所示，对 y 切晶片，其表面电荷密度为 $q_y=d_{26}\tau_{xy}$。

弯曲变形（BS 方式）：它不是基本变形方式，而是拉力、压力、切应力共同作用的结果，故应根据具体情况选择合适的压电常数。

体积变形（VE 方式）：如图 6.3（e）所示，对于钛酸钡（$BaTiO_3$）压电陶瓷，除长度变形方式（用 d_{31}）、厚度变形方式（用 d_{33}）和面剪切变形方式（用 d_{15}）以外，还可以用体积变形方式。其产生的表面电荷密度为

$$q_z=d_{31}\sigma_x+d_{32}\sigma_y+d_{33}\sigma_z \tag{6-10}$$

由于此时 $\sigma_x=\sigma_y=\sigma_z=\sigma$，且对 $BaTiO_3$ 压电陶瓷有 $d_{31}=d_{32}$，则

$$q_z=(2d_{31}+d_{33})\sigma=d_v\sigma \tag{6-11}$$

式中，$d_v=2d_{31}+d_{33}$ 为体积变形的压电常数。这种变形方式可以用来进行液体或气体压力的测量。

石英晶体的压电效应是由于石英晶体在外力作用下晶格发生变化所造成的。石英晶体由硅离子（Si^{4+}）和氧离子（O^{2-}）组成，在垂直于 z 轴的 xy 平面上的投影等效为正六边形排列，如图 6.4（a）所示。图中"⊕"代表 Si^{4+} 离子，"⊖"代表两个 O^{2-} 离子。

当石英晶体未受外力作用时（不产生形变），带有 4 个正电荷的硅离子和带有 2×2 个负电荷的氧离子在 xy 平面上的投影正好分布在正六边形的顶点上，形成 3 个大小相等、互成 120°夹角的电偶极矩 $\boldsymbol{P}_1$、$\boldsymbol{P}_2$ 和 $\boldsymbol{P}_3$（矢量）。$P=ql$，q 为电荷量，l 为正、负电荷之间的距离。方向从负电荷指向正电荷。此时，正、负电荷中心重合，电偶极矩的矢量和等于零，即 $\boldsymbol{P}_1+\boldsymbol{P}_2+\boldsymbol{P}_3=\boldsymbol{0}$，电荷平衡，所以晶体表面不产生电荷，即呈中性。

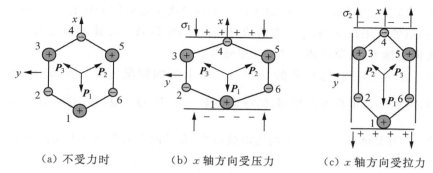

（a）不受力时　　　　　　（b）x 轴方向受压力　　　　（c）x 轴方向受拉力

图 6.4　石英晶体压电模型（x 轴方向）

当石英晶体受到沿 x 轴方向的压力作用时（厚度变形，$F_x < 0$），将产生如图 6.4(b) 所示的压缩变形，正、负离子的相对位置随之变动，正、负电荷中心不再重合。硅离子 1 被挤入氧离子 2 和 6 之间，氧离子 4 被挤入硅离子 3 和 5 之间，电偶极矩 P_1 减小，P_2 和 P_3 增大，它们在 x 轴方向的分量 $(P_1 + P_2 + P_3)_x > 0$，在 y 轴、z 轴方向上的分量分别为 $(P_1 + P_2 + P_3)_y = 0$，$(P_1 + P_2 + P_3)_z = 0$。这说明，在 x 轴负向呈负电荷，在 x 轴正向呈正电荷，而在 y、z 轴方向不出现电荷。

当在 x 轴方向施加拉力（长度变形，$F_x > 0$），如图 6.4(c) 所示。电偶极矩 P_1 增大，P_2 和 P_3 减小，此时它们在 x、y、z 轴三个方向上的分量分别为 $(P_1 + P_2 + P_3)_x > 0$，$(P_1 + P_2 + P_3)_y = 0$，$(P_1 + P_2 + P_3)_z = 0$。这说明，在 x 轴正向呈负电荷，在 x 轴负向呈正电荷。这种沿 x 轴施加力，而在垂直于 x 轴晶面上产生电荷的现象，称为纵向压电效应。

当石英晶体受到沿 y 轴方向的压力作用时（长度变形），晶体产生如图 6.5(b) 所示的变形。电偶极矩的分量 $(P_1 + P_2 + P_3)_x < 0$，$(P_1 + P_2 + P_3)_y = 0$，$(P_1 + P_2 + P_3)_z = 0$，即硅离子 3 和氧离子 2 以及硅离子 5 和氧离子 6 都向内移动同样的数值；硅离子 1 和氧离子 4 向 x 轴方向扩伸，所以 y 轴方向上不带电荷，而在 x 轴正向呈负电荷，在 x 轴负向呈正电荷。如果在 y 轴方向施加拉力，如图 6.5(c) 所示，则在 x 轴负向呈负电荷，在 x 轴正向呈正电荷。这种沿 y 轴施加力，而在垂直于 x 轴的晶面上产生电荷的现象，称为横向压电效应。

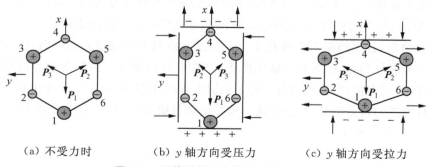

（a）不受力时　　　　　　（b）y 轴方向受压力　　　　（c）y 轴方向受拉力

图 6.5　石英晶体压电模型（y 轴方向）

当石英晶体在 z 轴方向受力时,由于硅离子和氧离子是对称平移的,正、负电荷中心始终保持重合,电偶极矩在 x 轴、y 轴方向的分量为零,所以石英晶体表面无电荷产生,因而沿光轴 z 方向施加力,石英晶体不产生压电效应。

图 6.6 所示是石英晶体切片的受力与产生电荷的情况。图 6.6(a)和图 6.6(d)、图 6.6(b)和图 6.6(c)电荷方向相同,但意义并不一样,即 $Q_x = d_{11}F_x$,$Q_y = d_{12}\dfrac{a}{b}F_y = -d_{11}\dfrac{a}{b}F_y$。此外,石英晶体除了纵向、横向压电效应外,在切向应力作用下也会产生电荷。

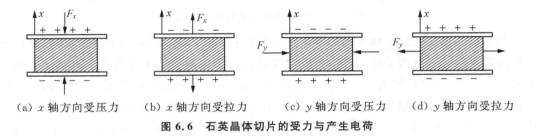

(a) x 轴方向受压力 (b) x 轴方向受拉力 (c) y 轴方向受压力 (d) y 轴方向受拉力

图 6.6 石英晶体切片的受力与产生电荷

6.1.3 压电陶瓷的压电机理

压电陶瓷属于铁电体一类的物质,是人工制造的多晶压电材料,具有类似铁磁材料磁畴结构的电畴结构。电畴是分子自发形成的区域,有一定的极化方向,从而存在一定的电场。在无外电场作用时,各个电畴在晶体上杂乱分布,它们的极化效应被相互抵消,如图 6.7(a)所示,因此原始的压电陶瓷内极化强度为零。

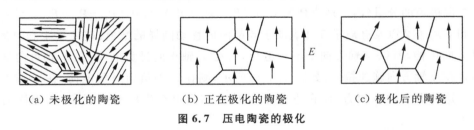

(a) 未极化的陶瓷 (b) 正在极化的陶瓷 (c) 极化后的陶瓷

图 6.7 压电陶瓷的极化

在陶瓷上施加外电场(20～30 kV/cm)时,电畴自发极化方向与外加电场方向一致,如图 6.7(b)所示,从而使材料得到极化,此时压电陶瓷具有一定的极化强度。当(2～3 h后)外加电场撤消后,各电畴的自发极化在一定程度上按原外加电场方向取向,陶瓷的极化强度并不会立即恢复到零,存在剩余极化强度,如图 6.7(c)所示。同时陶瓷片极化的两端出现束缚电荷,一端为正,另一端为负。由于束缚电荷的作用,在陶瓷片的极化两端面很快吸附一层来自外界的自由电荷,自由电荷与束缚电荷数值相等、极性相反,因此陶瓷片对外不呈现极性,如图 6.8 所示。

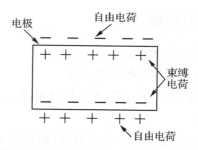

图 6.8　束缚电荷吸附自由电荷示意图

如果在陶瓷片上加一个与极化方向平行的压力 F,陶瓷片将产生压缩形变,陶瓷片内的正、负束缚电荷之间的距离变小,极化强度也变小。因此,原来吸附在电极上的自由电荷有一部分被释放,出现放电现象。当压力撤消后,陶瓷片恢复原状(这是一个膨胀过程),片内的正、负电荷之间的距离变大,极化强度也变大,因此电极上又吸附一部分自由电荷而出现充电现象。这种由机械效应转变为电效应或者由机械能转化为电能的现象,就是正压电效应。放电电荷的多少与外力成正比例关系,即

$$Q = d_{33} F \qquad (6\text{-}12)$$

式中,d_{33} 为压电陶瓷的压电系数,F 为作用力。

同样,若在陶瓷片上加一个与极化方向相同的电场,由于电场的方向与极化强度的方向相同,所以电场的作用使极化强度增大。这时,陶瓷片内的正、负束缚电荷之间的距离也增大,即陶瓷片沿极化方向产生伸长形变。同理,如果外加电场的方向与极化方向相反,则陶瓷片沿极化方向产生缩短形变。这种由电效应转变为机械效应或者由电能转化为机械能的现象,就是逆压电效应。

由此可见,压电陶瓷之所以具有压电效应,是由于陶瓷内部存在自发极化。这些自发极化经过极化工序处理而被迫取向排列后,陶瓷内即存在剩余极化强度。如果外界的作用(如压力或电场)能使此极化强度发生变化,陶瓷就出现压电效应。此外,还可以看出,陶瓷内的极化电荷是束缚电荷,而不是自由电荷,这些束缚电荷不能自由移动。所以在陶瓷中产生的放电或充电现象,是通过陶瓷内部极化强度的变化而引起电极面上自由电荷的释放或补充的结果。

6.2　压电材料

＊＊＊＊＊＊＊＊＊＊＊＊＊

压电材料是具有压电效应的电介质。在自然界中,大多数晶体都具有压电效应,然而大多数晶体的压电效应都十分微弱。

6.2.1　压电材料的主要特性

压电材料应具备以下几个主要特性：

① 机-电转换性能。要求具有较大的压电常数。

② 机械性能。压电元件作为受力元件，要求机械强度大、刚度大，以期获得较宽的线性范围和较高的固有振动频率。

③ 电性能。要求具有高电阻率和大介电常数，以减弱外部分布电容的影响，并获得良好的低频特性。

④ 环境适应性强。温度和湿度的稳定性要好，要求具有较高的居里点，以获得较宽的工作温度范围。

⑤ 时间稳定性。要求压电性能不随时间变化。

6.2.2　压电材料的分类

压电材料可以分为三大类：

① 压电晶体（单晶体），包括压电石英晶体和其他压电单晶体。

② 压电陶瓷（多晶体），也称多晶半导瓷，为极化处理的多晶体。

③ 新型压电材料，有压电半导体和有机高分子压电材料两种。

目前普遍应用的是石英晶体和钛酸钡（$BaTiO_3$）、锆钛酸铅、铌酸盐系压电陶瓷。

1. 石英晶体

石英是一种具有良好压电特性的压电晶体。其主要性能特点如下：

① 压电常数小（压电系数 $d_{11}=2.31\times10^{-12}$ C/N），其时间稳定性和温度稳定性极好，常温下几乎不变。在 20～200 ℃范围内，其温度变化率约为 $-2.15\times10^{-6}/℃$。

② 机械强度和品质因数高，许用应力高达 9.8×10^7 Pa，且刚度大，能承受 700～1 000 kg/cm² 的压力。固有频率高且十分稳定，动态特性好。

③ 当温度为 573 ℃（居里点）时，石英晶体完全失去压电特性，且无热释电性，绝缘性和重复性均较好。

上述特点说明石英是理想的压电传感器的压电材料。

天然石英的上述性能尤佳，因此它们常用于精度和稳定性要求较高的场合或制作标准传感器。除了天然和人造石英压电材料外，还有水溶性压电晶体，属于单斜晶系，如酒石酸钾钠（$NaKC_4H_4O_6 \cdot 4H_2O$）、酒石酸乙烯二铵（$C_6H_4N_2O_6$）等，以及正方晶系，如磷酸二氢钾（KH_2PO_4）、磷酸二氢铵（$NH_4H_2PO_4$）等。

2. 压电陶瓷

压电陶瓷是人造多晶系压电材料，其压电系数比石英晶体大得多，所以采用压电陶瓷制作的压电式传感器的灵敏度较高。极化处理后的压电陶瓷材料的剩余极化强度和特性与温度有关，其参数也随时间变化，从而使压电特性减弱。最早使用的压电陶瓷材料是钛酸钡,它是由碳酸钡和二氧化钛按一定比例混合后烧结而成的。其压电系数 $d_{33} = 190 \times 10^{-12}$ C/N,约为石英的 80 倍,但使用的温度较低,最高只有 70 ℃,温度稳定性、介电常数和机械强度都不如石英好。目前使用得较多的压电陶瓷材料是锆钛酸铅[$Pb(ZrTi)O_3$,PZT 系列],是由钛酸钡和锆酸铅($PbZrO_3$)组成的,具有较高的压电系数和较高的工作温度。由于压电陶瓷品种多、性能各异,可根据它们各自的特点制作各种不同的压电传感器。

压电陶瓷具有明显的热释电效应。所谓热释电效应,指的是某些晶体除了由于机械应力的作用而引起的电极化(压电效应),还可由温度变化而产生电极化。热释电系数表示该效应的强弱,它是指温度每变化 1 ℃时,在单位质量晶体表面上产生的电荷密度大小,单位为 $\mu C/(m^2 \cdot g \cdot ℃)$。

若把钛酸钡作为单元系压电陶瓷的代表,则 PZT 是二元系的代表,PZT 是 1955 年以来"压电陶瓷之王"。在压电陶瓷的研究中,研究者在二元系的锆钛酸铅中进一步添加另一种成分组成三元系压电陶瓷,其中镁铌酸铅[$Pb(Mg_{1/3}Nb_{2/3})O_3$]与钛酸铅($PbTiO_3$)和锆酸铅按不同比例配成的不同性能的压电陶瓷,具有极高的压电系数和较高的工作温度,而且能承受较高的压力。三元系压电陶瓷具有更好的压电性能,d_{33} 在 $800 \times 10^{-12} \sim 900 \times 10^{-12}$ C/N,且有较高的居里点,发展前景非常好。

3. 新型压电材料

(1)压电半导体材料

20 世纪 60 年代以来发现了多种压电半导体,如硫化锌(ZnS)、碲化镉($CdTe$)、氧化锌(ZnO)、硫化镉(CdS)、碲化锌($ZnTe$)和砷化镓($GaAs$)等。这些材料的显著特点是既具有压电特性,又具有半导体特性。因此,既可用其压电特性研制传感器,又可用其半导体特性制作电子器件,也可以将二者结合,集元件与线路于一体,研制新型压电集成传感器测试系统。

(2)有机高分子压电材料

某些合成高分子聚合物薄膜经延展拉伸和电场极化后,具有一定的压电性能,这类薄膜称为高分子压电薄膜,如聚二氟乙烯(PVF_2)、聚氟乙烯(PVF)、聚氯乙烯(PVC)等。这些材料的独特优点是质轻柔软,抗拉强度高,蠕变小,耐冲击,体电阻达 256^2 Ω·m,击穿强度为 $150 \sim 200$ kV/mm,声阻抗接近于水和生物体含水组织,热释电性和热稳定性好,且便于批量生产和大面积使用,可制成大面积阵列传感器甚至人工皮肤。

此外,在一些高分子化合物中掺杂压电陶瓷(锆钛酸铅或钛酸钡)粉末制成高分子压电薄膜,这种复合压电材料同样保持了高分子压电薄膜的柔软性,而且还具有较高的压电性和机电耦合系数。

6.3 压电元件的结构形式

* * * * * * * * * * * * * * * * * * * *

由于外力作用而使压电材料上产生电荷,该电荷只有在无泄漏的情况下才会长期保存,因此测量电路需要具有无限大的输入阻抗,实际上这是不可能的。所以压电式传感器不宜用作静态测量,只能在其上加交变力,电荷才能不断得到补充,可以给测量电路提供一定的电流,故压电式传感器只宜用作动态测量。

在实际应用中,由于单压电晶片的输出电荷很小,要使单压电晶片表面产生足够的表面电荷需要很大的作用力,故常把两片或两片以上的压电晶片黏结在一起使用。由于压电晶片有电荷极性,因此有并联和串联两种接法,如图 6.9 所示。并联连接式压电传感器的输出电容和极板上的电荷分别为单压电晶片的 2 倍,而输出电压与单压电晶片上的电压相等,即 $C_并=2C$, $Q_并=2Q$, $U_并=U$。由此可见,并联时传感器的电容大,输出电荷量大,时间常数大,故这种传感器适用于测量缓变信号及电荷量输出信号。串联时,输出总电荷等于单压电晶片上的电荷,输出电压为单压电晶片电压的 2 倍,总电容应为单压电晶片的 $\frac{1}{2}$,即 $Q_串=Q$, $U_串=2U$, $C_串=\frac{1}{2}C$。串联时,正电荷集中于上极板,负电荷集中于下极板,传感器本身的电容小,响应较快,输出电压大,故这种传感器适用于测量以电压作为输出的信号和频率较高的信号。

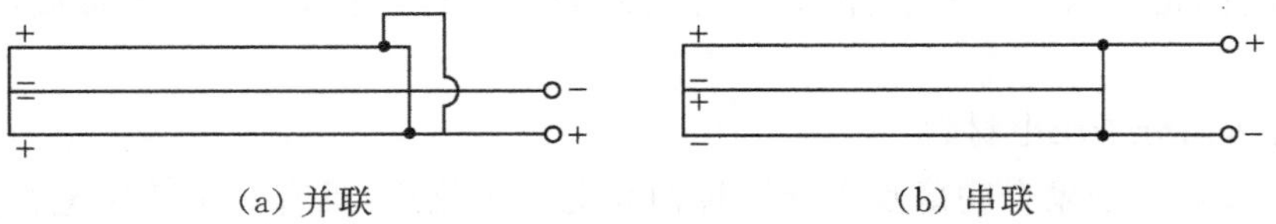

（a）并联　　　　　　　　　　　（b）串联

图 6.9　两个压电晶片的连接方式

在制作和使用压电式传感器时,首先要使压电元件有一定的预应力,以保证在作用力变化时压电元件始终受到压力;其次是保证压电元件与作用力之间完全均匀接触,获得输出电压(或电荷)与作用力的线性关系。这是因为压电晶片在加工时即使磨得很光滑,也很难保证接触面绝对平坦。如果没有足够的压力,就不能保证完全均匀接触,因此事先要给晶片一定的预应力,但该预应力不能太大,否则将影响压电式传感器的灵敏度。

压电式传感器的灵敏度在出厂时已作了标定,但随着使用时间的增加会有些变化,主要原因是其性能发生了变化。实验表明,压电陶瓷的压电常数随着使用时间的增加而减小。因此,为了保证测量精度,最好每隔半年进行一次灵敏度校正。石英晶体的长期稳定性很好,灵敏度不变,无须校正。

6.4　压电式传感器的信号调节电路

* *

6.4.1　压电式传感器的等效电路

当压电晶片受力时,在压电晶片的两个极板上产生电荷,电荷量相等,极性相反,如图 6.10(a)所示。显然,可把压电式传感器看成一个静电发生器,也可把它视为两极板间聚集电荷、中间为绝缘体的电容器,如图 6.10(b)所示。其电容为

$$C_a = \frac{\varepsilon A}{d} = \frac{\varepsilon_0 \varepsilon_r A}{d} \tag{6-13}$$

式中,A 为压电晶片的面积,d 为压电晶片的厚度,ε_r 为压电材料的相对介电常数,$\varepsilon_0 = 8.85 \times 10^{-12}$ F/m 为真空介电常数。

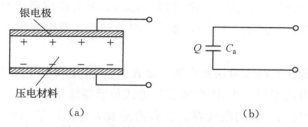

图 6.10　压电式传感器的等效电路

当两极板聚集异种电荷时,则两极板呈现一定的电压,其大小为

$$U = \frac{Q}{C_a} \tag{6-14}$$

利用此式可用两种电路来等效压电式传感器。① 电压源等效电路,即一个电压源与一个电容 C_a 串联,如图 6.11(a)所示,此电路输出电压为 $U = \dfrac{Q}{C_a}$。只有在外电路负载无穷大,且内部无漏电时,受力产生的电压 U 才能长期保持不变;如果负载不是无穷大,则电路就要以时间常数按指数规律放电。② 电荷源等效电路,即电荷源与一个电容 C_a 并联,如图 6.11(b)所示,此电路输出电荷为 $Q = UC_a$。此时,该电路被视为一个电荷发生器。

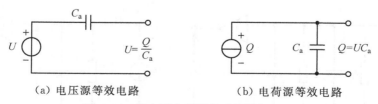

（a）电压源等效电路　　　　　　（b）电荷源等效电路

图 6.11　压电式传感器的理想等效电路

压电式传感器在实际使用时要与测量仪器或测量电路相连接,因此还必须考虑连接电

缆的等效电容 C_c、放大器的输入电阻 R_i 和输入电容 C_i，以及压电式传感器的泄漏电阻 R_a，这样压电式传感器在测量系统中的等效电路如图 6.12 所示。图中 C_a 为传感器的固有电容。

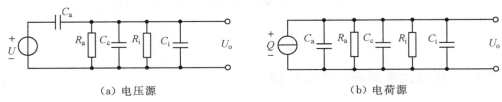

(a) 电压源　　　　　　　　　　　　(b) 电荷源

图 6.12　压电式传感器的实际等效电路

压电式传感器的灵敏度有两种表示方式。① 电压灵敏度：$K_u = \dfrac{U}{F}$，表示单位力所产生的电压；② 电荷灵敏度：$K_q = \dfrac{Q}{F}$，表示单位力所产生的电荷。它们之间的关系是 $K_u = \dfrac{K_q}{C_a}$。

6.4.2　压电式传感器的转换电路

压电元件实际上可以等效为一个电容器，因此，压电式传感器也存在与电容式传感器相同的问题，即具有高内阻（$R_a \geq 10^{10}\ \Omega$）和小功率的问题。对于这些问题，可以使用转换电路来解决。

为保证压电式传感器的测量误差小到一定程度，须要求负载电阻 R_L 要达到一定数值，才能使晶片上的漏电流相应变小，因此要在压电式传感器输出端接入一个输入阻抗很高的前置放大器，然后再接入一般的放大器。其目的是放大传感器输出的微弱信号，并将高阻抗输出转换成低阻抗输出。

根据前面的等效电路，压电式传感器的输出可以是电压，也可以是电荷，因此前置放大器也有两种形式：电压放大器和电荷放大器。

1. 电压放大器

电压放大器又称阻抗变换器，其主要作用是把压电式传感器的高输出阻抗转换为低输出阻抗，并将微弱信号进行适当放大。一般来说，压电式传感器的绝缘电阻 $R_a \geq 10^{10}\ \Omega$，为了尽可能保持压电式传感器的输出值不变，要求前置放大器的输入阻抗尽可能高，一般在 $10^{11}\ \Omega$ 以上。这样才能减少由于漏电造成的电压（或电荷）损失，不致引起过大的测量误差。电压放大器的原理和等效电路如图 6.13 所示。

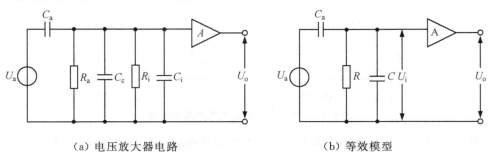

(a) 电压放大器电路　　　　　　　　(b) 等效模型

图 6.13　电压放大器等效电路

将图 6.13(a)中 R_a 和 R_i 并联为等效电阻 R，C_c 和 C_i 并联为等效电容 C，则

$$R=\frac{R_a \cdot R_i}{R_a+R_i} \tag{6-15}$$

$$C=C_c+C_i \tag{6-16}$$

压电式传感器的开路电压 $U_a=\dfrac{Q}{C_a}$，若压电元件沿电轴方向施加交变力 $\dot{F}=F_m\sin\omega t$，则

产生的电荷和电压均按正弦规律变化，压电元件上产生的电荷量为 $Q=d\dot{F}=dF_m\sin\omega t$，其中 d 为压电元件所用压电材料的压电系数。其电压为

$$\dot{U}_a=\frac{dF_m}{C_a}\sin\omega t=U_m\sin\omega t \tag{6-17}$$

式中，U_m 为压电元件输出电压幅值，$U_m=\dfrac{dF_m}{C_a}$。送到放大器输入端的电压为 $\dot{U}_i=\dot{U}_a\dfrac{Z_分}{Z_总}$。

根据图 6.13(b)，求出 $Z_分$ 和 $Z_总$，即可得送到放大器输入端的电压，即

$$\dot{U}_i=\frac{d\dot{F}}{C_a}\cdot\frac{1}{\dfrac{1}{j\omega C_a}+\dfrac{\dfrac{1}{j\omega C}R}{\dfrac{1}{j\omega C}+R}}\cdot\frac{\dfrac{1}{j\omega C}R}{\dfrac{1}{j\omega C}+R}=d\dot{F}\frac{j\omega R}{1+j\omega R(C_a+C)}=d\dot{F}\frac{j\omega R}{1+j\omega R(C_a+C_c+C_i)}$$

因此，前置放大器的输入电压的幅值为

$$U_{im}=\frac{dF_m\omega R}{\sqrt{1+(\omega R)^2(C_a+C_c+C_i)^2}} \tag{6-18}$$

输入电压和作用力之间的相位差为

$$\varphi(\omega)=\frac{\pi}{2}-\arctan[\omega(C_a+C_c+C_i)R] \tag{6-19}$$

在理想情况下，传感器的绝缘电阻 R_a 和前置放大器的输入电阻 R_i 都为无限大，即 $\omega R(C_a+C_c+C_i)\gg 1$，也无电荷泄漏。那么，在理想情况下，前置放大器的理想输入电压的幅值为

$$U_{am}=\frac{dF_m}{C_a+C_c+C_i} \tag{6-20}$$

U_{im} 与 U_{am} 的比值为

$$K(\omega)=\frac{U_{im}}{U_{am}}=\frac{\omega R(C_a+C_c+C_i)}{\sqrt{1+(\omega R)^2(C_a+C_c+C_i)^2}} \tag{6-21}$$

测量电路的时间常数 $\tau=R(C_a+C_c+C_i)$，令 $\omega_n=\dfrac{1}{\tau}=\dfrac{1}{R(C_a+C_c+C_i)}$，则

$$K(\omega)=\frac{U_{im}}{U_{am}}=\frac{\dfrac{\omega}{\omega_n}}{\sqrt{1+\left(\dfrac{\omega}{\omega_n}\right)^2}} \tag{6-22}$$

对应的相位角为

$$\varphi = \frac{\pi}{2} - \arctan\frac{\omega}{\omega_n} \qquad\qquad (6\text{-}23)$$

由此得到电压幅值比和相角与频率比的关系曲线,如图 6.14 所示。当作用于压电元件上的力为静态力($\omega = 0$)时,前置放大器的输入电压等于 0。因为电荷会通过放大器输入电阻和传感器本身的漏电阻释放掉,所以压电式传感器不能用于静态测量。

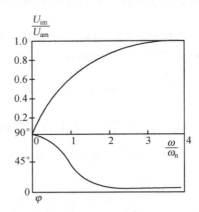

图 6.14 电压幅值比和相角与频率比的关系曲线

当 $\frac{\omega}{\omega_n} \gg 1$,即 $\omega\tau \gg 1$ 时,被测量频率越高(一般只要 $\frac{\omega}{\omega_n} \geqslant 3$),则前置放大器的输入电压与作用力的频率无关,这表明压电式传感器的高频响应特性好。这也是压电式传感器的一个突出优点。

当被测量是缓慢变化的动态量,而测量回路的时间常数又不太大,即 $\omega\tau \ll 1$ 时,则会造成传感器的低频动态误差较大。因此,为了扩大传感器的低频响应范围,就必须尽量提高回路的时间常数。但这不能靠增加测量回路的电容来提高时间常数(输出电压与电容 C 相关),有效的方法是提高测量回路的电阻。由于传感器本身的绝缘电阻一般都很大,所以测量回路的电阻主要取决于前置放大器的输入电阻。放大器的输入电阻越大,测量回路的时间常数就越大,传感器的低频响应特性也就越好。

电压放大器电路简单、元件少、价格便宜、工作可靠,但是电缆长度对传感器测量精度的影响较大(因为电缆长度发生变化,电缆电容 C_c 也将改变,因而放大器的输入电压随之变化,进而引起放大器的输出电压发生变化,使用时更换电缆就要求重新标定),这在一定程度上限制了压电式传感器的使用场合。在实际应用中,为了提高传感器的测量精度,尽量减小电缆长度的影响,可将电压放大器装入压电式传感器内部,组成一体化传感器。

2. 电荷放大器

电荷放大器是一个有反馈电容 C_f 的高增益运算放大器。当略去 R_a 和 R_i 并联的等效电阻 R 后,压电式传感器常使用的电荷放大器可用如图 6.15 所示的等效电路表示,图中 A 为运算放大器的开环增益。由于运算放大器具有极高的输入阻抗,因此放大器的输入端几乎没有分流,电荷 Q 只对反馈电容 C_f 充电,充电电压接近放大器的输出电压,即

$$U_\circ \approx U_{Cf} = -\frac{Q}{C_f} \qquad (6\text{-}24)$$

式中，$U_\circ$ 为放大器输出电压，U_{Cf} 为反馈电容两端的电压。

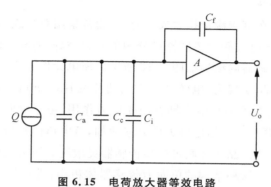

图 6.15　电荷放大器等效电路

由运算放大器的基本特性，可求出电荷放大器的输出电压为

$$U_\circ = -\frac{AQ}{C_a + C_c + C_i + (1+A)C_f} \qquad (6\text{-}25)$$

当 $A \gg 1$，且满足 $(1+A)C_f \gg (C_a + C_c + C_i)$ 时，就可认为 $U_\circ = -\dfrac{Q}{C_f}$。由此可见，电荷放大器的输出电压 $U_\circ$ 和电缆电容 C_c 无关，而与 Q 成正比，这是电荷放大器的最大特点。但与电压放大器相比，其电路复杂，调整困难，成本较高。另外，在实际使用中，传感器与测量仪器总有一定的距离，它们之间由长电缆连接，由于电缆噪声增加，降低了信噪比，使低电平振动的测量受到一定程度的限制。

为提高测量精度，C_f 应具有较好的温度稳定性和时间稳定性。在电荷放大器的实际电路中，考虑到被测量的不同及后级放大器不致因输入信号太大而引起饱和，反馈电容 C_f 应做成可调的，范围一般在 $100 \sim 10\ 000$ pF 之间。电荷放大器处于深度电容负反馈模式，在直流工作时相当于开路状态，故零漂较大而产生误差。为减小零漂，提高电荷放大器的工作稳定性，一般在反馈电容 C_f 的两端并联一个大电阻 R_f（约 10^{10} Ω），以提供直流反馈。

6.5　压电式传感器的应用

＊＊＊＊＊＊＊＊＊＊＊＊＊＊＊＊＊＊＊＊

压电元件是一种典型的力敏元件，通过选取合适的压电材料、变形方式、机械上串联或并联的晶片数目、晶片的几何尺寸和合理的传力结构等就能构成实现力与电转换的压电式传感器的基本结构。因此，凡是能转换成力的被测量如位移、压力、冲击、振动、加速度等，都可用压电式传感器测量。

此外，基于逆压电效应的超声波发生器（换能器）是超声检测仪器的关键器件。逆压电效应还可作为力和运动（位移、速度、加速度）发生器——压电驱动器。利用压电陶瓷的逆压电效应也可实现微位移测量,具有位移分辨率极高(可达 10^{-3} μm 级)、结构简单、尺寸小、发热少、无杂散磁场和便于遥控等特点。

1. 压电式测力传感器

压电式测力传感器在直接测量拉力或压力时,通常采用双片或多片石英晶体作为压电元件。按测力状态分,压电式测力传感器可分为单向力、双向力和三向力传感器。

单向压电石英力传感器的结构如图 6.16 所示。压电元件采用 xy 切型石英晶片,利用其纵向压电效应,通过 d_{11} 实现力-电转换。它用两片晶片(8 mm×1 mm)作为传感元件,被测力通过传力上盖使石英晶片沿电轴方向受压力作用,由于纵向压电效应,石英晶片在电轴方向上产生电荷,两片晶片沿电轴方向并联叠加,负电荷由片形电极输出,压电晶片正电荷一侧与基座连接。两片晶片并联可提高传感器灵敏度。压力元件弹性变形部分较薄,其厚度由测力大小决定。这种结构的单向力传感器体积小,重量轻(仅 10 g),固有频率高(约 50~60 kHz),可检测高达 5 000 N 的动态力,分辨率为 10^{-3} N。

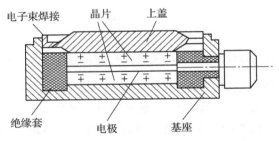

图 6.16　单向压电石英力传感器

2. 压电式加速度传感器

用于测量加速度的传感器很多,压电式加速度传感器是最常用的一种加速度计,其具有一系列优点:体积小,重量轻,坚实牢固,有较好的频率响应特性(几千赫至几十千赫),如果配以电荷放大器,低频响应特性也很好(可低至零点几赫),测量范围大(加速度为 $10^{-5}g$~$10^{-4}g$,g 为重力加速度)等。

图 6.17 所示为压缩式压电加速度传感器结构,压电元件(一般由两片压电晶片并联)置于基座上,上面加一块比重较大的质量块,质量块上用弹簧压紧,从而对压电晶片施加预应力。测量加速度时,被测物体与传感器刚性固定在一起,质量块也受加速度的作用产生一个与加速度成正比的惯性力 F 作用于压电元件上,因而产生电荷 Q。

因为 $F=ma$(m 为重块质量,a 为加速度),当传感器选定后,m 为常数,所以传感器输出电荷为 $Q=d_{ij}F=d_{ij}ma$,可见 Q 与加速度 a 成正比。压电传感器的输出电压 $U=\dfrac{Q}{C}$,若传感器中电容 C 不变,那么 $U=\dfrac{d_{ij}ma}{C}$,因此,可以用电压值表示测量的加速度。

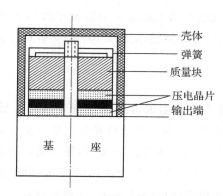

图 6.17　压缩式压电加速度传感器结构

壳体
弹簧
质量块
压电晶片
输出端
基　座

3. 压电式压力传感器

图 6.18 所示是一种压电式压力传感器结构。拉紧的薄壁管给晶片提供预载力,而感受外部压力的是由挠性材料做成的很薄的膜片。预载筒外的空腔可以连接冷却系统,以保证传感器工作在一定的环境温度下,避免因温度变化造成预载力变化,进而引起测量误差。

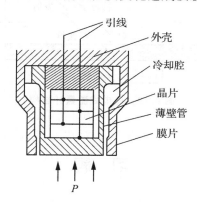

引线
外壳
冷却腔
晶片
薄壁管
膜片

P

图 6.18　压电式压力传感器结构

4. 电子微重力测量传感器

压电材料价廉、结构简单,且输出电压较大,因而在生物医学领域得到了广泛应用。下面介绍一种使用压电晶体的电子微重力测量传感器及其原理。

工业上生产的石英晶体具有很高的纯度,固有频率十分稳定,且其压电振荡频率主要取决于石英晶片的厚度。用于电子微重力测量传感器的石英晶片厚度为 $10\sim15$ mm,采用"Y"形切割的剪切模式,该模式可以克服谐振和泛音造成的干扰。因此,石英晶体的谐振频率极大地依赖于晶体以及涂层的组合质量。例如,现有的石英传感器,其表面吸附的被分析物质引起的谐振频率变化可按下式计算:

$$\Delta f = -2.3 \times 10^6 f^2 \frac{\Delta m}{S} \tag{6-26}$$

式中,f 为晶体频率(Hz),Δm 为晶体吸附的被测物质质量(g),S 为传感器敏感区面积(cm^2)。

利用这一原理,可通过电极上的电解沉淀对溶液中许多化合物进行测量,如可测溶液中的碘化物、铁Ⅲ、铅Ⅱ和铅Ⅲ。当溶液浓度在 $10\sim100$ mol/L 范围内,该方法有很好的线性关系。

5. 压电式流量计

压电式流量计是利用超声波在顺流方向和逆流方向的传播速度不同来进行测量的。压电式流量计结构如图 6.19 所示,其主要元件是压电超声换能器在顺流和逆流的情况下,发射和接收的相位差与流速成正比,根据这一关系,便可精确测定流速,流速乘以管道横截面积便得到流量。这种流量计可以测量各种液体的流速、中压和低压气体的流速,不受被测流体的导电率、黏度、密度和组成成分的影响,其精确度在 $0.01\%\sim0.5\%$。测量时,每隔一段时间(如 $\frac{1}{100}$ s)发射和接收一次。

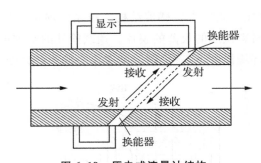

图 6.19   压电式流量计结构

习 题
* * * * * * * * * * * * * *

一、单项选择题

1. 下列关于石英晶体和压电陶瓷的压电效应的说法正确的是(   )。

A. 压电陶瓷比石英晶体的压电效应明显,稳定性也比石英晶体好

B. 压电陶瓷比石英晶体的压电效应明显,稳定性不如石英晶体好

C. 石英晶体比压电陶瓷的压电效应明显,稳定性也比压电陶瓷好

D. 石英晶体比压电陶瓷的压电效应明显,稳定性不如压电陶瓷好

2. 两片压电晶片并联与单片压电晶片相比,下列说法正确的是(   )。

A. 并联时输出电压不变,输出电容是单片时的一半

B. 并联时输出电压不变,电荷量增加了 2 倍

C. 并联时电荷量增加了 2 倍,输出电容为单片时的 2 倍

D. 并联时电荷量增加了 1 倍,输出电容为单片时的 2 倍

3. 石英晶体在沿机械轴 y 方向的力作用下（　　）。

A. 会产生纵向压电效应　　　　　B. 会产生横向压电效应

C. 不会产生压电效应　　　　　　D. 会产生逆向压电效应

4. 在运算放大器放大倍数很大时，压电式传感器输入电路中电荷放大器的输出电压与（　　）成正比。

A. 输入电荷　　　　　　　　　　B. 反馈电容

C. 电缆电容　　　　　　　　　　D. 放大倍数

5. 压电式加速度传感器适合测量（　　）。

A. 任意信号　　　　　　　　　　B. 直流信号

C. 缓变信号　　　　　　　　　　D. 动态信号

二、简答题

1. 什么叫正压电效应？什么叫逆压电效应？

2. 什么叫纵向压电效应？什么叫横向压电效应？

3. 压电式传感器中采用电荷放大器有何优点？

第七章　磁电式传感器

自然界和人类社会生活的许多地方都存在磁场或与磁场相关的信息。永久磁体产生的磁场可作为多种信息的载体。磁电式传感器可用于探测、采集、存储、转换、复现和监控各种磁场和磁场中承载的各种信息。

目前已经出现的半导体磁电式传感器主要有磁电感应式传感器、霍尔传感器、磁敏电阻、磁敏二极管、磁敏三极管以及以这些元器件为磁-电转换器（或称敏感头）的各种半导体磁敏功能器件。

7.1　磁电感应式传感器

＊＊＊＊＊＊＊＊＊＊＊＊＊＊＊＊＊＊＊＊＊

磁电感应式传感器是通过电磁感应原理将被测量（如振动、转速、扭矩）转换成电势信号。电磁感应原理就是利用导体和磁场发生相对运动而在导体两端输出感应电动势。磁电式传感器属于机-电能量变换型传感器，其优点是不需要辅助电源就能把被测对象的机械量转换成易于测量的电信号，是有源传感器。由于它输出功率大且性能稳定，具有一定的工作带宽（10～1 000 Hz），所以得到普遍应用。

7.1.1　磁电感应式传感器的工作原理

根据法拉第电磁感应定律：

$$E = -k \frac{\mathrm{d}\Phi}{\mathrm{d}t} \tag{7-1}$$

式中，k 为比例系数，E 为感应电动势，Φ 为磁通量。当 E 的单位为伏特（V），Φ 的单位为韦伯（Wb），t 的单位为秒（s）时，$k=1$，此时感应电动势为

$$E = -\frac{\mathrm{d}\Phi}{\mathrm{d}t} \tag{7-2}$$

如果线圈是 N 匝，磁场强度是 B，每匝线圈的平均长度为 l_a，线圈相对磁场运动的速度为 $v = \frac{\mathrm{d}x}{\mathrm{d}t}$，则整个线圈中所产生的电动势为

$$E = -N\frac{\mathrm{d}\Phi}{\mathrm{d}t} = -NBl_a\frac{\mathrm{d}x}{\mathrm{d}t} = -NBl_av \tag{7-3}$$

由式(7-3)可知,线圈相对磁场磁通的变化率是由磁场强度、磁路磁阻及线圈的运动速度决定的。

磁电感应式传感器可分为恒磁通式和变磁通式(磁阻式)两种类型,其中恒磁通式又可分为动圈式和动铁式。磁电感应式传感器可用于测定速度,即在信号调节电路中接积分电路或微分电路,用来测量位移或加速度。

7.1.2 动圈式磁电感应式传感器

1. 动圈式磁电感应式传感器的原理

图 7.1 所示为动圈式磁电感应式传感器原理图。如果线圈运动部分的磁场强度 B 是均匀的,则当线圈与磁场的相对速度为 v 时,线圈的感应电动势为

$$E = NBl_av\sin\alpha \tag{7-4}$$

式中,α 为运动方向与磁场方向的夹角。当 $\alpha = 90°$,线圈的感应电动势为

$$E = NBl_av \tag{7-5}$$

当 N、B 和 l_a 恒定不变时,E 与 $v = \dfrac{\mathrm{d}x}{\mathrm{d}t}$ 成正比,根据感应电动势 E 的大小就可以知道被测速度的大小。

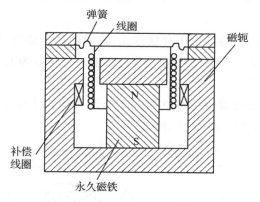

图 7.1 动圈式磁电感应式传感器原理图

2. 动圈式磁电感应式传感器的结构

动圈式磁电感应式传感器主要由磁路系统和线圈构成。磁路系统产生恒定直流磁场。为减小传感器的体积,磁路系统一般都采用永久磁铁。线圈通过运动切割磁力线,产生感应电动势。除了磁路系统和线圈外,动圈式磁电感应式传感器还有一些其他元件,如壳体、支承、阻尼器、接线装置等,如图 7.2 所示。

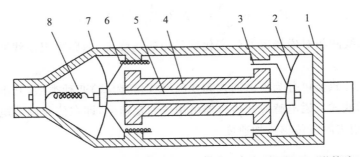

1—外壳；2—弹簧片；3—阻尼器；4—永久磁铁；5—芯杆；6—线圈；7—弹簧片；8—引线。

图 7.2 动圈式磁电感应式传感器的结构原理图

动圈式磁电感应式传感器在使用时，与被测物体紧固在一起，当物体振动时，传感器外壳随之振动，此时线圈、阻尼器和芯杆构成的整体由于惯性而不随之振动，因此它们与壳体产生相对运动，位于磁路气隙间的线圈切割磁力线，于是线圈就产生正比于振动速度的感应电动势。该电动势与速度一一对应，可直接测量速度，经过积分电路或微分电路便可测量位移或加速度。

7.1.3 磁阻式磁电感应式传感器

磁阻式磁电感应式传感器中线圈和磁铁部分都是静止的，与被测物体连接且运动的部分是用导磁材料制成的，在运动时，它们改变磁路的磁阻，从而改变贯穿线圈的磁通，在线圈中产生感应电动势。

磁阻式磁电感应式传感器可用于测量转速，线圈中产生感应电动势的频率作为输出，而感应电动势的频率取决于磁通变化的频率。从结构上可分为开磁路和闭磁路磁阻式转速传感器。

开磁路磁阻式转速传感器的结构如图 7.3 所示，其结构比较简单，输出信号较小，当被测轴振动较大时，传感器输出波形失真较大。

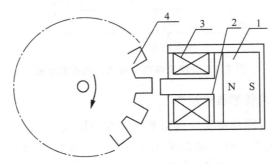

1—永久磁铁；2—软铁；3—感应线圈；4—齿轮。

图 7.3 开磁路磁阻式转速传感器结构示意图

闭磁路磁阻式转速传感器的结构如图 7.4 所示，其主要用于振动强的场合，且有下限工作频率(50 Hz)，传感器的输出电势取决于线圈中磁场变化速度。

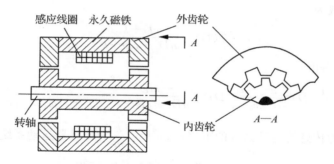

图 7.4　闭磁路磁阻式转速传感器结构示意图

7.1.4　磁电感应式传感器的动态特性

磁电感应式传感器的动态特性是一个二阶系统,可等效为机械系统,如图 7.5 所示。图中 v_0 为传感器外壳的运动速度,即被测物体运动速度;v_m 为传感器惯性质量块的运动速度。若 $v(t)$ 为惯性质量块相对外壳的运动速度,则运动方程为

$$m \frac{\mathrm{d}v(t)}{\mathrm{d}t} + cv(t) + k \int v(t)\mathrm{d}t = -m \frac{\mathrm{d}v_0(t)}{\mathrm{d}t} \tag{7-6}$$

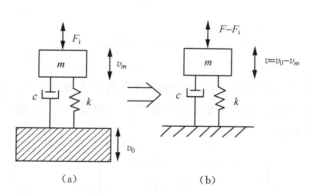

图 7.5　磁电感应式传感器等效为一个二阶机械系统

下面从位移的角度来描述该二级系统的动态特性。设 x_0 是被测物体(振动体)的绝对位移,也是传感器外壳的绝对位移,x_m 是传感器惯性质量块的绝对位移,x 是惯性质量块与传感器外壳(被测振动体)之间的相对位移。根据牛顿第二定律,有

$$m \frac{\mathrm{d}^2 x_m}{\mathrm{d}t^2} = -c \frac{\mathrm{d}x}{\mathrm{d}t} - kx \tag{7-7}$$

因为 $x = x_m - x_0$,式(7-7)可表示为

$$m \frac{\mathrm{d}^2 x_m}{\mathrm{d}t^2} = -c \frac{\mathrm{d}}{\mathrm{d}t}(x_m - x_0) - k(x_m - x_0) \tag{7-8}$$

令微分算子 $D = \dfrac{\mathrm{d}}{\mathrm{d}t}$,式(7-8)可表示为

$$(mD^2 + cD + k)x_m = (cD + k)x_0 \tag{7-9}$$

传感器的传递函数为

$$\frac{x_m}{x_0}(D)=\frac{cD+k}{mD^2+cD+k} \tag{7-10}$$

因为 $x=x_m-x_0$，所以

$$\frac{x}{x_0}(D)=\frac{x_m-x_0}{x_0}(D)=\frac{-mD^2}{mD^2+cD+k}=\frac{-D^2}{D^2+2\xi\omega_n D+\omega_n^2} \tag{7-11}$$

式中，$\xi=\dfrac{c}{2\sqrt{mk}}$ 为传感器运动系统的阻尼比，$\omega_n=\sqrt{\dfrac{k}{m}}$ 为传感器运动系统的固有角频率。

若被测物体做简谐振动，将 $D=\mathrm{j}\omega$ 代入式(7-11)中，可得

$$\frac{x}{x_0}(\mathrm{j}\omega)=\frac{\left(\dfrac{\omega}{\omega_n}\right)^2}{1-\left(\dfrac{\omega}{\omega_n}\right)^2+2\mathrm{j}\xi\dfrac{\omega}{\omega_n}} \tag{7-12}$$

式中，ω 为被测振动的角频率。由此可得传感器的幅频特性和相频特性分别为

$$\begin{cases} A_v(\omega)=\dfrac{\left(\dfrac{\omega}{\omega_n}\right)^2}{\sqrt{\left[1-\left(\dfrac{\omega}{\omega_n}\right)^2\right]^2+\left(2\xi\dfrac{\omega}{\omega_n}\right)^2}} \\[20pt] \varphi_v(\omega)=-\arctan\dfrac{2\xi\dfrac{\omega}{\omega_n}}{1-\left(\dfrac{\omega}{\omega_n}\right)^2} \end{cases} \tag{7-13}$$

磁电感应式速度传感器的频率响应特性曲线如图 7.6 所示。只有在 $\omega\gg\omega_n$ 的情况下，$A_v(\omega)\approx1$，相对速度 $v(t)$ 的大小才可以作为被测振动速度 $v_0(t)$ 的量度。因此磁电感应式速度传感器的频率较低，一般为 10~15 Hz。

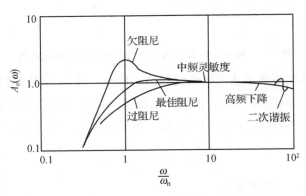

图 7.6　磁电式速度传感器的频率响应特性曲线

7.2　霍尔传感器

* * * * * * * * * * * * * *

7.2.1　霍尔传感器的工作原理

霍尔元件是一种磁电式传感器,其工作机理是霍尔效应。如图7.7所示,在与强度为B的磁场垂直的半导体薄片的两边通以控制电流I,当磁场垂直于薄片时,电子受到洛伦兹力的作用,向内侧偏移,在半导体薄片另外两边会产生一个大小与I和B乘积成正比的电势U_H,这一现象称为霍尔效应,该电势称为霍尔电势,半导体薄片就是霍尔元件。

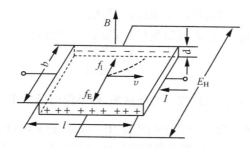

图7.7　霍尔效应原理图

接下来分析具体的运动过程。导电板中的电流使金属中自由电子在电场作用下定向运动。此时,每个电子受洛伦兹力f_1的作用,f_1的大小为$f_1 = eBv$,式中e为电子电荷,v为电子运动的平均速度,B为磁场的磁感应强度。图7.7中f_1的方向是向内的,此时电子除了沿电流反方向定向运动外,还在f_1的作用下漂移,结果使金属导电板内侧面积累电子,而外侧面积累正电荷,从而形成了附加内电场E_H,称为霍尔电场。该电场强度为

$$E_H = \frac{U_H}{b} \tag{7-14}$$

式中,U_H为电位差。

霍尔电场的出现,使定向运动的电子除了受洛伦兹力作用外,还受到霍尔电场力的作用,其力的大小为eE_H,此力阻止电荷继续积累。随着内、外侧面积累电荷的增加,霍尔电场增大,电子受到的霍尔电场力也增大,当电子所受洛伦兹力与霍尔电场力大小相等、方向相反时,即

$$eE_H = eBv \Rightarrow E_H = Bv \tag{7-15}$$

电荷不再向两侧面积累,达到平衡状态。

若金属导电板单位体积内电子数为n,电子定向运动的平均速度为v,则激励电流$I = nevbd$,即

$$v = \frac{I}{nebd} \tag{7-16}$$

将式(7-16)代入式(7-15)和式(7-14),可得

$$\begin{cases} E_H = \dfrac{BI}{nebd} \\ U_H = \dfrac{BI}{ned} \end{cases} \tag{7-17}$$

令 $R_H = \dfrac{1}{ne}$,称之为霍尔系数(反映霍尔效应强弱),将其代入式(7-17),可得

$$U_H = \frac{R_H BI}{d} = K_H BI \tag{7-18}$$

霍尔系数的大小取决于导体载流子密度,而金属的自由电子密度太大,因而霍尔常数小,霍尔电势也小,所以金属材料不宜制作霍尔元件。此外,霍尔电势与导体厚度 d 成反比,为了提高霍尔电势值,霍尔元件应制成薄片形状。

式(7-18)中,K_H 称为霍尔片的灵敏度(灵敏系数),其值为

$$K_H = \frac{R_H}{d} = \frac{1}{ned} \tag{7-19}$$

由电阻率 $\rho = \dfrac{1}{ne\mu}$,得 $R_H = \rho\mu$,μ 为载流子的迁移率,即单位电场作用下载流子的运动速度。半导体中电子的迁移率(电子定向运动的平均速度)比空穴迁移率高,因此 N 型半导体较适合制造灵敏度高的霍尔元件。霍尔传感器的最佳半导体材料是硅(Si)、锗(Ge)和砷化镓(GaAs)。

7.2.2 霍尔元件的结构和基本电路

霍尔元件的结构很简单,它是由霍尔片、四根引线和壳体组成的,如图 7.8(a)所示。霍尔片是一块矩形半导体单晶薄片,引出四根引线,其中 1 和 1′ 两根引线加激励电压或电流,称为激励电极(控制电极);2 和 2′ 引线为霍尔输出引线,称为霍尔电极。霍尔元件的壳体是用非导磁金属、陶瓷或环氧树脂封装的。在电路中,霍尔元件一般可用两种符号表示,如图 7.8(b)所示。霍尔电极的位置如图 7.8(c)所示,基本测量电路如图 7.8(d)所示。

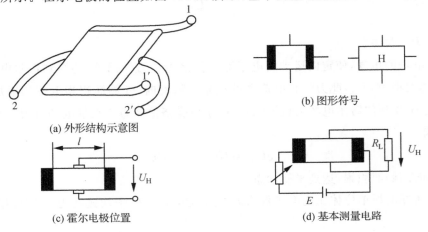

(a) 外形结构示意图

(b) 图形符号

(c) 霍尔电极位置

(d) 基本测量电路

图 7.8 霍尔元件

7.2.3 霍尔元件的主要特性参数

1. 额定激励电流和最大允许激励电流

① 额定激励电流：当霍尔元件在空气中产生 10 ℃的温升时，所施加的控制电流值。

② 最大允许控制电流：以元件允许的最大温升为限制所对应的激励电流值。

2. 输入电阻和输出电阻

① 输入电阻：激励电极间的电阻值称为输入电阻。

② 输出电阻：霍尔电极输出电势对电路外部来说相当于一个电压源，其电源内阻即为输出电阻。

以上电阻值是在磁感应强度为零，且环境温度在 20 ℃±5 ℃时所确定的。

3. 不等位电势和不等位电阻

当霍尔元件的激励电流为 I 时，若元件所处位置的磁感应强度为零，则它的霍尔电势应为零，但实际不为零。这时测得的空载霍尔电势称为不等位电势，如图 7.9 所示。产生这一现象的原因有：① 霍尔电极安装位置不对称或不在同一等电位面上；② 半导体材料不均匀造成电阻率不均匀，或几何尺寸不均匀；③ 激励电极接触不良造成激励电流不均匀分布等。

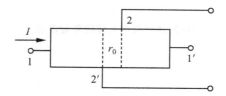

图 7.9 不等位电势示意图

不等位电势也可用不等位电阻表示，即

$$r_0 = \frac{U_0}{I} \tag{7-20}$$

由式（7-20）可看出，不等位电势就是激励电流流经不等位电阻 r_0 所产生的电压。

4. 寄生直流电势

寄生直流电势是霍尔元件零位误差的一部分。当外加磁场为零，霍尔元件用交流激励时，霍尔电极除了输出交流不等位电势外，还输出直流电势，称为寄生直流电势。控制电极和霍尔电极与基片的连接是非完全欧姆接触时，会产生整流效应。两个霍尔电极焊点的不一致，会引起两电极温度不同，进而产生温差电势。

5. 霍尔电势温度系数

在一定磁感应强度和激励电流下，温度每变化 1 ℃时，霍尔电势变化的百分率称为霍尔电势温度系数，它也是霍尔系数的温度系数。

7.2.4 霍尔元件误差及补偿

1. 不等位电势误差的补偿

不等位电势与霍尔电势具有相同的数量级,有时甚至超过霍尔电势,而实际应用中要消除不等位电势误差是极其困难的,因而必须采用补偿的方法。分析不等位电势时,可以把霍尔元件等效为一个电桥,用分析电桥平衡来补偿不等位电势。可以把霍尔元件视为一个四臂电阻电桥,不等位电势就相当于电桥的初始不平衡输出电压。

图 7.10 所示为霍尔元件的等效电路,其中 A、B 为霍尔电极,C、D 为激励电极,电极分布电阻分别用 r_1、r_2、r_3、r_4 表示,把它们看作电桥的四个桥臂。此时可根据 A、B 两点电位的高低判断应在某一桥臂上并联一定的电阻,使电桥达到平衡,从而使不等位电势为零。不等位电势的补偿电路如图 7.11 所示。

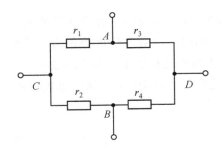

图 7.10 霍尔元件的等效电路

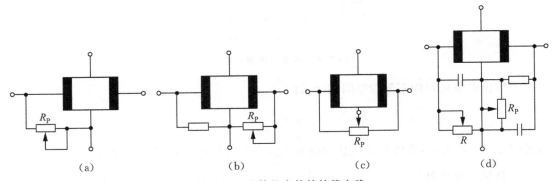

图 7.11 不等位电势的补偿电路

2. 温度误差及其补偿

温度误差即霍尔元件的内阻(输入、输出电阻)随温度的变化。霍尔元件产生温度误差的原因:霍尔元件的基片是半导体材料,因而对温度的变化很敏感。其载流子浓度和载流子迁移率、电阻率和霍尔系数都是温度的函数。当温度变化时,霍尔元件的一些特性参数,如霍尔电势、输入电阻和输出电阻等都要发生变化,从而使霍尔传感器产生温度误差。

为减小霍尔元件的温度误差,可采用如下方法:① 选用温度系数小的元件;② 采用恒温措施;③ 采用恒流源供电。

下面具体分析采用恒流源温度补偿方法减少温度误差的原理。霍尔元件的灵敏系数 K_H 也是温度的函数,随温度的变化将引起霍尔电势的变化。霍尔元件的灵敏系数与温度的关系为

$$K_H = K_{H0}(1 + \alpha \Delta T) \tag{7-21}$$

式中,K_{H0} 是温度为 T_0 时的灵敏系数,$\Delta T = T - T_0$ 是温度变化量,α 为霍尔电势温度系数。大多数霍尔元件的温度系数 α 是正值时,它们的霍尔电势随温度的升高而增加 $\alpha \Delta T$ 倍。同时,让控制电流 I_s 相应地减小,能保持 $K_H I_s$ 不变就可抵消灵敏系数值增加带来的影响。

图 7.12 所示就是按上述原理设计的一个补偿效果较好的简单补偿电路。电路中 I_s 为恒流源,分流电阻 R_p 与霍尔元件的激励电极并联。当霍尔元件的输入电阻随温度升高而增加时,分流电阻 R_p 自动地增大分流,减小霍尔元件的激励电流 I_H,从而达到补偿的目的。

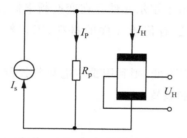

图 7.12　恒流源温度补偿电路

在图 7.12 中,设初始温度为 T_0,霍尔元件输入电阻为 R_{i0},灵敏系数为 K_{H0},分流电阻为 R_{p0},根据分流概念得

$$I_{H0} = \frac{R_{p0} I_s}{R_{p0} + R_{i0}} \tag{7-22}$$

当温度升至 T 时,电路中各参数变为

$$\begin{cases} R_i = R_{i0}(1 + \delta \Delta T) \\ R_p = R_{p0}(1 + \beta \Delta T) \end{cases} \tag{7-23}$$

式中,δ 为霍尔元件输入电阻温度系数,β 为分流电阻温度系数。则

$$I_H = \frac{R_p I_s}{R_p + R_i} = \frac{R_{p0}(1 + \beta \Delta T) I_s}{R_{p0}(1 + \beta \Delta T) + R_{i0}(1 + \delta \Delta T)} \tag{7-24}$$

虽然温度升高了 ΔT,为使霍尔电势不变,补偿电路必须满足温升前后的霍尔电势不变,即 $U_{H0} = U_H$,则

$$K_{H0} I_{H0} B = K_H I_H B \Rightarrow K_{H0} I_{H0} = K_H I_H \tag{7-25}$$

经整理并略去 $\alpha \beta (\Delta T)^2$ 高次项后得

$$R_{p0} = \frac{(\delta - \beta - \alpha) R_{i0}}{\alpha} \tag{7-26}$$

当霍尔元件选定后,它的输入电阻 R_{i0} 和温度系数 δ 及霍尔电势温度系数 α 是确定值。由式(7-26)即可计算出分流电阻 R_{p0} 及所需的温度系数 β 的值。为了满足 R_{p0} 及 β 两个条

件,分流电阻可取温度系数不同的两种电阻的串、并联组合,这样虽然麻烦但效果很好。

7.2.5　霍尔传感器的应用

由于霍尔传感器具有在静止状态下感受磁场的独特能力,而且具有结构简单、体积小、重量轻、频带宽、动态特性好和寿命长等优点,因此在测量、自动化处理和信息处理等方面有着广泛的应用。霍尔传感器主要有以下三个方面的用途:

① 控制电流不变时,使传感器处于非均匀磁场中,则传感器的霍尔电势正比于磁感应强度,利用这一关系可测量位置、角度或励磁电流的变化,如测量磁场、转速、表面光洁度等。

② 当控制电流与磁感应强度皆为变量时,传感器的输出与这两者的乘积成正比。这方面的应用有乘法器、功率计,以及除法、倒数、开方等运算器。此外,霍尔传感器也可用于混频、调制、解调等环节中,但由于霍尔元件存在变换频率低、温度影响较显著等缺点,在这方面应用受到一定的限制,这有待于元件的材料、工艺等方面的改进或电路上的补偿措施。

③ 若保持磁感应强度恒定不变,则利用霍尔电势与控制电流成正比的关系,可以组成回转器、隔离器和环行器等控制装置。

1. 霍尔式位移传感器

图 7.13(a)所示是磁场强度相同的两块永久磁铁,同极性相对放置,霍尔元件位于两块磁铁的中间。由于磁铁中间的磁感应强度 $B=0$,因此霍尔元件输出的霍尔电势 U_H 也等于零,此时位移 $\Delta x=0$。若霍尔元件在两块磁铁中产生相对位移,霍尔元件感受到的磁感应强度也随之改变,这时 U_H 不为零,其量值大小反映霍尔元件与磁铁之间相对位置的变化量。这种结构的传感器,其动态范围可达 5 mm,分辨率为 0.001 mm。

图 7.13(b)所示是一种结构简单的霍尔位移传感器,是由一块永久磁铁组成磁路的传感器,在霍尔元件处于初始位置即 $\Delta x=0$ 时,霍尔电势 U_H 不等于零。

图 7.13(c)所示是一个由两个结构相同的磁路组成的霍尔式位移传感器,为了获得较好的线性分布,在磁极端面装有极靴,霍尔元件调整好初始位置,可以使霍尔电势 $U_H=0$。这种传感器灵敏度很高,但它所能检测的位移量较小,适用于微位移量及振动的测量。

（a）磁场强度相同的传感器　　（b）简单的位移传感器　　（c）结构相同的位移传感器

图 7.13　霍尔式位移传感器的工作原理图

2. 霍尔计数装置

霍尔集成元件是将霍尔元件和放大器等集成在一块芯片上,由霍尔元件、放大器、电压调整电路、电流放大输出电路、失调调整及线性度调整电路等几部分组成,且有三端"T"形单端输出和八脚双列直插型双端输出两种结构。其特点是输出电压在一定范围内与磁感应强度呈线性关系。

霍尔开关传感器 SL3501 是具有较高灵敏度的霍尔集成元件,能感受到很小的磁场变化,因而可对黑色金属零件进行计数检测。图 7.14 所示是对钢球进行计数的工作示意图和电路图。当钢球通过霍尔开关传感器时,传感器可输出峰值为 20 mV 的脉冲电压,该电压经运算放大器(μA741)放大后,驱动半导体三极管 V(2N5812)工作,V 输出端便可接计数器进行计数,并由显示器显示检测数值。

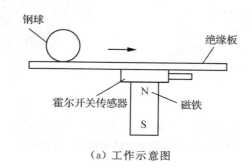

（a）工作示意图

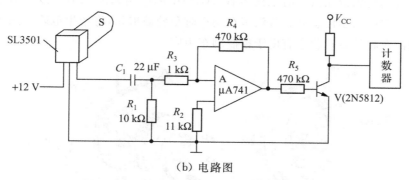

（b）电路图

图 7.14　霍尔计数装置的工作示意图及电路图

3. 霍尔式转速传感器

图 7.15 所示是几种不同结构的霍尔式转速传感器。转盘的输入轴与被测转轴相连,当被测转轴转动时,转盘随之转动,固定在转盘附近的霍尔传感器便可在每一个小磁铁通过时产生一个相应的脉冲,检测出单位时间的脉冲数,便可得到被测转速。根据磁性转盘上小磁铁数目的多少就可确定传感器测量转速的分辨率。

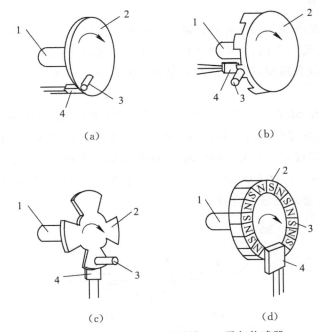

（a）　　　　　　　　　　　　　（b）

（c）　　　　　　　　　　　　　（d）

1—输入轴；2—转盘；3—小磁铁；4—霍尔传感器。

图 7.15　几种霍尔式转速传感器的结构

　　霍尔式转速传感器在汽车防抱死装置（ABS）中的应用如图 7.16 所示，图中箭头所指为带有微型磁铁的霍尔传感器。若汽车在刹车时车轮被抱死，将产生危险。用霍尔式转速传感器来检测车轮的转动状态有助于控制刹车力度。

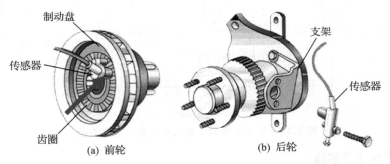

制动盘

传感器

齿圈

（a）前轮

支架

传感器

（b）后轮

图 7.16　霍尔式转速传感器在汽车防抱死装置中的应用

4. 霍尔式微压力传感器

　　霍尔式微压力传感器的原理如图 7.17 所示。被测压力使弹性波纹膜盒膨胀，带动杠杆向上移动，使霍尔元件在磁路系统中运动，改变霍尔元件在磁场中所受力的大小及方向，引起霍尔电势的大小和极性的改变。由于波纹膜盒及霍尔元件的灵敏度很高，所以该传感器可用于测量微小压力的变化。

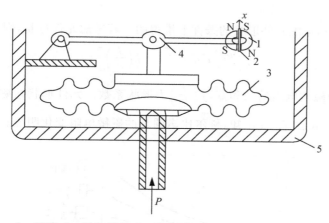

1—磁路；2—霍尔元件；3—波纹膜盒；4—杠杆；5—外壳。

图 7.17 霍尔式微压力传感器原理图

7.3 磁敏电阻

* * * * * * * * * * * * * *

　　磁敏电阻是利用磁阻效应制成的一种磁敏元件，可应用于磁场探测仪、位移和角度检测器、安培计及磁敏交流放大器等。

7.3.1 磁阻效应

　　将载流导体（金属或半导体）置于外磁场中，会产生霍尔效应，同时其电阻随磁场的变化而变化，这种现象被称为磁阻效应。当温度恒定时，在磁场内，磁阻与磁感应强度 B 的平方成正比。磁阻效应与材料的性质及几何形状有关，一般迁移率大的材料，磁阻效应愈显著；元件的长、宽比愈小，磁阻效应愈大。

　　磁阻效应与霍尔效应的区别：霍尔电势是指垂直于电流方向的横向电压，而磁阻效应则是沿电流方向的电阻变化。

　　当温度恒定、磁场较弱，且只有电子导电时，磁阻效应方程为

$$\rho_B = \rho_0(1+0.273\mu^2 B^2) \tag{7-27}$$

式中，ρ_B 为磁感应强度为 B 时的电阻率，ρ_0 为零磁场下的电阻率，μ 为电子迁移率。

　　电阻率的相对变化为

$$\frac{\Delta\rho}{\rho_0} = 0.273\mu^2 B^2 = K\mu^2 B^2 \tag{7-28}$$

由式（7-28）可知，在磁感应强度 B 一定时，迁移率越高的材料［如锑化铟（InSb）、砷化铟（InAs）、锑化镍（NiSb）等半导体材料］磁阻效应越明显。当材料中仅存在一种载流子时磁阻效应几乎可以忽略，此时霍尔效应更明显。在电子和空穴都存在的材料（如 InSb）中，磁

阻效应很强。

式(7-28)是在不考虑元件形状的条件下推得的。若考虑元件形状,则有

$$\frac{\Delta\varrho}{\rho_0} \approx K\mu^2 B^2 \left[1 - f\left(\frac{l}{b}\right)\right] \tag{7-29}$$

式中,l 和 b 分别为磁敏电阻的长和宽,$f\left(\dfrac{l}{b}\right)$ 为形状系数。元件形状与磁阻效应的关系曲线如图 7.18 所示。由图 7.18 可知,科尔比诺圆盘的磁敏电阻变化明显。

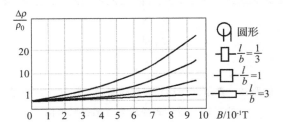

图 7.18　元件形状与磁阻效应的关系曲线

7.3.2　磁敏电阻的基本特性

1. 灵敏度特性

磁敏元件的电阻值与磁场的极性无关,它只随磁场强度的增加而增加。在 0.1 T 以下的弱磁场中,曲线呈现平方特性,而超过 0.1 T 后曲线按线性变化,与磁场的正负无关。

2. 电阻-温度特性

半导体磁敏元件的温度特性表现不好。元件的电阻值在温度变化范围不大时减小得很快。在实际应用时,一般都要设计温度补偿电路。

3. 频率特性

磁敏元件的工作频率范围较大,电磁感应的范围比霍尔元件大。

7.3.3　磁敏电阻的应用

磁敏电阻主要用于识别磁性墨水的图形和文字,在自动测量技术中检测微小磁信号,如录音机、录像机的磁带、磁盘,防伪纸币、票据、信用(磁)卡上用的磁性油墨等;也可测磁性齿轮、磁性墨水、磁性条形码,识别有机磁性(自动售货机)。

7.4 磁敏二极管和磁敏三极管

❋❋❋❋❋❋❋❋❋❋❋❋❋❋❋❋❋❋❋❋❋

7.4.1 磁敏二极管的结构和工作原理

磁敏二极管的 P 型和 N 型电极由高阻材料制成。在 P、N 之间有一个较长的本征区 I,本征区的一面磨成光滑的复合表面(I 区),另一面打毛,设置成高复合区(r 区),其目的是使电子-空穴对易在粗糙表面复合而消失。当通以正向电流后就会在 P、I、N 结之间形成电流。由此可知,磁敏二极管是 PIN 型的。

磁敏二极管是利用半导体中载流子的复合作用而制成。如图 7.19(a)所示,当磁敏二极管未受到外界磁场作用时,外加正偏压,则有大量的空穴从 P 区通过 I 区进入 N 区,同时也有大量电子注入 P 区,形成电流。只有少量电子和空穴在 I 区复合。当磁敏二极管受到外界磁场 B^+(正向磁场)作用时,如图 7.19(b)所示,则电子和空穴受到洛伦兹力的作用而向 r 区偏转,由于 r 区的电子和空穴复合速度比光滑面 I 区快,因此形成的电流因复合速度变快而减小;当磁敏二极管受到外界磁场 B^-(反向磁场)作用时,如图 7.19(c)所示,电子、空穴受到洛伦兹力作用而向 I 区偏移,由于电子与空穴的复合率明显变小,则电流变大。上述分析表明,磁敏二极管在磁场强度变化时,其电流发生变化,故可实现磁电转换。

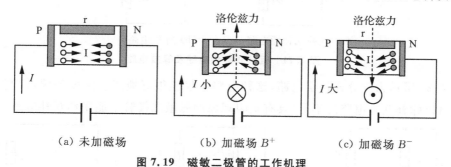

（a）未加磁场   （b）加磁场 B^+ （c）加磁场 B^-

图 7.19 磁敏二极管的工作机理

7.4.2 磁敏二极管的主要特性

1. 磁电特性(灵敏度)

在给定条件下,磁敏二极管输出的电压变化与外加磁场的关系称为磁敏二极管的磁电特性。磁敏二极管通常有单只使用和互补使用两种方式。单只使用时,正向磁灵敏度大于反向;互补使用时,正、反向磁灵敏度曲线对称,且在弱磁场下有较好的线性。

2. 伏安特性

磁敏二极管正向偏压和通过其上电流的关系被称为磁敏二极管的伏安特性。不同材料的磁敏二极管在不同磁场强度的作用下,其伏安特性不一样(图7.20)。

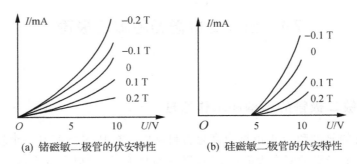

(a) 锗磁敏二极管的伏安特性   (b) 硅磁敏二极管的伏安特性

图7.20 伏安特性曲线

3. 温度特性

一般情况下,磁敏二极管受温度影响较大,故在实际使用时,必须对其进行温度补偿。常用的温度补偿电路有互补式、差分式、全桥式和热敏电阻四种。

互补式补偿电路是选择两只性能相近的磁敏二极管,按相反极性组合,即将它们面对面(或者背对背)。图7.21所示为互补式补偿电路及其等效电路。

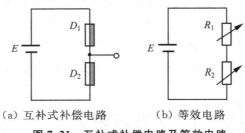

(a) 互补式补偿电路   (b) 等效电路

图7.21 互补式补偿电路及等效电路

图7.22所示为差分式补偿电路,这种电路不仅能很好地实现温度补偿,提高灵敏度,而且还可以弥补互补电路的不足(具有负阻现象的磁敏二极管不能用作互补电路)。

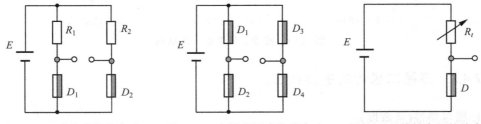

图7.22 差分式补偿电路   **图7.23 全桥式温度补偿电路**   **图7.24 热敏电阻补偿电路**

图7.23所示为全桥式温度补偿电路。全桥电路是将两个互补电路并联而成,输出电压是差分电路的两倍。由于要选择四只性能相同的磁敏二极管,因此在实际应用中具有一定的困难。

图7.24所示为热敏电阻补偿电路,其主要是利用热敏电阻随温度的变化使分压系数保持不变,是一种常用的温度补偿电路,成本较低。

7.4.3 磁敏三极管的结构和工作原理

磁敏三极管是在弱 P 型或弱 N 型本征半导体上用合金法或扩散法形成发射极、基极和集电极,基区较长,其结构如图 7.25(a)所示。基区结构类似于磁敏二极管,有高复合速率的 r 区和本征 I 区。长基区分为运输基区和复合基区。磁敏三极管在电路中的符号如图 7.25(b)所示。

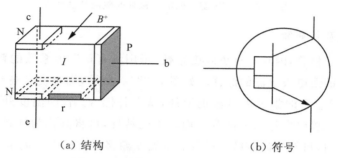

(a) 结构　　　　　　　　　　(b) 符号

图 7.25　磁敏三极管的结构和符号

图 7.26 所示为磁敏三极管的工作原理。当未加磁场时,由于基区宽度大于载流子的有效扩散长度,大部分载流子通过 e-I-b,形成基极电流。少数载流子输入 c 极,形成了基极电流大于集电极电流的情况,使 $\beta=\dfrac{I_c}{I_b}<1$。当加磁场 B^+ 时,由于磁场的作用,洛伦兹力使载流子偏向发射结的一侧,导致集电极电流显著下降;当加磁场 B^- 时,在反向磁场的作用下,载流子向集电极一侧偏转,使集电极电流增大。磁敏三极管在正、反向磁场作用下,其集电极电流出现明显变化,这样就可以利用磁敏三极管来测量弱磁场、电流、转速、位移等物理量。

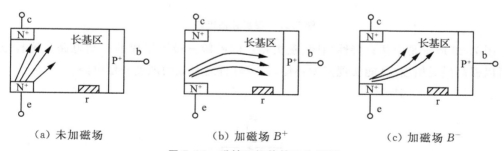

(a) 未加磁场　　　　　　(b) 加磁场 B^+　　　　　　(c) 加磁场 B^-

图 7.26　磁敏三极管的工作原理

7.4.4 磁敏三极管的主要特性

1. 磁电特性

NPN 型锗磁敏三极管的磁电特性曲线如图 7.27 所示,在弱磁场作用下,曲线接近一条直线。

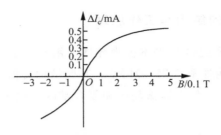

图 7.27　NPN 型锗磁敏三极管的磁电特性曲线

2. 温度特性及其补偿

对于硅磁敏三极管,因其具有负温度系数,可用具有正温度系数的普通硅三极管来补偿因温度而产生的集电极电流的漂移。如图 7.28(a)所示,当温度升高时,V_1 管集电极电流 I_C 增加,导致 V_m 管的集电极电流也增加,从而补偿 V_m 管因温度升高而导致 I_C 的下降。利用锗磁敏二极管电流随温度升高而增加的特性,可将其作为硅磁敏三极管的负载,从而当温度升高时,可补偿硅磁敏三极管的负温度漂移系数所引起的电流下降,如图 7.28(b)所示。

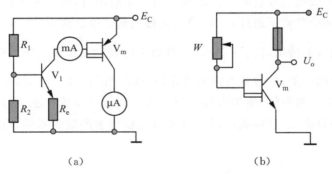

图 7.28　温度补偿电路

图 7.29 所示是由两只特性相同、磁极相反的磁敏三极管组成的差动电路。这种电路既可以提高磁灵敏度,又能实现温度补偿,是一种行之有效的温度补偿电路。

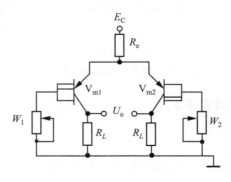

图 7.29　差动温度补偿电路

7.4.5　磁敏二极管和磁敏三极管的应用

1. 磁敏二极管的应用

磁敏二极管是采用电子与空穴双重注入效应及复合效应工作的,具有很高的灵敏度。由于磁敏二极管在正、负磁场作用下,其输出信号增量的方向不同,因此可利用这一点判别磁场方向。此外,磁敏二极管是一种新型的磁电转换器件,比霍尔元件的探测灵敏度高,且具有体积小、响应快、无触点、输出功率大及线性好等优点。该器件在磁力探测、无触点开关、位移测量、转速测量及其他各种自动化设备上得到了广泛的应用。

2. 磁敏三极管的应用

磁敏三极管可用于位移的测量,如图 7.30 所示。由磁敏二极管组成电桥,磁铁处于磁敏元件之间,在中间位置时输出电压 $U_o = 0$。当磁铁偏离中间位置时,两磁敏元件感受的磁场强度不同,$R_{D1} \neq R_{D3}$,电桥失衡,输出电压与位移有关。磁铁偏离中间位置的方向不同,输出极性不同,由此可判别位移的大小和方向。

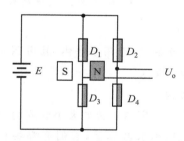

图 7.30　位移检测电路

除此之外,磁敏三极管还可用于涡流流量计。当液体流动时,涡轮转动,流速与转速成正比,磁敏晶体管检测到磁性涡轮的周期变化近似为正弦波,频率与齿轮的转速成正比。

<big>习　题</big>

一、填空题

1. 霍尔效应是导体中的载流子在磁场中受＿＿＿＿＿＿作用产生＿＿＿＿＿＿的结果。

2. 半导体材料中的＿＿＿＿＿比金属的小得多,因而霍尔常数大,加上半导体中电子的迁移率比空穴大,故霍尔元件多采用＿＿＿＿＿材料制成。

3. 减少霍尔元件温度误差的措施有:① 采用＿＿＿＿＿提供控制电流;② 合理选择＿＿＿＿＿;③ ＿＿＿＿＿＿＿＿＿＿＿＿＿＿＿＿。

4. 霍尔传感器基本包括两部分:一部分是弹性元件,将感受的非电量转换成＿＿＿＿＿,

另一部分是霍尔元件和_____。

二、单项选择题

1. 制造霍尔元件的半导体材料中,目前用得较多的是锗、锑化铟、砷化铟,其原因是( )。

A. 半导体材料的灵敏度比金属的大

B. 半导体中电子迁移率比空穴高

C. 半导体材料的电子迁移率比较大

D. 半导体较适合制造灵敏度较高的霍尔元件

2. 霍尔效应中,霍尔电势与( )。

A. 灵敏度成反比　　　　　　B. 灵敏度成正比

C. 霍尔元件的厚度成反比　　D. 霍尔元件的厚度成正比

3. 霍尔效应中,霍尔电势与( )。

A. 激励电流成正比　　　　　B. 激励电流成反比

C. 磁感应强度成正比　　　　D. 磁感应强度成反比

三、简答题

1. 为什么霍尔元件不用金属制作,而用半导体,且用 N 型半导体制作?

2. 简述霍尔元件灵敏系数的定义。

3. 试述霍尔元件的简单结构。

4. 试述霍尔电势建立的过程。霍尔电势的大小和方向与哪些因素有关?

5. 比较霍尔元件、磁敏电阻、磁敏晶体管,它们有哪些相同之处和不同之处? 简述各自的特点。

第八章 光电式传感器

　　光电式传感器是采用光电元件作为检测元件的传感器。它首先把被测量的变化转换成光信号的变化,然后借助光电元件进一步将光信号转换成电信号。光电式传感器一般由光源、光学通路和光电元件三部分组成。被测量通过对辐射源或者光学通路的影响将被测信息调制到光波上,再改变光波的强度、相位、空间分布和频谱分布等,光电元件将光信号转换为电信号,电信号经后续电路的解调分离出被测量的信息,从而实现对被测量的测量。

　　光电式传感器具有很多优良的特性,如频谱宽、不受电磁干扰的影响、非接触测量、体积小、重量轻、造价低等。特别是 20 世纪 60 年代以来,随着激光、光纤、电荷耦合器件(CCD)等技术的逐步发展,光电式传感器也得到了飞速的发展,被广泛应用于生物、化学、物理和工程技术等各个领域。

8.1　概　述
* * * * * * * * * * * * * * * *

8.1.1　光谱

　　传感器中的光波是波长为 $10 \sim 10^6$ nm 的电磁波,而可见光的波长范围是 $380 \sim 780$ nm,紫外线的波长范围是 $10 \sim 380$ nm,红外线的波长范围是 $780 \sim 10^6$ nm。光都具有反射、折射、散射、衍射、干涉和吸收等性质。由光的粒子说可知,光是以光速运动着的粒子(光子)流,一束频率为 ν 的光由能量相同的光子所组成,每个光子的能量为

$$E = h\nu \tag{8-1}$$

式中,$h = 6.626 \times 10^{-34}$ J·s,为普朗克常数;ν 为光的频率。由此可见,光的频率愈高(波长愈短),光子的能量愈大。

8.1.2　光源

　　光源是光电式传感器的一个组成部分,大多数光电式传感器都离不开光源。光电式传感器对光源的选择要考虑很多因素,如波长、谱分布、相干性、体积、造价、功率等。常见的

光源有热辐射光源、气体放电光源、发光二极管和激光器等。

1. 热辐射光源

热物体都会向空间发出一定的光辐射,基于这一原理的光源称为热辐射光源。物体温度越高,辐射能量越大,辐射光谱的峰值波长越短。

白炽灯就是一种典型的热辐射光源。将钨丝密封在玻璃泡内,向玻璃泡内充以惰性气体或者保持真空,钨丝被加热到白炽状态而发光。一般白炽灯的辐射光谱是连续的,它产生的光谱线较丰富,包含可见光与红外光。使用时,常用加滤色片的方法来获得不同窄带频率的光。白炽灯寿命短且发热多、效率低、动态特性差,但对接收光敏元件的光谱特性要求不高。在普通白炽灯基础上制作的发光器件有溴钨灯和碘钨灯,其体积较小、光效高、寿命也较长。

卤钨灯是一种特殊的白炽灯,灯泡用石英玻璃制作,能够耐受 3 500 K 的高温。在灯泡内充以卤族元素(通常是碘),卤族元素能够与沉积在灯泡内壁上的钨发生化学反应,形成卤化钨,卤化钨扩散到钨丝附近,由于温度高而分解,钨原子重新沉积到钨丝上,这样就弥补了灯丝的蒸发,大大延长了灯泡的寿命,同时也解决了灯泡因钨的沉积而发黑的问题,其光通量在整个寿命期中始终能够保持相对稳定。

2. 气体放电光源

电流通过气体会产生发光现象,利用这一原理制成的光源称为气体放电光源。气体放电光源的光谱不连续,光谱与气体的种类及放电条件有关。改变气体的成分、压力、阴极材料和放电电流的大小,可以得到某一光谱范围的辐射源。低压汞灯、氢灯、钠灯、镉灯、氦灯是光谱仪器中常用的光源,统称为光谱灯。例如,低压汞灯的辐射波长为 254 nm,钠灯的辐射波长为 589 nm,它们经常被用作光电检测仪器的单色光源。如果光谱灯涂以荧光剂,由于光线与涂层材料的作用,荧光剂可以将气体放电谱线的波长变得更长,再通过对荧光剂的选择可以使气体放电发出某一范围的波长,如照明日光灯。气体放电灯消耗的能量仅为白炽灯的 $\frac{1}{3} \sim \frac{1}{2}$。

3. 发光二极管

发光二极管(LED)最早出现在 19 世纪 60 年代,它是由半导体 PN 结构成,其工作电压低、响应速度快、寿命长、体积小、重量轻,因此获得了广泛的应用。

半导体中,由于空穴和电子的扩散,在 PN 结处形成势垒,从而抑制了空穴和电子的继续扩散。当 PN 结上加有正向电压时,势垒降低,电子由 N 区注入 P 区,空穴则由 P 区注入 N 区,称为少数载流子注入。注入 P 区的电子和 P 区的空穴复合,注入 N 区的空穴和 N 区的电子复合,这种复合同时以光子形式放出能量,因而产生发光现象。

4. 激光器

激光是 20 世纪 60 年代最重大的科技成就之一,具有高单向性、高单色性和高亮度三个重要特性。激光的波长从 0.24 μm 到远红外整个光频波段范围。激光器种类繁多,按工作物质不同,激光器可分为固体激光器(如红宝石激光器)、气体激光器(如氦-氖气体激光器、二氧化碳激光器)、半导体激光器(如砷化镓激光器)、液体激光器。

8.1.3 光电效应

光电式传感器的物理基础是光电效应。光电效应是指物体吸收了光能后转化为该物体中某些电子的能量,从而产生电效应。光电效应分为外光电效应和内光电效应两大类。

1. 外光电效应

在光线作用下,物体内的电子逸出物体表面向外发射的现象称为外光电效应。向外发射的电子叫作光电子。基于外光电效应的光电器件有光电管、光电倍增管等。

根据爱因斯坦的假设,一个电子只能接收一个光子的能量,所以要使一个电子从物体表面逸出,必须使光子的能量大于该物体的表面逸出功,超出部分的能量表现为逸出电子的初动能。外光电效应多发生于金属和金属氧化物,从光开始照射至金属释放电子所需时间不超过 10^{-9} s。

爱因斯坦光电效应方程为

$$h\nu = \frac{1}{2}mv_0^2 + A_0 \tag{8-2}$$

式中,h 为普朗克常数,ν 为光的频率,m 为电子质量,v_0 为电子逸出速度,A_0 为物体的表面逸出功。

光电子能否产生,取决于光电子的能量是否大于该物体的表面逸出功 A_0。不同的物质具有不同的逸出功,即每一个物体都有一个对应的光频阈值,称为红限频率或波长限。若光线频率低于红限频率,光子能量不足以使物体内的电子逸出,因而小于红限频率的入射光,光强再大也不会产生光电子发射;反之,入射光频率高于红限频率,即使光线微弱,也会有光电子射出。当入射光的频谱成分不变时,产生的光电流与光强成正比。即光强越大,意味着入射光子数目越多,逸出的电子数也就越多。光电子逸出物体表面具有初始动能,因此外光电效应器件(如光电管)即使没有加阳极电压,也会有光电子产生。为了使光电流为零,必须加负向的截止电压,而且截止电压与入射光的频率成正比。

2. 内光电效应

当光照射在物体上,使物体的电阻率发生变化,或产生光生电动势的现象叫作内光电效应。内光电效应多发生于半导体内,根据工作原理的不同,内光电效应分为光电导效应和光生伏特效应两类。

（1）光电导效应

在光线作用下,电子吸收光子能量从键合状态(一种平衡状态)过渡到自由状态,而引起材料电导率发生变化的现象称为光电导效应。基于这种效应的光电器件有光敏电阻。

图 8.1 所示为电子能量级示意图,当光照射到半导体材料上时,价带中的电子受到能量大于或等于禁带宽度的光子轰击,并使其由价带越过禁带再跃入导带,使导带内的电子和价带内的空穴浓度增加,从而使电导率变大。为了实现能级的跃迁,入射光子的能量必

须大于或等于光电导材料的禁带宽度 E_g,即

$$h\nu = \frac{hc}{\lambda} = \frac{1.24}{\lambda} \geqslant E_g \tag{8-3}$$

式中,λ 为入射光的波长,c 为光的传播速度,h 为普朗克常数。由此可得吸收波长的最大极限(红限)为

$$\lambda_0 = \frac{1.24}{E_g} \tag{8-4}$$

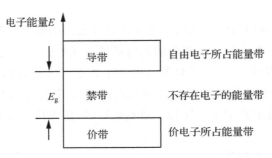

图 8.1 电子能量级示意图

材料的光导性能取决于禁带宽度。对于一种光电导材料,总存在一个照射光波长限 λ_0,只有波长小于 λ_0 的光照射在光电导体上才能产生电子能级间的跃迁,从而使光电导体的电导率增加。

(2)光生伏特效应

光生伏特效应是指在光线作用下能够使物体产生一定方向的电动势的现象。基于此效应的光电器件有光电池、光敏二极管、光敏三极管。光生伏特效应又可分为结光电效应和侧向光电效应。

结光电效应(势垒效应)是光线照射半导体结,以 PN 结为例,设光子能量大于禁带宽度 E_g,使价带中的电子跃迁到导带而产生电子-空穴对,在阻挡层内电场的作用下,被光激发的电子移向 N 区外侧,被光激发的空穴移向 P 区外侧,从而使 P 区带正电,N 区带负电,形成光电动势。

侧向光电效应是指当半导体光电器件受光照不均匀时,由于载流子浓度不同而产生光电动势。当光照部分吸收入射光子的能量产生电子-空穴对时,光照部分载流子浓度比未受光照部分的载流子浓度大,就会出现载流子浓度梯度,因而载流子就要扩散。如果电子迁移率比空穴大,那么空穴的扩散不明显,电子向未被光照部分扩散,就造成光照射的部分带正电,未被光照射的部分带负电,光照部分与未被光照部分产生光电动势。基于该效应的光电器件有半导体光电位置敏感器件。

8.2 外光电效应的光电器件

＊＊＊＊＊＊＊＊＊＊＊＊＊＊＊＊＊＊＊＊＊＊＊＊＊

利用物质在光的照射下发射电子的外光电效应而制成的光电器件，一般都是真空的或充以少量惰性气体的光电器件，如光电管和光电倍增管。

8.2.1 光电管

1. 光电管的结构和工作原理

光电管有真空光电管（电子光电管）和充气光电管（离子光电管）两类，两者结构相似。如图 8.2 所示，光电管由一个阴极和一个阳极构成，并且密封在一只真空玻璃管内。阴极装在玻璃管内壁上，其上涂有光电发射材料。阳极通常用金属丝弯曲成矩形或圆形，置于玻璃管的中央。

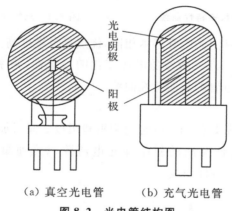

（a）真空光电管 （b）充气光电管

图 8.2 光电管结构图

当入射光照射在阴极上时，单个光子就把它的全部能量传递给阴极材料中的一个自由电子，从而使自由电子的能量增加。当电子获得的能量大于阴极材料的逸出功时，就可以挣脱金属表面束缚而逸出，形成电子发射。这种电子称为光电子，光电子逸出金属表面后的初动能为 $\frac{1}{2}mv^2$。在入射光频率大于红限频率的前提下，从阴极表面逸出的光电子被具有正电位的阳极所吸引，在光电管内形成空间电子流，称为光电流。此时若光强增大，轰击阴极的光子数增多，单位时间内发射的光电子数也就增多，光电流变大。电流和电阻上的电压降就和光强成函数关系，从而实现光电转换。阴极材料不同的光电管，具有不同的红限频率，因此适用于不同的光谱范围。此外，即使入射光的频率大于红限频率，并保持其强度不变，但阴极发射的光电子数量还会随入射光频率的变化而改变，即同一种光电管对不同频率的入射光的灵敏度并不相同。光电管的这种光谱特性，要求我们根据检测对象是紫外光、可见光还是红外光去选择阴极材料不同的光电管,以便获得满意的灵敏度。

2. 光电管的主要特性

(1)伏安特性

在一定的光照射下,对光电器件的阴极所加电压与阳极所产生的电流之间的关系称为光电管的伏安特性。它是选用光电传感器参数的主要依据。图8.3所示为真空光电管的伏安特性曲线。当阴极发射的电子能全部到达阳极时,阳极电流稳定,称为饱和状态。

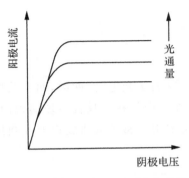

图 8.3　真空光电管的伏安特性曲线　　　图 8.4　充气光电管的伏安特性曲线

充气光电管的构造和真空光电管基本相同,优点是灵敏度高。不同之处仅仅是在玻璃泡内充以少量的惰性气体。其灵敏度随电压变化的稳定性、频率特性等都比真空光电管差。图8.4所示为充气光电管的伏安特性曲线。

(2)光照特性

光电管的光照特性通常是指当光电管的阳极和阴极之间所加电压一定时,光通量与光电流之间的关系。光照特性曲线的斜率即光电流除以光通量,称为光电管的灵敏度。图8.5所示为光电管的光照特性曲线。

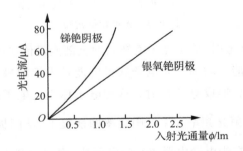

图 8.5　光电管的光照特性曲线

(3)光谱特性

由于光电阴极对光谱有选择性,因此光电管对光谱也有选择性。保持光通量和阴极电压不变,阳极电流与光波长之间的关系叫光电管的光谱特性。一般对于光电阴极材料不同的光电管,它们有不同的红限频率 ν_0,因此它们可用于不同的光谱范围。除此之外,即使照射在阴极上的入射光的频率高于红限频率,并且强度相同,随着入射光频率的不同,阴极发射的光电子的数量也会不同,即同一光电管对于不同频率的光的灵敏度不同,这就是光电管的光谱特性。所以,对不同波长范围的光,应选用不同材料的光电阴极。国产 GD-4 型光电管,阴极是用锑铯材料制成的,其红限 $\lambda_0 = 7\,000$ Å,它对可见光范围的入射光灵敏度比较高,转换效率在 $25\% \sim 30\%$,适用于白光光源,因而被广泛应用于各种光电式自动检测仪表中。对红外光源,常用银氧铯阴极构成红外传感器;对紫外光源,常用锑铯阴极和镁镉阴极。另外,锑钾钠铯阴极的光谱范围较宽,为 $3\,000 \sim 8\,500$ Å,灵敏度也较高,与人的视觉光谱特性很接近,是一种新型的光电阴极。但也有些光电管的光谱特性和人的视觉光谱有很大差异,因而在测量技术中,这些光电管可以完成人眼所不能胜任的工作,如坦克和装甲车的夜视镜等。一般当充气光电管的入射光频率大于 $8\,000$ Hz 时,光电流将有下降趋势,频率愈高,下降得愈多。

8.2.2 光电倍增管

当入射光很微弱时,普通光电管产生的光电流很小,只有零点几微安,很不容易探测到,这时常用光电倍增管对电流进行放大。图 8.6 所示为光电倍增管结构示意图,其有一个阴极 K 和一个阳极 A。与光电管不同的是,在它的阴极和阳极间设置了若干个二次发射电极,E_1、E_2……分别称为第一倍增电极、第二倍增电极……倍增电极通常为 $10 \sim 15$ 级。光阴极是由半导体光电材料锑铯做成的。次阴极是在镍或铜-铍的衬底上涂上锑铯材料而形成的,次阴极多的可达 30 级。阳极是最后用来收集电子的,收集到的电子数是阴极发射电子数的 $10^5 \sim 10^6$ 倍。光电倍增管的灵敏度比普通光电管高几万倍到几百万倍。因此,在很微弱的光照时它就能产生很大的光电流。

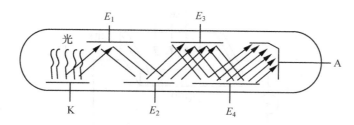

图 8.6 光电倍增管结构示意图

光电倍增管工作时,相邻电极之间保持一定的电位差,其中阴极电位最低,各倍增电极电位逐级升高,阳极电位最高。当入射光照射阴极 K 时,从阴极逸出的光电子被第一倍增电极 E_1 加速,以高速轰击 E_1,引起二次电子发射。一个入射的光电子可以产生多个二次电子,E_1 发射出的二次电子又被 E_1、E_2 间的电场加速,射向 E_2 并再次产生二次电子发射……这样逐级产生的二次电子发射,使电子数量迅速增加,这些电子最后到达阳极,形成较大的阳极电流,其值为

$$I = i\delta_i^n = iM \tag{8-5}$$

式中,i 为阴极产生的光电流,δ_i 为倍增极的二次电子数,n 为倍增极数目,M 为倍增系数。

光电倍增管有极高的灵敏度。在输出电流小于 1 mA 的情况下,它的光电特性在很宽的范围内具有良好的线性关系。鉴于这一特点,光电倍增管多用于微光测量。

8.3　内光电效应的光电器件

＊＊＊＊＊＊＊＊＊＊＊＊＊＊＊＊＊＊＊＊＊＊

　　内光电效应的光电器件主要有光敏电阻、光敏管和光电池,其中光敏电阻的工作原理为光电导效应,后两者的工作原理是光生伏特效应。

8.3.1　光敏电阻

　　光敏电阻又称光导管,为纯电阻元件。用于制造光敏电阻的材料主要是金属的硫化物、硒化物和碲化物等半导体。光敏电阻的优点为灵敏度高、光谱响应范围宽、体积小、重量轻、机械强度高、耐冲击、耐振动、抗过载能力强和寿命长等,其不足之处在于需要外部电源,有电流通过时会发热。

1. 光敏电阻的工作原理及结构

　　图 8.7 所示为光敏电阻的工作过程示意图,其主要是利用半导体材料的光电导效应。由公式 $\frac{1.24}{\lambda} \geqslant E_g$ 可知,光敏电阻存在一个照射光的波长限 λ_c。只有波长小于 λ_c 的光照射时才能产生光电导效应。当无光照时,光敏电阻值(暗电阻)很大,电路中电流很小;当有光照时,光敏电阻值(亮电阻)急剧减小,电流迅速增加。

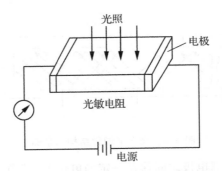

图 8.7　光敏电阻的工作过程示意图

　　图 8.8 所示为光敏电阻的结构示意图。光敏电阻的管芯是一块安装在绝缘衬底上带有两个欧姆接触电极的光电导体。光电导体吸收光子而产生的光电效应,只限于光照的表面薄层,虽然产生的载流子也有少数扩散到内部去,但扩散深度有限,因此光电导体一般都做成薄层。为了获得较高的灵敏度,光敏电阻的电极一般采用梳状图案,如图 8.9 所示。梳状电极是在一定的掩模下向光电导薄膜上蒸镀金或铟等金属形成的。这种梳状电极由于在间距很近的电极之间有可能采用较大的灵敏面积,所以提高了光敏电阻的灵敏度。当

光敏电阻受到光照时,光生电子-空穴对增加,阻值减小,电流增大。

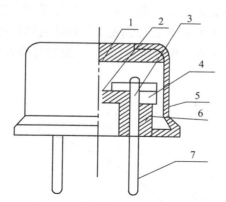

1—玻璃;2—光电导层;3—电极;4—绝缘衬底;5—金属壳;6—黑色绝缘玻璃;7—引线。

图8.8 光敏电阻的结构示意图

图8.9 光敏电阻实物图

光敏电阻的灵敏度易受湿度的影响,因此要将光电导体严密封装在玻璃壳体中。如果把光敏电阻连接到外电路中,在外加电压的作用下,用光照射就能改变电路中电流的大小。光敏电阻具有很高的灵敏度和很好的光谱特性,光谱响应可从紫外区到红外区,而且体积小、重量轻、性能稳定、价格便宜,因此应用比较广泛。

2. 光敏电阻的主要参数和基本特性

(1) 光敏电阻的主要参数

暗电阻和暗电流:光敏电阻在室温条件下,全暗(无光照射)后经过一定时间测得的电阻值,称为暗电阻。此时在给定电压下流过的电流称为暗电流。

亮电阻和亮电流:光敏电阻在受到光照时的电阻称为亮电阻,此时的电流称为亮电流。

光电流:亮电流与暗电流之差称为光电流。

光敏电阻的暗电阻越大,而亮电阻越小,则性能越好。也就是说,暗电流越小,光电流越大,这样的光敏电阻灵敏度越高。实际应用中的光敏电阻的暗电阻往往超过 1 MΩ,甚至高达 100 MΩ,而亮电阻则在几千欧以下,暗电阻与亮电阻之比在 $10^2 \sim 10^6$。光敏电阻的灵敏度很高。

（2）光敏电阻的基本特性

① 光照特性：光敏电阻的光电流与光通量之间的关系，即灵敏度（有时也用照度-电阻特性来表示灵敏度）。图 8.10 所示为硫化镉光敏电阻的光照特性曲线。由图可知，光敏电阻的光照特性为非线性，因此不宜作为测量元件，一般在自动控制系统中常用作开关式光电信号传感元件。

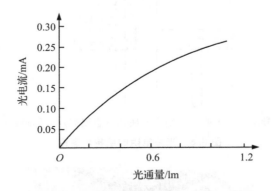

图 8.10　硫化镉光敏电阻的光照特性曲线

② 光谱特性：光谱特性与光敏电阻的材料有关。如图 8.11 所示，硫化铅光敏电阻在较宽的光谱范围内均有较高的灵敏度，峰值在红外区域；硫化镉、硫化铊的峰值在可见光区域。因此，在选用光敏电阻时，应把光敏电阻的材料和光源的种类结合起来考虑，才能获得满意的效果。

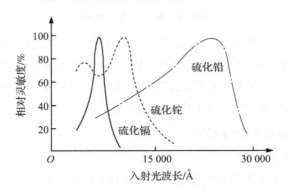

图 8.11　光敏电阻的光谱特性曲线

③ 伏安特性：在一定的照度下，加在光敏电阻两端的电压与电流之间的关系称为伏安特性。如图 8.12 所示，所加的电压越高，光电流越大，而且没有饱和的现象。但是电压不能无限增大，因为任何光敏电阻都受额定功率、最高工作电压和额定电流的限制。超过最高工作电压和最大额定电流，可能导致光敏电阻永久性损坏。光敏电阻的最高工作电压是由耗散功率决定的，耗散功率又和面积及散热条件等因素有关。在给定的电压下，光电流的数值将随光照增强而增大。

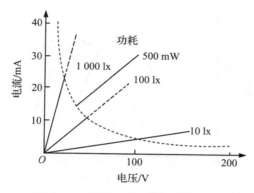

图 8.12　光敏电阻的伏安特性曲线

④ 频率特性：当光敏电阻受到脉冲光照射时，光电流要经过一段时间才能达到稳定值，而在停止光照后，光电流也不会立刻变为零，这就是光敏电阻的时延特性。由于不同材料的光敏电阻时延特性不同，所以它们的频率特性也不同。如图 8.13 所示，硫化铅的使用频率比硫化镉高得多，但多数光敏电阻的时延都比较大，所以不能用在要求快速响应的场合。

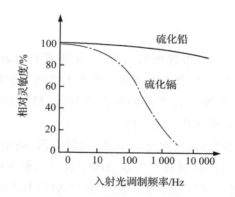

图 8.13　光敏电阻的频率特性曲线

⑤ 温度特性：光敏电阻的性能（灵敏度、暗电阻）受温度的影响较大。图 8.14 所示为硫化铅光敏电阻的温度特性曲线。随着温度的升高，其暗电阻减小，灵敏度下降，光谱特性曲线的峰值向波长短的方向移动。有时为了提高灵敏度，或为了能够接收较长波段的辐射，将元件降温后使用。例如，可利用制冷器使光敏电阻的温度降低。

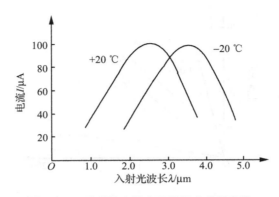

图 8.14　硫化铅光敏电阻的温度特性曲线

⑥ 稳定性:刚制成的光敏电阻,由于电阻体与其介质的作用还没有达到平衡,性能不稳定。但在人工加温、光照及加负载的情况下,性能可达到稳定。光敏电阻在最初的老化过程中阻值会有变化,当达到稳定值后就不再变化。这是光敏电阻的主要优点。光敏电阻的使用寿命在密封良好、使用合理的情况下几乎是无限长的。

8.3.2　光敏管

1. 光敏管的工作原理

光敏二极管的结构与一般二极管相似,它被装在透明的玻璃外壳中,其 PN 结装在管顶,可直接受到光照射。光敏二极管在电路中一般处于反向工作状态,如图 8.15 所示。将光敏二极管的 PN 结设置在透明管壳顶部的正下方,光照射到光敏二极管的 PN 结时,电子-空穴对数量增加,光电流与照度成正比。

光敏二极管在没有光照射时,反向电阻很大,反向电流(暗电流)很小。当没有光照射时,光敏二极管处于截止状态,这时只有少数载流子在反向偏压的作用下越过阻挡层形成微小的反向电流;当光照射时,PN 结附近受光子轰击,吸收其能量产生电子-空穴对,从而使 P 区和 N 区的少数载流子浓度大大增加,因此在外加反向偏压和内电场的作用下,P 区的少数载流子越过阻挡层进入 N 区。光敏二极管按材料分,有硅、砷化镓、锑化铟光电二极管等;按结构分,有同质结与异质结之分。其中最典型的是同质结硅光电二极管。

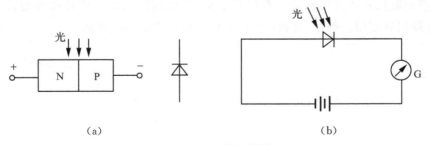

　　　　(a)　　　　　　　　　　　　　　　　　(b)

图 8.15　光敏二极管

光敏三极管(图 8.16)有 PNP 型和 NPN 型两种。其结构与一般的三极管很相似,具有电流增益,只是它的发射极一边做得很大,以扩大光的照射面积,且基极不接引线。当集电极加上正电压、基极开路时,集电极处于反向偏置状态。当光线照射在集电极的基区时,会产生电子-空穴对,在内电场的作用下,光生电子被拉到集电极,基区留下空穴,使基极与发射极间的电压升高,这样便有大量的电子流向集电极,形成输出电流,且集电极电流为光电流的 β 倍。

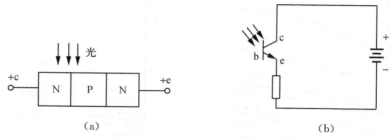

图 8.16 光敏三极管

2. 光敏管的主要特性

（1）光谱特性

光敏二极(晶体)管存在一个最佳灵敏度的峰值波长。如图 8.17 所示为硅和锗光敏二极(晶体)管的光谱特性曲线。当入射光的波长增加时,相对灵敏度下降,因为光子能量太小,不足以激发电子-空穴对。当入射光的波长缩短时,相对灵敏度也下降,这是由于光子在半导体表面附近就被吸收,并且在表面激发的电子-空穴对不能到达 PN 结。硅的峰值波长为 9 000 Å,锗的峰值波长为 15 000 Å。由于锗管的暗电流比硅管大,因此锗管的性能较差。故在探测可见光或探测炽热状态物体时,一般选用硅管;但对红外线进行探测时,则采用锗管较合适。

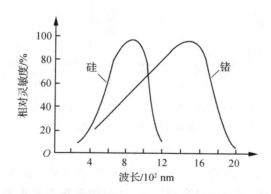

图 8.17 硅和锗光敏二极(晶体)管的光谱特性曲线

（2）伏安特性

当光照一定时,输出的光电流与外加电压的关系即为伏安特性。如图 8.18 所示,在零偏压时,光敏二极管仍有光电流输出(光生伏特效应),而光敏三极管没有,其光电流比光敏二极管约大 100 倍。光敏三极管在不同照度下的伏安特性,就像一般晶体管在不同基极电流下的输出特性一样。因此,只要将入射光照在发射极 e 与基极 b 之间的 PN 结附近,所产生的光电流看作基极电流,就可将光敏三极管看作一般的晶体管。光敏三极管能把光信号转换成电信号,而且输出的电信号较大。

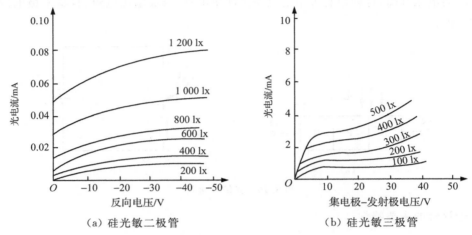

（a）硅光敏二极管　　　　　（b）硅光敏三极管

图 8.18　伏安特性曲线

（3）光照特性

图 8.19 所示为光敏管的光照特性曲线。由图 8.19（a）可知,光敏二极管的光照特性具有较好的线性度;由图 8.19（b）可知,光敏三极管的光照特性近似呈线性关系,当光照足够大（几千勒克斯）时,会出现饱和现象,因此光敏三极管既可作线性转换元件,也可作开关元件。

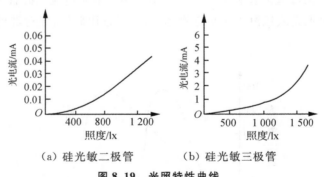

（a）硅光敏二极管　　　（b）硅光敏三极管

图 8.19　光照特性曲线

（4）温度特性

光敏三极管的温度特性曲线反映的是光敏三极管的暗电流及光电流与温度的关系。由图 8.20（a）可知,暗电流随温度升高而增加,这归因于热激发现象,电路中暗电流是一种噪声电流。在一定的温度范围内,温度变化对光电流的影响较小,如图 8.20（b）所示,其光电流主要由光照强度决定。此外,从温度特性曲线可看出,温度变化对光电流的影响很小,而对暗电流的影响很大,所以电子线路中应该对暗电流进行温度补偿,否则将会导致输出误差。

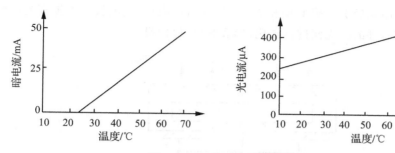

图 8.20 光敏三极管的温度特性

（5）频率特性

频率特性是指在一定频率的调制光照射时，光敏管输出的光电流（负载上的电压）随频率的变化关系，如图 8.21 所示。光敏三极管的频率特性受负载电阻的影响，减小负载电阻可以提高频率响应。一般来说，光敏三极管的频率响应比光敏二极管差。对于锗管，入射光的调制频率要求在 5 kHz 以下。硅管的频率响应比锗管好。

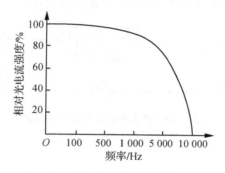

图 8.21 硅光敏晶体管的频率响应

8.3.3 光电池

光电池是利用光生伏特效应把光直接转化成电能的器件，是发电式有源元件。由于它可把太阳能直接转化为电能，因此又称为太阳能电池。光电池有较大面积的 PN 结，当光照射在 PN 结上时，在结的两端产生电动势。根据制作光电池的材料不同，光电池有硒光电池、砷化镓光电池、硅光电池、硫化铊光电池和硫化镉光电池等。目前，应用最广、最有发展前景的是硅光电池。硅光电池价格便宜、转换效率高、寿命长，适合接收红外光。硒光电池的光电转换效率低（0.02%）、寿命短，适合接收可见光（响应峰值波长为 0.56 μm），最适合制造照度计。砷化镓光电池的转换效率比硅光电池稍高，光谱响应特性则与太阳光谱最吻合，且工作温度最高，更耐受宇宙射线的辐射。因此，砷化镓光电池在宇宙飞船、卫星、太空探测器等电源方面的应用是很有发展前景的。

1. 光电池的结构和工作原理

光电池是在一块 N 型硅片上用扩散的办法掺入一些 P 型杂质（如硼）形成 PN 结，如

图 8.22 所示，分别用电极引线把 P 型和 N 型层引出，形成正、负电极。为提高光电转换效率，防止反射光，在器件的受光面进行氧化，形成 SiO_2 保护膜。

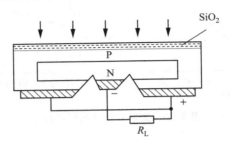

图 8.22　光电池的结构

图 8.23 所示为光电池的工作原理示意图。当光照到 PN 结区时，如果光子能量足够大，将在结区附近激发出电子-空穴对，在 N 区聚集负电荷，P 区聚集正电荷，这样 N 区和 P 区之间会出现电位差。若将 PN 结两端用导线连起来，电路中有电流流过，电流的方向由 P 区流经外电路至 N 区，将外电路断开，就可测出光生电动势。

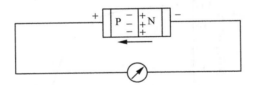

图 8.23　光电池的工作原理示意图

2. 光电池的基本特性

（1）光照特性

光电池在不同的光照度下，光电流和光生电动势是不同的。图 8.24 所示为光电池的光照特性曲线。开路电压曲线指的是光生电动势与照度之间的特性曲线，当照度为 2 000 lx 时趋于饱和。短路电流曲线指的是光电流与照度之间的特性曲线。外接负载相对光电池内阻而言很小，可以忽略其阻值。光电池在不同照度下，其内阻也不同，因而应选取适当的外接负载近似地满足"短路"条件。如图 8.25 所示，负载电阻 R_L 越小，光生电流与照度的线性关系越好，且线性范围越宽。

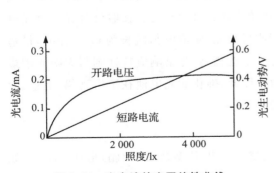

图 8.24　光电池的光照特性曲线

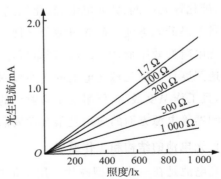

图 8.25　光电池的光照度与光生电流的关系曲线

（2）光谱特性

光电池的光谱特性取决于材料，即光电池对不同波长的光，灵敏度是不同的。如图 8.26 所示，硒光电池在可见光谱范围内有较高的灵敏度，峰值波长在 540 nm 附近，适合测可见光。硅光电池的应用范围为 400～1 100 nm，峰值波长在 850 nm 附近，因此硅光电池可以在很宽的范围内使用。

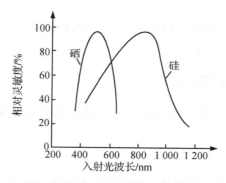

图 8.26 光电池的光谱特性曲线

（3）频率特性

光电池的频率响应是指输出电流随调制光频率变化的关系。如图 8.27 所示，硅光电池具有较高的频率响应，用于高速计数的光电转换；而硒光电池频率响应则较差。

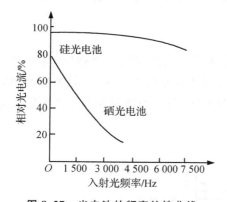

图 8.27 光电池的频率特性曲线

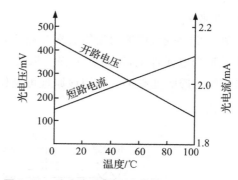

图 8.28 硅光电池的温度特性（照度 1 000 lx）

（4）温度特性

光电池的温度特性是指开路电压和短路电流随温度变化的关系。如图 8.28 所示，开路电压随温度升高而快速下降，短路电流随温度升高而缓慢增加，故开路电压与短路电流均随温度而变化，这将关系到应用光电池的仪器设备的温度漂移，影响测量或控制精度等主要指标。因此，当光电池作为测量元件，最好能保持温度恒定，或采取温度补偿措施。

（5）稳定性

当光电池密封良好、电极引线可靠、应用合理时，光电池的性能是相当稳定的。硅光电池的性能比硒光电池更稳定。影响光电池的性能和寿命的因素主要有光电池的材料、制造工艺和使用环境等。

8.4 光电传感器的类型及其应用

＊＊＊＊＊＊＊＊＊＊＊＊＊＊＊＊＊＊＊＊＊＊＊＊＊＊＊＊

光电传感器在检测和控制中的应用非常广泛，根据光通量对光电元件的作用原理不同制成的光学测控系统多种多样。

8.4.1 光电传感器的类型

按光电传感器输出量的性质不同，可分为模拟式光电传感器和脉冲式光电传感器两类。

1. 模拟式光电传感器

模拟式光电传感器的基本原理是光电器件的光电流随光通量的变化而发生变化，光电流是光通量的函数。对于光通量的任意一个选定值，对应的光电流就有一个确定的值，而光通量又随被测非电量的变化而变化，这样光电流就成为被测非电量的函数。模拟式光电传感器将被测量转换成连续变化的光电流，光电流与被测量间成单值关系。模拟式光电传感器按被测量（检测目标物体）方法可分为透射（吸收）式、反射式、遮光式（光束阻挡）和辐射式四大类。

（1）吸收式

如图 8.29 所示，将被测物体放在光路中，恒光源发出的光穿过被测物体，部分光被吸收后透射到光电元件上，透射光的强度取决于被测物体对光吸收的多少，而吸收的光通量与被测物体的透明度有关。利用该原理可制作测量液体、气体的透明度和浑浊度的光电比色计。

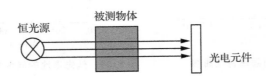

图 8.29　模拟式光电传感器（吸收式）

（2）反射式

恒光源发出的光投射到被测物体上，再从被测物体表面反射后投射到光电元件上，反射的光通量取决于反射表面的性质、状态和被测物体与光源间的距离，如图 8.30 所示。利用该原理可制作表面光洁度、粗糙度和位移测试仪等。

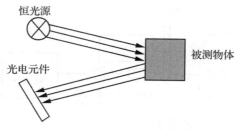

图 8.30　模拟式光电传感器(反射式)

（3）遮光式

光源发出的光经被测物体遮去其中一部分,使投射到光电元件上的光通量改变,改变的程度与被测物体在光路中的位置有关,如图 8.31 所示。在某些测量尺寸、位置、振动、位移等的仪器中,常采用这种光电传感器。

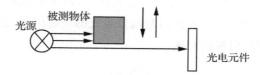

图 8.31　模拟式光电传感器(遮光式)

（4）辐射式

被测物体本身就是光辐射源,被测物体发射的光通量直接射到光电元件上,也可经过一定的光路作用到光电元件上。这种形式的光电传感器可用于光电比色高温计中,它的光通量和光谱的强度分布都是被测物体温度的函数。

2. 脉冲式光电传感器

光电元件的输出仅有两个稳定状态,也就是"通"与"断"的开关状态。光电元件受光照时,有电信号输出;光电器件不受光照时,无电信号输出。这类光电传感器大多用于继电器和脉冲发生器,如测量线位移、线速度、角位移、角速度(转速)的光电脉冲传感器等。

8.4.2　光电传感器的应用实例

1. 光电转速传感器

光电转速传感器是将转速转换成光通量的变化,再经光电元件转换成电量的变化。根据其工作方式,可分为直射式和反射式两类。

图 8.32 所示为直射式光电转速传感器原理图,被测转轴上装有调制盘(带孔或带齿的圆盘),调制盘的一边设置光源,另一边设置光电元件。调制盘随转轴转动,当光线通过小孔或齿缝时,光电元件就产生一个电脉冲。转轴连续转动,光电元件就输出一列与转速及调制盘上的孔(或齿)数成正比的电脉冲。当孔(或齿)数一定时,脉冲数就和转速成正比。电脉冲输出测量电路后经放大整形,再送入数字频率计计数显示。

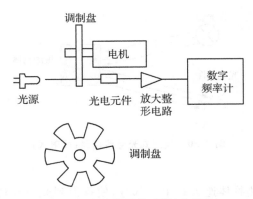

图 8.32　光电转速传感器(直射式)

反射式光电转速传感器(图 8.33)的工作原理是电机的转轴上涂有黑白相间的条纹,光源发出的光照在电机转轴上,再反射到光敏元件上,由于电机转动时电机转轴上的反光面和不反光面交替出现,所以光敏元件间断地接收光的反射信号,输出相应的电脉冲,经放大整形变成方波,即可测得电机的转速。

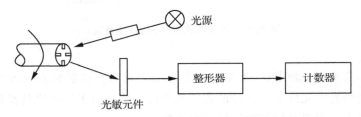

图 8.33　光电转速传感器(反射式)

2. 漫反射式烟雾报警器

漫反射式烟雾传感器就是根据有关物质燃烧特点设计的。在没有烟雾时,由于红外对管相互垂直,烟雾室内又涂有黑色吸光材料,所以红外 LED 发出的红外光无法到达红外光敏三极管。当烟雾进入烟雾室后,将一束光射入烟道,如果烟道里烟尘浊度增加,通过的光被烟尘颗粒吸收和折射的就增多,到达光敏三极管的就减少,利用光电检测器的输出信号就可测出烟尘的变化。

3. 光电式带材跑偏检测器

光电式带材跑偏检测器用来检测带型材料在加工中偏离正确位置的大小及方向,从而为纠偏控制电路提供纠偏信号,主要用于印染、送纸,以及胶片、磁带的生产过程中。光源发出的光线经过平行透镜,会聚为平行光束,投向聚光透镜,随后被会聚到光敏电阻上。在平行光束到达聚光透镜的过程中,有部分光线受到被测带材的遮挡,使传到光敏电阻的光通量减少。当带材处于正确位置(中间位置)时,放大器输出电压 U_0 为零;当带材左偏时,遮光面积减小,输出电压反映了带材跑偏的方向及大小。

4. 光电式浊度计

光电式浊度计的原理如图8.34所示。光源发出的光线经过半反半透镜分成两束强度相等的光线，一路光线穿过标准水样8(有时也采用标准衰减板)，到达光电池9，产生作为被测水样浊度的参比信号。另一路光线穿过被测水样5到达光电池6，其中一部分光线被样品介质吸收，样品水样越混浊，光线衰减量越大，到达光电池6的光通量就越小。两路光信号均转换成电压信号U_{o1}、U_{o2}，由运算器计算出U_{o1}与U_{o2}的比值，并进一步算出被测水样的浊度。采用半反半透镜3、标准水样8以及光电池9作为对比通道的好处是：当光源的光通量由于种种原因有所变化或环境温度变化引起光电池灵敏度改变时，由于两个通道的结构完全一样，所以在最后计算U_{o1}/U_{o2}(其值的范围是0～1)时，上述误差可自动抵消，减小测量误差。将上述装置略加改动，还可以制成光电比色计，用于血色素测量、化学分析等。

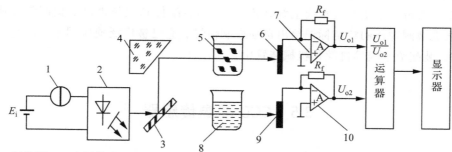

1—恒流源；2—半导体激光器；3—半反半透镜；4—反射镜；5—被测水样；6、9—光电池；
7、10—电流/电压转换器；8—标准水样。

图8.34　光电式浊度计

5. 条形码扫描笔

条形码是由黑白相间、粗细不均的线条组成，它隐含着商品的型号、规格和价格等许多信息。对这些信息的检测是通过条形码扫描笔来读取数据的。条形码扫描笔的前方为光电读入头，它由一个发光二极管和一个光敏三极管组成。当扫描笔头在条形码上移动时，若遇到黑色线条，发光二极管发出的光线将被黑线吸收，光敏三极管接收不到反射光，呈现高阻抗，处于截止状态。当遇到白色间隔时，发光二极管所发出的光线被反射到光敏三极管的集电结，光敏三极管产生光电流而导通。整个条形码被扫描笔快速扫描后，被光敏三极管变成一个个电脉冲，再经过放大、整形后便成为脉冲序列，其脉冲的宽窄与条形码线条的宽窄及间隔对应。脉冲序列再经过计算机进行处理后，完成对条形码信息的识别。

6. 光电开关

光电开关是光电接近开关的简称，它是利用被检测物体对光束的遮挡或反射，由同步回路选通电路，从而检测物体的有无。物体不限于金属，所有能反射光线的物体均可被检测。光电开关将输入电流在发射器上转换为光信号射出，接收器再根据接收到的光线的强弱或有无对目标物体进行探测。多数光电开关选用的是波长接近可见光的红外线光波。

光电开关是由发射器、接收器和检测电路三部分组成。发射器对准目标发射光束,发射的光束一般来源于半导体光源、发光二极管、激光二极管及红外发射二极管。接收器由光电二极管或光电三极管、光电池组成。在接收器前面装有光学元件如透镜和光圈等。在其后面是检测电路,它能滤出有效信号并应用该信号。

光电开关分为遮断式和反射式。遮断式光电开关由发射器和接收器组成,结构上两者是相互分离的,在光束被中断的情况下会产生一个开关信号变化,典型的方式是位于同一轴线上的光电开关可以相互分开达 50 m。遮断式光电开关可辨别不透明的反光物体;有效距离大,因为光束仅被打断一次;不易受干扰,在野外或者有灰尘的环境中也可使用;装置的消耗高,两个单元都必须敷设电缆。当被检测物体位于发射器和接收器之间时,光线被阻断,接收器接收不到红外线而产生开关信号。

反射式光电开关集发射器和接收器于一体,发射器发出的光线经过反射镜反射回接收器,当被检测物体经过且完全阻断光线时,光电开关就产生检测开关信号。

光电开关可用于生产流水线上统计产量、检测装配件到位与否以及检测装配质量,并且可以根据被测物体的特定标记给出自动控制信号。它已被广泛地应用于自动包装机、自动灌装机、装配流水线等自动化机械装置中。

8.5　CCD 图像传感器

图像传感器是利用光电元件的光电转换效应将光电元件感光面上获得的光电信息转换成与该光电信息成相应比例关系的电信号图像的器件。CCD 图像传感器是一种固态图像传感器。所谓固态,是指这种图像传感器是制作在半导体衬底上,是一种集成化、功能化的图像传感器。CCD 是贝尔实验室的威拉德·博伊尔(W. S. Boyle)和乔治·史密斯(G. E. Smith)于 1970 年发明的,由于它有光电转换、信息存储、延时和将电信号按顺序传送等功能,且集成度高、功耗低,是图像采集及数字化处理必不可少的关键器件,被广泛应用于科学、教育、医学、商业、工业、军事和消费等领域。

8.5.1　CCD 的结构和工作原理

1. CCD 的结构

CCD 是一种半导体器件。在半导体 P 型衬底上形成 SiO_2 层,厚度为 120 mm,再在其上依次沉积形成金属铝电极,这样就构成了三层结构,最上面是金属铝,中间是氧化层,最下面是半导体,实际上就是一个典型的金氧半场效晶体管(Metal-Oxide-Semiconductor Field-Effect Transistor, MOSFET,简记为 MOS)电容结构。MOS 电容结构是 CCD 的核心部分,图像电荷的存储和定向转移输出都是由 MOS 电容结构完成的。在 MOS 电容结构的基础上,加上由输入二极管构成的输入端和输出二极管构成的输出端,就组成了 CCD

的基本单元,如图 8.35 所示。

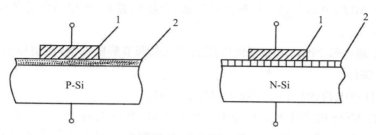

1—金属;2—绝缘层 SiO₂。

图 8.35　MOS 电容的结构

　　CCD 的基本功能是电荷的存储和定向转移,而电荷的产生方式主要有两种形式。① 电压信号注入,CCD 在用作信号处理或存储器件时,电荷输入采用电注入。CCD 通过输入结构对信号电压或电流进行采样,将信号电压或电流转换为信号电荷。② 光信号注入,CCD 在用作图像传感器时,信号电荷由光生载流子得到,即光注入。电极下收集的电荷大小取决于照射光的强度和照射时间。

　　2. CCD 的工作原理

　　CCD 的电荷存储是电荷定向转移输出的基础,CCD 是如何存储电荷的呢? 根据半导体物理知识,对于 P 型半导体材料来说,其中的多数载流子是带正电的空穴,少数载流子是带负电的电荷,若要在 P 型硅衬底上存储电荷,就需要在金属电极上加上正电压,同种电荷相斥,异种电荷相吸,所以带正电的将会被排斥,结果就没有空穴区,成为耗尽区。仔细观察会发现,耗尽区有深有浅,所以所加正电压越大,形成的耗尽区越深,正电荷被排斥得越远。加正偏压后在金属电极下形成的深耗尽区称为势阱。带正电的金属电极要排斥空穴,反过来,要吸引带负电的电子,也就是把 P 型硅中的少数载流子吸引到电极下,这个过程被形象地描述为少子(电子)填充势阱。势阱中可以填充多少少子呢? 这取决于势阱深度,即上面电极所加的正电压的大小。因此,少子将被吸引到最好正偏压电极下形成的最深的势阱。总结起来,就是对于 P 型硅衬底的 CCD 单元,电极上加上正电压之后就形成了耗尽区。如图 8.36 所示,在势阱中可以存储少子(电荷包)。

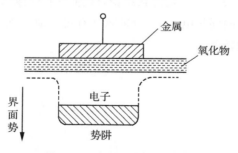

图 8.36　有信号电荷的势阱

　　CCD 的电荷存储依靠势阱实现,接下来分析电荷的转移过程。信号电荷的转移须满足下面几个条件：

① 必须使 MOS 电容阵列的排列足够紧密，以使相邻 MOS 电容的势阱相互沟通，即相互耦合。

② 通过控制相邻 MOC 电容栅极电压的高低来调节势阱深浅，使信号电荷由势阱浅的地方流向势阱深处。

③ 在 CCD 中电荷的转移必须按照确定的方向。

在 CCD 的 MOS 电容阵列上划分出以几个相邻 MOS 电荷为一单元的无限循环结构。每一单元称为一位，将每一位中对应位置上的电容栅极分别连到各自共同电极上，此共同电极称为相线。一位 CCD 中含的电容个数即为 CCD 的相数。每相电极连接的电容个数一般来说即为 CCD 的位数。通常 CCD 有二相、三相、四相等几种结构，它们所施加的时钟脉冲也分别为二相、三相、四相。当这种时序脉冲加到 CCD 的无限循环结构上时，将实现信号电荷的定向转移。下面以三相控制方式为例，分析 CCD 信号电荷的传输过程。

在三相控制方式中，把 CCD 阵列单元分成若干组，每一组有三个电极，以两组为例。如图 8.37 所示，在每一组的三个不同电极上加上不同的脉冲信号，P1 电极加上 ϕ_1 时钟脉冲，P2 电极加上 ϕ_2 时钟脉冲，P3 电极加上 ϕ_3 时钟脉冲，此时三个电极上的波形随时间变化的波形完全一致，仅仅是相位不同而已。当把这三个时钟分别加到各组的 P1、P2、P3 电极上时，就可以实现电荷的定向转移输出。

初始时刻 t_0，ϕ_1 为高电平，ϕ_2 为低电平，ϕ_3 为低电平。在 ϕ_1 高电平作用下，P1 电极下就形成较深的势阱，并且可以存储少子。下一时刻 t_1，ϕ_1 为低电平，ϕ_2 升为高电平，ϕ_3 为低电平，在 P2 电极下也将形成较深的势阱，并且相邻的势阱产生耦合，所以原来在 P1 电极下存在的电荷就在 P1、P2 两个电极下形成。再在下一个时刻 t_2，ϕ_1 为低电平，ϕ_2 为高电平，ϕ_3 为低电平，这时只有在 P 区电极下形成较深的势阱，所以原来在 P1、P2 电极下形成的势阱就全部注入 P2 电极下的势阱中。依次类推，当到了 t_3 时刻，ϕ_1 为低电平，ϕ_2 为低电平，ϕ_3 为高电平，此时在 P3 电极下形成较深的势阱，所以原来 P2 电极下的电荷就转移到 P3 电极下的势阱中。最后到了 t_4 时刻，ϕ_1 为高电平，ϕ_2 为低电平，ϕ_3 为低电平，和 t_0 时刻相同，也就是说刚好经过了一个时钟周期，这时电荷就转移到第二组 P1 电极下，再过一个周期，就转到了下一组 P1 电极下。于是得到结论：经过一个时钟脉冲周期，电荷从前一组的一个电极下转移到下一组的同号电极下，时钟脉冲有规律地变化，电荷就从一端到另一端，这样就实现了电荷的定向转移。

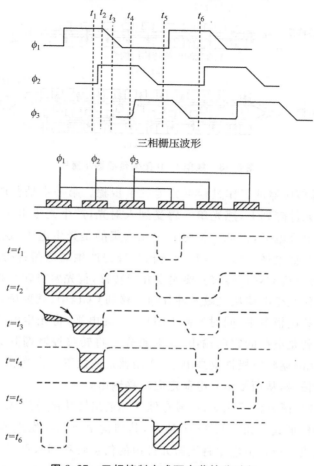

图 8.37　三相控制方式下电荷转移过程

8.5.2　CCD 图像传感器的类型

利用 CCD 的光电转移和电荷转移的双重功能,得到幅值与各光生电荷包成正比的电脉冲序列,从而将照射在 CCD 上的光学图像转换成电信号图像。由于 CCD 能实现低噪声的电荷转移,并且所有光生电荷都通过一个输出电路检测,且具有良好的一致性,因此对图像的传感具有优越的性能。CCD 图像传感器包括线型和面型。

图 8.38 所示为线型 CCD 图像传感器示意图。目前,实用的线型 CCD 图像传感器为双行结构,如图 8.38(b)所示。单、双数光敏元件中的信号电荷分别转移到上、下方的移位寄存器中,然后在控制脉冲的作用下自左向右移动,在输出端交替合并输出,这样就形成了原来光敏信号电荷的顺序。

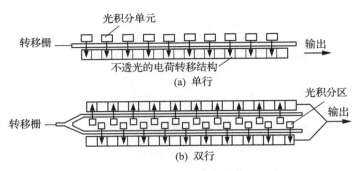

图 8.38　线型 CCD 图像传感器示意图

线型 CCD 图像传感器的工作过程可分为三个步骤。第一步是获取光图像(光积分过程),光照射到光敏元件阵列上,感光单元感受到入射光,产生光生电子-空穴对,在光敏单元的栅状电极上加上高电平,也就是说感光单元收集的是光生电子,这是光积分过程。此时转移控制栅加的是低电平。第二步是把光积分过程产生的电荷并行地转移到电荷耦合器件中,这就是信号电荷的并行转移。要实现并行转移,首先要将转移控制栅加上高电平,形成电子通道。要使光生电荷从光敏元件阵列转移到 CCD 中,就要确定电子的流向,因此要降低光敏单元栅状电极电平,同时升高 CCD 电极的电平,将光生电荷转移过来,并行转移结束。最后一步就是电荷的定向输出,这时首先要将转移控制栅降为低电平,使电子通道消失,将光敏单元的栅状电极恢复高电平,作用就是迎接下一次光积分。接着在 CCD 电极上加上时钟脉冲信号,从而使信号电荷定向转移输出。

面型 CCD 图像传感器由感光区、信号存储区和输出转移部分组成,目前存在如图 8.39所示的三种典型结构形式。如图 8.39(a)所示,其结构由行扫描发生器、输出寄存器、感光区和检波二极管组成。行扫描电路将光敏元件内的信息转移到水平(行)方向上,由垂直方向的寄存器将信息转移到输出二极管,输出信号由信号处理电路转换为视频图像信号。这种结构易于使图像模糊。图 8.39(b)所示的结构增加了具有公共水平方向电极的不透光的信息存储区。在正常垂直回扫周期内,具有公共水平方向电极的感光区所积累的电荷迅速下移到信息存储区。在垂直回扫结束后,感光区恢复到积光状态。在水平消隐周期内,存储区的整个电荷图像向下移动,每次总是将存储区最底部一行的电荷信号移到水平读出器,该行电荷在读出移位寄存器中向右移动以视频信号输出。当整帧视频信号自存储区移出后,就开始形成下一帧信号。该 CCD 结构具有单元密度高、电极简单等优点,但增加了存储器。图 8.39(c)所示的结构是用得最多的一种结构形式。它将图 8.39(b)中的感光元件与存储元件相隔排列,即一列感光单元、一列不透光的存储单元交替排列。在感光区光敏元件积分结束时,打开转移控制栅,电荷信号进入存储区。随后,在每个水平回扫周期内,存储区中整个电荷图像一次一行地向上移到水平读出移位寄存器中。接着这一行电荷信号在读出移位寄存器中向右移位到输出器件,形成视频信号输出。这种结构的器件操作简单,但单元设计复杂,感光单元面积减小,图像清晰。

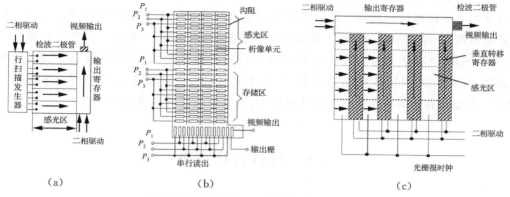

图 8.39 面型 CCD 图像传感器示意图

提高分辨率与单纯增加像素之间存在矛盾。富士公司对人类视觉进行全面研究，研制出超级 CCD（Super CCD），如图 8.40 所示。

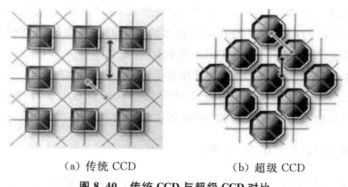

（a）传统 CCD　　　　　（b）超级 CCD

图 8.40 传统 CCD 与超级 CCD 对比

超级 CCD 与传统 CCD 相比，在以下性能方面有所提升：① 分辨力，超级 CCD 独特的 45°蜂窝状像素排列，其分辨力比传统 CCD 高 60%；② 感光度、信噪比和动态范围，像敏元光吸收效率的提高使这些指标明显改善，在 300 万像素时提升达 130%；③ 彩色还原能力，由于信噪比提高，且采用专门的 LSI 信号处理器，彩色还原能力提高 50%。

8.5.3　CCD 图像传感器的应用

CCD 应用技术是光、机、电和计算机相结合的高新技术，作为一种非常有效的非接触检测方法，CCD 被广泛用于在线检测尺寸、位移、速度、定位和自动调焦等方面。CCD 图像传感器将不同光源与透镜、镜头、光导纤维、滤光镜及反射镜等各种光学元件结合，用来装配轻型摄像机、摄像头、工业监视器。以下列举 CCD 工业生产或日常生活中 CCD 图像传感器的应用场景：① 自动流水线装置，机床、自动售货机、自动监视装置、指纹机；② 作为机器人视觉系统；③ 用于传真技术，文字、图像、车牌识别，如用 CCD 识别集成电路焊点图案，代替光点穿孔机的作用；④ M2A 摄影胶囊，将发光二极管作为光源，CCD 作为摄像机，每秒钟两次快门，信号发射到存储器，存储器取下后接入计算机下载图像。

图像传感器除 CCD 外，还有 CMOS(Complementary Metal Oxide Semiconductor，互补氧化物半导体器件)，现将二者的性能进行简单的对比。① CCD 是电荷耦合器件，其优点是灵敏度高、噪声小、信噪比大，但是生产工艺复杂、成本高、功耗高。在网络摄像头产品上，很少采用 CCD 图像传感器。② CMOS 的优点是集成度高、功耗较低、成本低，对光源要求高。CCD 和 CMOS 在制造上的主要区别：CCD 是集成在半导体单晶材料上，而 CMOS 是集成在金属氧化物的半导体材料上，工作原理没有本质的区别。

8.6 红外线传感器

利用红外线的物理性质来进行测量的传感器称为红外线传感器。红外线是一种不可见光，在电磁波谱中位于可见光中红色光以外，波长范围在 $0.78\sim1\ 000\ \mu m$。工程上又把红外线所占据的波段分为四部分，即近红外、中红外、远红外和极远红外。红外辐射是由于物体(固体、液体和气体)内部分子的转动及振动而产生的。这类振动过程是物体受热引起的，只是在绝对零度(约 $-273.15\ ℃$)时，一切物体的分子才会停止运动。所以在绝对零度时，没有一种物体会发射红外线。换言之，在常温下，所有的物体都是红外辐射的发射源。例如，火焰、轴承、汽车、飞机、动植物甚至人体等都是红外辐射源。红外技术发展到现在，已经为大家所熟知，该技术在现代科技、国防和工农业等领域获得了广泛的应用。

8.6.1 红外线传感器的工作原理

红外线传感器工作的物理基础是红外辐射。红外辐射本质上是一种热辐射。任何物体，只要它的温度高于绝对零度，就会向外部空间以红外线的方式辐射能量。一个物体向外辐射的能量大部分是通过红外辐射这种形式来实现的。物体的温度越高，辐射出来的红外线越多，辐射的能量就越强。红外线被物体吸收后可以转化成热能。红外线作为电磁波的一种形式，和所有的电磁波一样，是以波的形式在空间沿直线传播的，具有电磁波的一般特性，如反射、折射、散射、干涉和吸收等。红外线在真空中传播的速度等于波的频率与波长的乘积。

8.6.2 红外线传感器的构成

红外线传感器一般由光学系统、红外探测器、信号调理电路及显示设备等组成。其中红外探测器是利用红外辐射与物质相互作用所呈现的物理效应来探测红外辐射的；信号调理电路是将探测的信号进行放大、滤波，并从中提取出有用的信息，然后将这些信息转化为适当的格式，传送到控制设备或显示器中；显示设备是红外传感系统的终端设备，常用的有示波器、显像管、红外感光材料、指示仪器和记录仪等。在整个红外传感系统中，红外探测器是红外线传感器的核心。红外探测器的种类很多，按探测机理的不同，分为热探测器和光子探测器两大类。

1. 热探测器

热探测器将入射的各种波长的辐射能量全部吸收,它是一种对红外光波无选择的红外传感器。热探测器主要是利用辐射热效应,使探测元件接收到辐射能后温度升高,进而使探测器中依赖于温度的性能发生变化,检测其中某一性能的变化,便可探测出辐射,多数情况下是通过热电变化来探测辐射的。当元件接收辐射,引起非电量的物理变化时,可通过适当的变换测量相应的电量变化。

热探测器的主要优点是响应波段宽,响应范围可扩展到整个红外区域;在常温下工作,使用方便,应用相当广泛。但与光子探测器相比,热探测器的探测率比光子探测器的峰值探测率低,响应时间长。

热探测器主要有热释电型、热敏电阻型、热电阻型和气体型四类。其中,热释电型探测器在热探测器中探测率最高,频率响应最宽,所以这种探测器倍受重视,发展很快。这里主要介绍热释电型传感器。

（1）热释电型传感器的定义

铁电体的极化强度（单位面积上的电荷）与温度有关。如图 8.41 所示,当红外辐射照射到极化的铁电体薄片表面上时,引起薄片温度升高,使其极化强度降低,表面电荷减少,这相当于释放一部分电荷,所以这种类型的传感器叫作热释电型传感器。

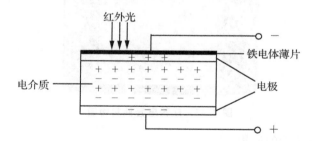

图 8.41　电介质的极化与热释电

如果红外辐射继续照射,使铁电体薄片的温度升高到新的平衡值,表面电荷也就达到新的平衡浓度,不再释放电荷,也就不再有输出信号;如果将负载电阻与铁电体薄片相连,则负载电阻上便产生一个电信号并输出。输出信号的强弱取决于薄片温度变化的快慢,从而反映入射的红外辐射的强弱。热释电型红外传感器的电压响应率正比于入射光辐射率变化的速率。图 8.42 所示为电介质的极化矢量与所加电场的关系,由图可知,铁电体与外加电场间存在磁滞现象。

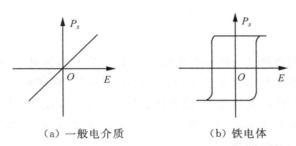

（a）一般电介质　　　　（b）铁电体

图 8.42　电介质的极化矢量与所加电场的关系

（2）热释电型传感器的工作原理

热释电晶片表面必须罩一块由一组平行的棱柱形透镜所组成的菲涅尔透镜,每一透镜单元都只有一个不大的视场角,当人体在透镜的监视视野范围中运动时,顺次地进入第一、第二透镜单元的视场,晶片上的两个反向串联的热释电单元将输出一串交变脉冲信号。当然,如果人体静止不动地站在热释电元件前面,它是"视而不见"的。传感器不加菲涅尔透镜时,其检测距离小于 2 m,而加上该透镜后,其检测距离可增加 3 倍以上。图 8.43 所示为热释电套件实物图。

图 8.43　热释电套件实物图

（3）热释电型传感器的应用

热释电型传感器是 20 世纪 80 年代逐步发展起来的一种新型高灵敏度探测元件。它能以非接触形式检测出人体辐射的红外线能量的变化,并将其转换成电压信号输出。同时,它还能鉴别出运动的生物与其他非生物。将这个电压信号放大,便可驱动各种控制电路,如作电源开关控制、防盗防火报警、自动监测等。热释电型传感器不仅适用于防盗报警场所,亦适用于对人体伤害极为严重的高压电及 X 射线、射线自动报警等。

由热释电型传感器制作的防盗报警器与目前市场上销售的许多防盗报警器材相比,具有如下特点:不需要用红外线或电磁波等发射源;灵敏度高、控制范围大;隐蔽性好,可流动安装。

热释电人体开关可用于以下各种实用电路中:① "有电,危险"安全警示电路,用于有电的场合,当有人进入这些场合时,通过发出语音和声光提醒人们注意安全;② 自动门,主要用于银行、宾馆,当有人经过时,大门自动打开,而人离开后又自动关闭;③ 红外线防盗报警器,用于银行、办公楼、家庭等场所;④ 高速公路车流检测器;⑤ 自动开关的照明灯、人体接近自动开关等。

热释电型传感器还可用在智能空调中。智能空调能检测出屋内是否有人,微处理器据此自动调节空调的出风量,以达到节能的目的。空调中的热释电型传感器的菲涅尔透镜做成球形,从而能感测到屋内一定空间范围内是否有人,以及人是静止还是走动的。

2. 光子探测器

根据光子效应制成的红外探测器称为光子探测器。所谓光子效应,是指利用入射光辐射的光子流与探测器材料中的电子互相作用,从而改变电子的能量状态。通过光子探测器测量材料电子性质的变化,可以确定红外辐射的强弱。

光子探测器主要采用光电传感器,分为光电管、光敏电阻、光敏晶体管、光电伏特元件等几类。其主要特点是灵敏度高,响应速度快,具有较高的响应频率,但探测波段较窄,一般在低温下工作。

8.6.3　红外线传感器的分类

以红外线为测量介质的系统称为红外传感系统,按照功能可以分成五类:
① 温度计和辐射计,用于温度、辐射和光谱测量。
② 搜索和跟踪系统,用于搜索和跟踪红外目标,确定其空间位置并对运动状态进行跟踪。
③ 热成像系统,可产生整个目标红外辐射的分布图像。
④ 红外测距和通信系统。
⑤ 混合系统,由以上各类系统中的两个或者多个组合而成。

8.6.4　红外线传感器的基本参数

1. 响应率

红外探测器的响应率就是其输出电压与输入的红外辐射功率之比。

2. 响应波长范围

红外探测器的响应率与入射辐射的波长有一定的关系。

3. 噪声等效功率

若投射到探测器上的红外辐射功率所产生的输出电压正好等于探测器本身的噪声电压,则这个辐射功率就叫作噪声等效功率(Noise Equivalent Power, NEP)。噪声等效功率是一个可测量的量。

8.6.5　红外线传感器的应用

红外线传感器常用于无接触温度测量、气体成分分析和无损探伤,在医学、军事、空间技术和环境工程等领域得到了广泛应用。例如,采用红外线传感器远距离测量人体表面温度的热像图,可以发现温度异常的部位,及时对疾病进行诊断和治疗;利用人造卫星上的红外线传感器对地球云层进行监视,可实现大范围的天气预报;采用红外线传感器可检测飞机上正在运行的发动机的过热情况等。红外线传感器测量时不与被测物体直接接触,因而不存在摩擦,并且具有灵敏度高、响应快等优点。

1. 红外测温仪

红外测温仪是利用热辐射体在红外波段的辐射通量来测量温度的。当物体的温度低于 1 000 ℃时,它向外辐射的不再是可见光而是红外光,可用红外探测器检测其温度。红外测温仪原理图如图 8.44 所示。红外测温仪电路比较复杂,包括前置放大器、选频放大、温度补偿、线性化、发射率调节等。图中的光学系统是一个固定焦距的透视系统,滤光片一般采用只允许 8~14 μm 的红外辐射能通过的材料。步进电机带动调制盘转动,将被测的红外辐射调制成交变的红外辐射射线。红外探测器一般为热释电型探测器,透镜的焦点落在其光敏面上。被测目标的红外辐射通过透镜聚焦在红外探测器上,红外探测器将红外辐射转换为电信号输出。目前有一种带单片机的智能红外测温仪,通过单片机与软件,大大简化硬件电路,提高仪表的稳定性、可靠性和准确性。

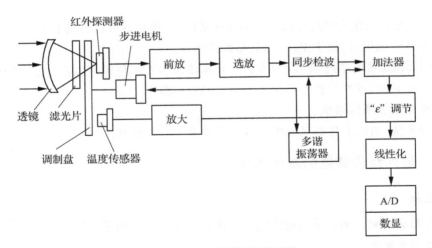

图 8.44　红外测温仪原理图

红外测温是目前较先进的测温方法,其特点有:① 远距离、非接触测量,适用于高速、带电、高温、高压环境;② 反应速度快,不需要达到热平衡状态,反应时间在微秒量级;③ 灵敏度高,辐射能与温度成正比;④ 准确度高,可精确到 0.1 ℃内;⑤ 应用范围广,可从零下到上千摄氏度。

此外,还有红外辐射温度计,既可用于高温测量,又可用于冰点以下的温度测量,是辐射温度计的发展趋势。市售的红外辐射温度计的测温范围可从 −30~3 000 ℃,中间分成若干个不同的规格,可根据需要选择合适的型号。

2. 红外线气体分析仪

红外线气体分析仪是利用红外线进行气体分析。其工作原理是,待分析组分的浓度不同,吸收的辐射能不同,剩下的辐射能使得检测器里的温度升高的值不同,动片薄膜两边所受的压力不同,从而产生一个电容检测器的电信号,这样就可间接测量出待分析组分的浓度。根据红外辐射在气体中吸收带的不同,可以对气体成分进行分析。比如,CO 气体对波长为 $4.65~\mu m$ 附近的红外线具有很强的吸收能力,CO_2 气体则对波长在 $2.78~\mu m$ 和 $4.26~\mu m$ 附近以及波长大于 $13~\mu m$ 的红外线有较强的吸收能力。如分析 CO 气体,则可以利用 $4.65~\mu m$ 附近的吸收波段进行分析。

图 8.45 所示为红外线气体分析仪原理图。光源由镍铬丝通电加热发出 $3\sim10~\mu m$ 的红外线,切光片将连续的红外线调制成脉冲状的红外线,以便于红外探测器检测。测量气室中通入被分析的气体,参比气室中封入不吸收红外线的气体。测量时(如分析 CO 气体的含量),两束红外线经反射、切光后射入测量气室和参比气室。测量气室中含有一定量的 CO 气体,该气体对 $4.65~\mu m$ 的红外线有较强的吸收能力,而参比气室中气体不吸收红外线。气室气体吸收了红外辐射的能量后,温度升高,导致室内压力增大。射入两个吸收气室的红外线造成能量差异,使两吸收室压力不同。被测气体的浓度愈大,两束光强的差值也愈大,电容的变化也愈大。电容变化量反映了被分析气体中被测气体的浓度。

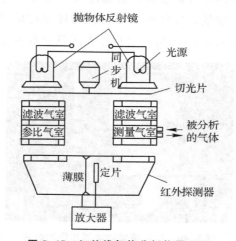

图 8.45 红外线气体分析仪原理图

该结构中还设置了滤波气室,以消除干扰气体对测量结果的影响。所谓干扰气体,就是指与被测气体吸收红外线波段有部分重叠的气体。如 CO 气体和 CO_2 在 $4\sim5~\mu m$ 波段内红外吸收光谱有部分重叠,则 CO_2 的存在会对分析 CO 气体带来影响,这种影响称为干扰。为此,在测量边和参比边各设置了一个封有干扰气体的滤波气室,它能将与 CO_2 气体对应的红外线吸收波段的能量全部吸收,因此左右两边吸收气室的红外能量之差只与被测气体(如 CO)的浓度有关。

3. 红外无损探伤仪

红外无损探伤仪可以用来检查部件内部缺陷,对部件结构无任何损伤。例如,检查两块金属板的焊接质量,检查漏焊或缺焊,检测金属材料的内部裂缝等。

红外无损探伤的特点是加热和探伤设备都比较简单,能针对各种特殊的需要设计出合适的监测方案。因此,其应用范围比较广泛,如金属、陶瓷、塑料、橡胶等材料中的裂缝、孔洞、异物、气泡、截面变形等各种缺陷的探伤,结构的检查,焊接质量的鉴定以及电子器件和线路的可靠性检测等,都可以用红外无损探伤来解决。

4. 红外夜视仪及红外摄影

红外夜视仪是利用光电转换技术的军用夜视仪器,分为主动式和被动式两种。前者用红外探照灯照射目标,接收反射的红外辐射形成图像。红外夜视仪不是利用目标自身发射的红外辐射来获得目标的信息,而是靠红外探照灯发射的红外辐射去照射目标,并接收目标反射的红外线来侦察和显示目标,所以又被称为主动式红外夜视仪。后者不发射红外线,依靠目标自身的红外辐射形成热图像,故称为热像仪。热像仪又被称为被动式红外夜视仪,它自身不发出红外辐射,只接收目标的红外辐射,并转换成人眼可见的红外图像,图像反映目标各部分的红外辐射强度。

图 8.46 所示为红外热成像传感器的红外摄像功能所拍摄的照片,不同的颜色和亮度代表不同的温度,其主要原因为任何物体只要温度高于绝对零度,内部原子就会做无规则运动,并不断地辐射热红外能量。红外探测器可将物体辐射的红外功率信号转换成电信号,在计算机成像系统的显示屏上,将得到与物体表面热分布相对应的热像图。

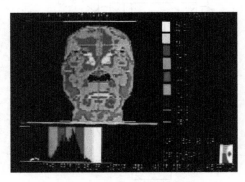

图 8.46　红外摄像功能所拍摄的照片

主动式红外夜视仪具有成像清晰、制作简单等特点,但它的致命弱点是红外探照灯的红外光会被敌人的红外探测装置发现。20 世纪 60 年代,美国首先研制出被动式热像仪,它不发射红外光,不易被敌发现,并具有透过雾、雨等进行观察的能力。

8.6.6　红外线传感器的发展方向

随着技术的不断发展以及探测器研究的逐步深入,红外探测器已经从单元的器件朝着多元面阵发展,美国等发达国家已经研制出 2 048×2 048 元(400 万像素)的红外面阵器件,这样的面阵器件非常类似于大家熟知的数码相机中的 CMOS 或 CCD 传感器。由于这类器件工作时一般安装在成像透镜的焦面上,所以又叫作红外焦平面器件(IRFPA)。另外,科学家们也在研究利用一个器件同时探测不同波段的红外信号,若与可见光器件做类比,这就是红外的"彩色 CCD"。

8.7　光纤传感器

* * * * * * * * * * * * * * * * * *

光导纤维(简称光纤)是 20 世纪最重要的发明之一。由于光纤具有信息传输量大、抗干扰能力强、保密性好、重量轻、尺寸小、灵敏度高、柔软和成本低等优点,光纤通信已被国际公认为最有发展前景的通信手段,特别是在有线通信方面的优势越来越突出。随着光纤和光纤通信技术的迅速发展,光纤的应用范围越来越广,把被测量与光纤内的导光联系起来,就形成了光纤传感器。

光纤有很多优点,用它制成的光纤传感器与常规传感器相比也有很多优点,如抗电磁干扰能力强、灵敏度高、耐腐蚀、可挠曲、体积小、结构简单以及与光纤传输线路相容等。光纤传感器可应用于位移、振动、转动、压力、弯曲、应变、速度、加速度、电流、磁场、电压、湿度、温度、声场、流量、浓度、pH 值等 70 多个物理量的测量,且具有十分广泛的应用潜力和发展前景。

8.7.1　光纤的结构

光纤一般为圆柱形,材料是以高纯度的石英玻璃为主,掺入少量杂质如锗、硼、磷等。图 8.47 所示为光纤结构示意图,其由纤芯、包层和保护层构成。纤芯材料的主体是由二氧化硅或塑料制成的一根细的圆柱体,其直径在 $5\sim75~\mu m$。有时在主体材料中掺入极微量的其他材料如二氧化锗或五氧化二磷等,以提高折射率。纤芯的折射率比包层的折射率稍大,当满足一定条件时,光就被"束缚"在光纤中传播。环绕纤芯的是一层圆柱形套层,称为包层,由特性与纤芯略有不同的玻璃或塑料制成。纤芯的折射率略大于包层的折射率。保护层多为塑料保护管,用不同的颜色区分光缆中各种不同的光纤。

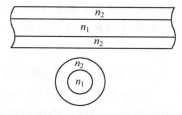

图 8.47　光纤结构示意图

8.7.2　光纤的分类

1. 按纤芯的原材料分类

按照纤芯的原材料可将光纤分为以下几类:① 高纯度石英(SiO_2)玻璃纤维,这种材料的光损耗比较小,在波长 $\lambda = 1.2\ \mu m$ 时,最低损耗约为 0.47 dB/km;② 多组分玻璃光纤,用常规玻璃制成,损耗也很低,如硼硅酸钠玻璃光纤,在波长 $\lambda = 0.84\ \mu m$ 时,最低损耗为 3.4 dB/km;③ 塑料光纤,用人工合成导光塑料制成,其损耗较大,但重量轻、成本低、柔软性好,适用于短距离导光。

2. 按折射率分类

按照折射率可将光纤分为阶跃型折射率光纤和渐变型折射率光纤,如图 8.48 所示。在纤芯和包层的界面上,纤芯的折射率不随半径而变,但在纤芯与包层界面处折射率有突变的称为阶跃型;而光纤纤芯的折射率沿径向由中心向外呈抛物线形,由大渐小至界面处与包层折射率一致的称为渐变型。

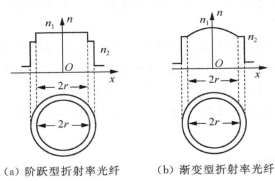

(a) 阶跃型折射率光纤　　　(b) 渐变型折射率光纤

图 8.48　光纤

3. 按传播模式分类

根据传输模数的不同,光纤可分为单模光纤和多模光纤。光纤的传播模式是指光纤传输的光波可分解为沿纵轴向传播和沿横切向传播的两种平面波成分。后者在纤芯和包层的界面上会产生全反射。当它在横切向往返一次的相位变化为 2π 的整倍数时,将形成驻波。形成驻波的光纤组称为模,它是离散的,亦即一定纤芯和材料的光纤只能传输特定模数的光。

单模光纤纤芯直径仅为几微米,接近波长。其折射率分布均为阶跃型。单模光纤原则上只能传输一种模数的光,常用于光纤传感器。这类光纤传输性能好,频带宽,具有较好的线性度,但因纤芯小,难以制造和耦合。

多模光纤允许多个模数的光在光纤中同时传播,通常纤芯直径较大,达几十微米。由于每一个"模"光进入光纤的角度不同,它们在光纤中"走"的路径不同,因此它们到达另一端点的时间也不同,这种特征称为模分散。特别是阶跃型折射率多模光纤,模分散最严重。这限制了多模光纤的带宽和传输距离。

渐变型折射率多模光纤纤芯内的折射率不是常量,而是从中心轴线开始沿径向大致按抛物线形递减,中心轴折射率最大,因此,光纤在纤芯中传播会自动地从折射率小的界面向中心会聚,光纤传播的轨迹类似正弦波形,具有光自聚焦效应,故渐变型折射率多模光纤又称为自聚焦光纤。渐变型折射率多模光纤的模分散比阶跃型小得多。

8.7.3　光纤的传光原理

图 8.49 所示为光在光密介质和光疏介质中传播的示意图。当光由光密介质入射至光疏介质时发生折射，即 $n_1 > n_2$ 时，$\theta_r > \theta_i$，其中 n_1 和 n_2 分别为光密介质和光疏介质的折射率，θ_i 和 θ_r 分别为入射角和折射角。

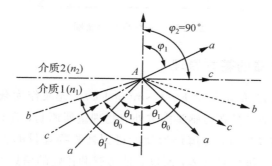

图 8.49　光在介质中传播

当光线的入射角增大到某一角度时，透射入光疏介质的折射光则沿界面传播，称此时的入射角为临界角。由折射定律得

$$\sin\theta_c = \frac{n_2}{n_1} \tag{8-6}$$

式中，θ_c 为临界角，其值仅与介质折射率的比值有关。当入射角 $\theta_i > \theta_c$ 时，光线不会透过其界面，而是全部反射到光密介质内部，也就是说光被全反射。根据这个原理，如图 8.49 所示，只要使光线射入光纤端面的光与光轴的夹角 θ_0 大于一定值，则入射到光纤纤芯和包层界面的角 θ_i 就满足大于临界角 θ_c 的条件，光线就射不出光纤的纤芯。光线在纤芯和包层的界面上不断地产生全反射而向前传播，光就能从光纤的一端以光速传播到另一端，这就是光纤传光的基本原理。

图 8.50 所示为光纤导光示意图。根据光的折射定律，有

$$\begin{cases} n_0 \sin\theta_i = n_1 \sin\theta_j \\ n_1 \sin\theta_k = n_2 \sin\theta_r \end{cases} \tag{8-7}$$

又由于 $\sin\theta_i = \dfrac{n_1}{n_0}\sin(90° - \theta_k) = \dfrac{n_1}{n_0}\cos\theta_k = \dfrac{n_1}{n_0}\sqrt{1 - \sin^2\theta_k}$，故

$$\sin\theta_i = \frac{n_1}{n_0}\sqrt{1 - \left(\frac{n_2}{n_1}\sin\theta_r\right)^2} = \frac{1}{n_0}\sqrt{n_1{}^2 - n_2{}^2\sin^2\theta_r} \tag{8-8}$$

n_0 一般为空气的折射率，故 $n_0 \approx 1$，此时式(8-8)化简为

$$\sin\theta_i = \sqrt{n_1{}^2 - n_2{}^2\sin^2\theta_r} \tag{8-9}$$

当 $\theta_r = 90°$、$\theta_i = \theta_{max}$ 的临界状态时，

$$\sin\theta_{max} = \sqrt{n_1{}^2 - n_2{}^2} = NA \tag{8-10}$$

式中，$\sin\theta_{max}$ 为数值孔径（NA）。NA 是标志光纤接收性能的一个重要参数。NA 越大，表

明可以在较大的范围内输入全反射光。

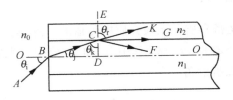

图 8.50 光纤导光示意图

8.7.4 光纤传感器的基本原理

光就是一种电磁波,光的电矢量 $E = E_0 \sin(\omega t + \varphi)$。光波作为载波经入射光纤传输到传感头,光波的某些特征变量在传感头内被外界物理量所调制,含有被调制信息的光波经出射光纤传输到光电转换部分,经解调后就能得到被测物理量的大小和状态。由于光波的频率很高,且是一种二维信号载体,所以它能传感和传输的信息量极大。光纤与电光转换元件耦合时,两者的轴心必须严格对准并固定,可使用专用的连接头及光纤插座来实现。

图 8.51 所示为光纤传感器与电类传感器的对比。由图可知,二者的调制参量不同,其中光纤传感器的调制参量为光的振幅、相位、频率、偏振态,电类传感器的调制参量为电阻、电容、电感等;敏感材料不同,前者采用的是温-光敏、力-光敏、磁-光敏材料,后者采用的是温-电敏、力-电敏、磁-电敏材料;传输信号的形式不同,光纤传感器为光信号,而电类传感器为电信号;传输介质不同,光纤传感器的传输介质为光纤、光缆,电类传感器的传输介质为电线、电缆。

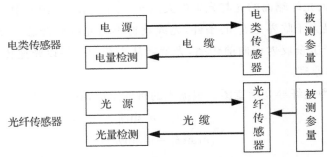

图 8.51 光纤传感器与电类传感器的对比

8.7.5 光纤传感器的分类

根据光纤在传感器中的作用,将光纤传感器分为功能型(全光纤型)光纤传感器、非功能型(或称传光型)光纤传感器和拾光型光纤传感器,如图 8.52 所示。功能型光纤传感器是利用对外界信息具有敏感性和检测能力的光纤(或特殊光纤)作传感元件,是将"传"和"感"合为一体的传感器,如图 8.52(a)所示。光纤不仅起传光作用,而且还利用光纤在外界因素(弯曲、相变)的作用下,其光学特性(光强、相位、偏振态等)的变化来实现"传"和"感"

的功能。因此,传感器中光纤是连续的。由于光纤连续,增加其长度,可提高灵敏度。非功能型光纤传感器中的光纤仅起导光作用,只"传"不"感",对外界信息的"感觉"功能依靠其他物理性质的功能元件完成,光纤不连续,如图 8.52(b)所示。此类光纤传感器无需特殊光纤及其他特殊技术,比较容易实现,成本低,但灵敏度也较低,用于对灵敏度要求不太高的场合。拾光型光纤传感器用光纤作为探头,接收由被测对象辐射的光或被其反射、散射的光,如图 8.52(c)所示。其典型应用是光纤激光多普勒速度计和辐射式光纤温度传感器。

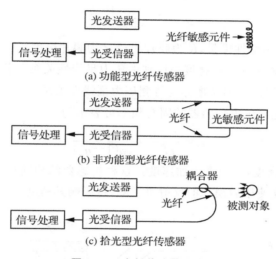

图 8.52 光纤传感器分类

根据光受被测对象的调制形式不同,将光纤传感器分为强度调制光纤传感器、偏振调制光纤传感器、频率调制光纤传感器和相位调制光纤传感器。强度调制光纤传感器是利用被测对象的变化引起敏感元件参数的变化,进而导致光强度的变化来实现敏感测量的传感器,多应用于压力、振动、位移、气体等的测量。其优点为结构简单、容易实现和成本低。而缺点是易受光源波动和连接器损耗变化等的影响。偏振调制光纤传感器是利用光的偏振态的变化来传递被测对象的信息,可应用在基于法拉第效应的电流、磁场传感器,基于泡克尔斯效应的电场、电压传感器,基于光弹效应的压力、振动或声传感器和基于双折射性的温度、压力、振动传感器。这类光纤传感器的优点是可避免光源强度变化的影响,灵敏度高。频率调制光纤传感器是通过被测对象引起的光频率的变化来进行监测。具体的传感器为利用运动物体反射光和散射光的多普勒效应的光纤速度、流速、振动、压力、加速度传感器,利用物质受强光照射时的喇曼散射构成的测量气体浓度或监测大气污染的气体传感器和利用光致发光的温度传感器等。相位调制传感器是基于被测对象导致光的相位变化,然后用干涉仪来检测这种相位变化而得到被测对象的信息。可应用在基于光弹效应的声、压力或振动传感器,基于磁致伸缩效应的电流、磁场传感器,基于电致伸缩效应的电场、电压传感器和基于萨格纳克(Sagnac)效应的旋转角速度传感器(光纤陀螺)。其优点为灵敏度很高,缺点是需要特殊光纤及高精度检测系统,成本高。

8.7.6 光纤传感器的应用

1. 采用弹性元件的光纤压力传感器

图 8.53 所示为采用弹性元件的光纤压力传感器,在 Y 形光纤束前端放置一感压膜片,当膜片受压变形时,光纤束与膜片间的距离也随之发生变化,从而使输出光强度受到调制。膜片的中心挠度为

$$y = \frac{3(1-\mu^2)R^2}{16Et^3}P \tag{8-11}$$

式中,μ 为泊松系数,E 为弹性模量,R 为膜片半径,t 为膜片厚度。

由式(8-11)可知,膜片的中心挠度与所加的压力呈线性关系。若利用 Y 形光纤束位移特性的线性区,则传感器的输出功率亦与待测压力呈线性关系。

基于弹性元件的光纤压力传感器的固有频率可表示为

$$f_r = \frac{2.56t}{\pi R^2} \cdot \sqrt{\frac{gE}{3\rho(1-\mu^2)}} \tag{8-12}$$

式中,ρ 为膜片材料的密度,g 为重力加速度。这种传感器结构简单、体积小、使用方便,但如果光源不稳定或长期使用后膜片的反射率下降,将影响其精度。

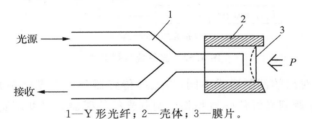

1—Y 形光纤;2—壳体;3—膜片。

图 8.53　膜片反射型光纤压力传感器示意图

图 8.54 所示为差动式膜片反射型光纤压力传感器示意图。改进后的膜片反射型光纤压力传感器的结构如图 8.54(a)所示,其采用了特殊结构的光纤束,光纤束的一端分成三束,其中一束为输入光纤,两束为输出光纤。三束光纤在另一端合成一束,并且在端面成同心环排列分布,如图 8.54(b)所示,其中最里面一圈为输出光纤束 3,中间一圈为输入光纤束 2,外面一圈为输出光纤束 1。如图 8.54(c)所示,当压差为零时,膜片不变形,反射到两束输出光纤的光强相等,即 $I_1 = I_2$。当膜片受压变形后,使得处于里面一圈的光纤束接收到的反射光强减少,而处于外面一圈的光纤束 1 接收到的反射光强增大,形成差动输出。

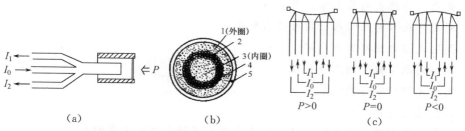

1—输出光纤；2—输入光纤；3—输出光纤；4—胶；5—膜片。

图 8.54 差动式膜片反射型光纤压力传感器示意图

2. 微弯式光纤压力传感器

微弯式光纤压力传感器是基于光纤的微弯效应，即由压力引起变形器产生位移，使光纤弯曲而调制光强度。其结构如图 8.55 所示，光纤被夹在一对锯齿板中间，当光纤不受力时，光线从光纤中穿过，没有能量损失。当锯齿板受外力作用而产生位移时，光纤则发生许多微弯，这时在纤芯中传输的光在微弯处有部分散射到包层中。当受力增加时，光纤微弯的程度也增大，泄漏到包层的散射光随之增加，纤芯输出的光强度相应减小。因此，通过检测纤芯或包层的光功率，就能测得引起微弯的压力、声压，或检测由压力引起的位移等物理量。

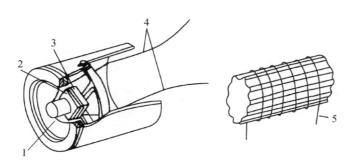

（a）微弯式光纤压力传感器结构　　　（b）锯齿板绕光纤示意图

1—聚碳酸酯薄膜；2—可动变形板；3—固定变形板；4、5—光纤。

图 8.55 微弯式光纤压力传感器

习 题

* * * * * * * * * * * * *

一、简答题

1. 什么是光电式传感器？

2. 光电式传感器的基本工作原理是什么？

3. 光电式传感器的基本形式有哪些?

4. 对光纤及入射光的入射角有什么要求?

5. 简述光敏电阻的工作原理。

6. 简述光敏二极管的工作原理。

7. 简述光纤传感器的组成。

8. 什么是光电效应?

9. 光导纤维有哪些优点? 光纤式传感器中光纤的主要优点有哪些?

二、计算题

试计算 $n_1 = 1.46, n_2 = 1.45$ 的阶跃型折射率光纤的数值孔径值。若光纤外部介质的 $n_0 = 1$, 求最大入射角 θ_c 的值。

第九章　热电式传感器

　　热电式传感器是一种利用测温敏感元件电或磁的参数随温度变化而改变的特性,将温度变化转换为电量变化的传感器。其中,将温度变化转换为热电势变化的称为热电偶传感器,将温度变化转换为电阻变化的称为热电阻传感器。这两种热电式传感器在工业生产和科学研究工作中已被广泛使用,并有相应的定型仪表可供选用,以实现温度检测的显示和记录。本章简要介绍热电式传感器的基本知识,重点介绍热电偶和热电阻两种传感器的工作原理与特性。

9.1　概　述
* * * * * * * * * * * * * * * *

9.1.1　温度的基本概念和测量方法

　　温度反映了物体冷热的程度,与自然界中的各种物理和化学过程联系密切。温度概念的建立及温度的测量是以热平衡为基础的。温度最本质的性质是当两个冷热程度不同的物体接触时会发生热传递现象,热传递结束后两物体处于热平衡状态,此时它们具有相同的温度。

　　测量温度的方法有接触式和非接触式两种。接触式测温指的是温度敏感元件与被测对象接触,经过热传递后两者温度相等。常用的接触式测温仪表有膨胀式温度计、热电阻温度计、热电偶温度计以及其他原理的温度计。接触式测温的优点是直观、可靠,测量仪表也比较简单。其缺点如下:① 由于敏感元件必须与被测对象接触,在接触过程中就可能破坏被测对象的温度场分布,从而造成测量误差;② 有的测温元件不能和被测对象充分接触,不能达到充分的热平衡,使测温元件和被测对象温度不一致,也会带来误差;③ 在接触过程中,介质的腐蚀性以及高温会影响测温元件的可靠性和工作寿命。非接触式测温指的是温度敏感元件不与被测对象接触,而是通过辐射能量进行热交换,由辐射能量的大小来推算被测对象的温度。常用的非接触式测温仪表有基于普朗克定理的辐射式温度计,如光电高温计、辐射传感器和比色温度计;基于光纤的温度特性、传光介质的特性的光纤式温度计,如光纤温度传感器、光纤辐射温度计。非接触式测温的优点是不与被测对象接触,不破坏原有的温度场,在被测对象为运动物体时尤为适用。其缺点是精度一般不高。

9.1.2　温标

为了保证温度量值的准确性和利于数据传递,需要建立一个衡量温度的统一标准尺度,即温标。建立温标必须具备三个条件:① 固定的温度点(基准点);② 测温仪器(确定测温介质和测温量);③ 温标方程(内插公式)。

1. 摄氏温标

1740 年瑞典人摄尔修斯用水银作测温介质,在标准大气压下,以冰的熔点为零度(标以 0 ℃),以水的沸点为 100 度(标以 100 ℃)。他认定水银柱的长度随温度做线性变化,将 0 度到 100 度均分成 100 等份,每一份就是一个单位,为 1 摄氏度。这种规定办法就叫摄氏温标。

2. 华氏温标

华伦海特把冰、水、氯化铵和氯化钠的混合物的熔点定为零度,以 0 ℉表示,把冰的熔点定为 32 ℉,把水的沸点定为 212 ℉,将 32 ℉到 212 ℉的区间均分为 180 等份,这样参考点就有了较为准确的客观依据。这就是现在仍在许多国家使用的华氏温标。华氏温标确定之后,就有了华氏温度(指示数)。华氏温标在欧美使用得比较普遍,摄氏温标在亚洲使用得较多,两者的关系如下:

$$华氏温度 = (1.8 \times 摄氏温度 + 32)℉ \tag{9-1}$$

华氏温度计和摄氏温度计使用的是同种测温介质(水银),利用了同样的测温特性(水银柱热胀冷缩)。但由于规定的标准点和分度单位不同,形成了两种不同的温标,从而产生了两种不同的温度的数值。

3. 热力学温标

英国物理学家威廉·汤姆森(后因诸多科学成就而被封为开尔文勋爵,故又名开尔文)根据热力学第二定理和卡诺热循环理论,于 1848 年提出绝对热力学温标(简称绝对温标,又称开氏温标,以 K 表示)。绝对温标与测温介质的性质无关,因而它是一种基本的科学的温标。绝对零度约指 -273.15 ℃,在这个温度下的物体没有热量,气体的体积将减小到零。这种温标的最大特点是与选用的测温介质的性质无关,克服了经验温标随测温介质的性质而变化的缺陷,故称其为科学的温标或绝对热力学温标。由此得到的温度称为热力学温度。此后所有的温度测量都以热力学温标作为基准,即

$$开氏温度 = (273.15 + 摄氏温度)K \tag{9-2}$$

9.1.3　温度传感器的分类

温度传感器的种类很多,分类的方法也有很多。

1. 按测量方法分类

根据测量方法分类,温度传感器可分为接触式和非接触式两大类。接触式温度传感器在测温时直接与被测物体接触,由于被测物体的热量传递给传感器,降低了被测物体的温度,特别是当被测物体热容量较小时,测量精度较低。因此采用这种方式要测得物体的真实温度的前提条件是被测物体的热容量要足够大。由于感温元件与被测介质直接接触,从而影响被测介质的热平衡状态,而接触不良则会增加测温误差,被测介质具有腐蚀性及温度太高亦将严重影响感温元件的性能和寿命。非接触式温度传感器在测温时感温元件不与被测物体直接接触,而是通过接收被测物体的热辐射能实现热交换,据此测出被测物体的温度,其制造成本较高,测量精度却较低。其优点是不从被测物体上吸收热量、不会干扰被测对象的温度场、连续测量不会产生消耗、反应快等。

2. 按测温介质和测温范围分类

根据所用测温介质的不同和测温范围的不同,温度传感器有煤油温度计、酒精温度计、水银温度计、气体温度计、电阻温度计、温差温度计、辐射温度计和光测温度计等。

3. 按工作原理分类

按温度传感器的工作原理主要分为以下几类:① 热电偶,利用金属的温差电势测温,耐高温、精度高;② 热电阻,利用导体电阻随温度的变化测温,结构简单,测量温度的上限比半导体温度传感器高;③ 热敏电阻,利用半导体的电阻值随温度显著变化的特性实现测温,体积小、灵敏度高、稳定性差;④ 集成温度传感器,利用晶体管 PN 结的电流、电压随温度变化测温,有专用集成电路,体积小、响应快、价格低,通常用于测量 150 ℃以下的温度。

4. 按价格和性能分类

根据价格和性能的不同,温度传感器可分为以下几类:① 热膨胀温度传感器,如液体、气体的玻璃式温度计和体温计,其具有结构简单、应用广泛的优点;② 家电、汽车上使用的温度传感器,价格便宜、用量大、成本低、性能差别不大;③ 工业上使用的温度传感器,其性能和价格差别较大,因传感器的精度直接关系到产品质量和控制过程,通常价格比较昂贵。

9.2　热电偶传感器

* * * * * * * * * * * * * * * * * *

热电偶是一种热电型温度传感器,它将温度变化转换为毫伏级的热电势输出,配以测量电势的仪表和变换器,便可以实现温度的测量和温度信号的转换。热电偶在测温领域应用广泛,是目前温度测量中使用最为普遍的传感元件。热电偶作为温度传感器,其最大的魅力在于温度测量范围极宽,从−270 ℃的极低温度到 2 600 ℃的超高温度都可以测量,被广泛用来测量 100～1 800 ℃范围内的温度。热电偶具有结构简单、制作方便、价格便宜等优点。此外,热电偶不仅有定型的标准化产品,而且还可以自行制作。热电偶的输出信号为电信号,便于远距离传输或信号转换。热电偶可用来测量流体的温度、固体以及固体壁面的温度。微型热电偶还可用于快速及动态温度的测量。

9.2.1　热电偶的工作原理

如图 9.1 所示,两种不同的导体或半导体 A 和 B 构成闭合回路,若热电极 A 和 B 的连接处温度不同($T > T_0$),则在此闭合回路中就有电流产生,也就是说回路中有电动势存在,这种现象称为热电效应。两个接点,一个称为热端,又称测量端或工作端,测温时将它置于被测介质中;另一个称为冷端,又称参考端或自由端,它通过导线与显示仪表相连。热电效应是 1821 年由德国物理学家塞贝克(T. J. Seebeck)发现的,所以又称作塞贝克效应。回路中所产生的电动势称为热电势。热电势由两部分组成,即接触电势和温差电势。

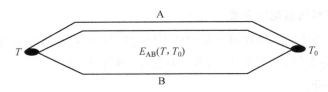

图 9.1　热电效应示意图

（1）接触电势——珀耳帖(Peltier)电动势

1834 年珀耳帖研究了热电现象,他发现当电流流过两种不同金属材料的接点时,接点的温度会随电流的方向产生升高或下降的现象。他提出要发生这种现象,接点处必定存在一个电动势,并且电动势的方向随电流方向可逆。这一可逆电动势称为接触电动势,为纪念珀耳帖的发现,又称其为珀耳帖电动势。接触电动势可以用电子的运动过程来解释。图 9.2 所示为接触电势原理图。设 n_A 是金属 A 的自由电子密度,n_B 是金属 B 的自由电子密度,假设 $n_A > n_B$,在密度差的作用下,自由电子由 A 向 B 扩散,A 段失去电子带正电,B 段得到电子带负电,这样在 A、B 间形成一内电场 E_{AB},电子在电场力的作用下,又要被拉回到 A 段去。当然这样的过程不会无限持续下去,当扩散和形成的电场对电子的作用力相等时,接点处不再出现宏观的电子迁移,即达到动态平衡。当接点处的温度发生变化时,自由电子在新的状态下达到新的动态平衡。此时,在接点处形成一个与接点温度和材料自由电子密度有关的电势。根据经典理论,此电势为

$$E_{AB}(T) = \frac{kT}{e} \ln \frac{n_A}{n_B} \tag{9-3}$$

式中,$E_{AB}(T)$ 为导体 A、B 接点在温度 T 时形成的接触电势,$e = 1.6 \times 10^{-19}$ C 为单位电荷,$k = 1.38 \times 10^{-23}$ J/K 为玻尔兹曼常数,n_A 和 n_B 分别为导体 A、B 在温度 T 时的自由电子密度。另一个接点的接触电势 $E_{AB}(T_0)$ 可表示为

$$E_{AB}(T_0) = \frac{kT_0}{e} \ln \frac{n_A}{n_B} \tag{9-4}$$

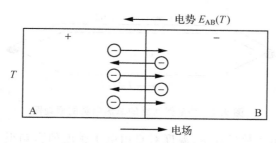

图 9.2　接触电势原理图

接触电势的大小与两种金属的材料、接点的温度有关,与导体的直径、长度及几何形状无关。

(2) 温差电势

图 9.3 所示为温差电势原理图。对于任何一种金属,当其两端温度不同时,两端的自由电子浓度也不同,温度高的一端浓度大,具有较大的动能;温度低的一端浓度小,动能也小。因此,高温端的自由电子要向低温端扩散,高温端因失去电子而带正电,低温端得到电子而带负电,形成温差电动势,又称汤姆逊电动势。温差电势的大小与金属材料的性质和两端的温差有关,可表示为

$$E_A(T,T_0)=\int_{T_0}^{T}\sigma_A\mathrm{d}T \tag{9-5}$$

式中,$E_A(T,T_0)$ 为导体 A 两端温度为 T 和 T_0 时形成的温差电势;T 和 T_0 为高、低端的绝对温度;σ_A 是汤姆逊系数,表示导体 A 两端的温度差为 1 ℃时所产生的温差电势,其大小与材料性质及两端的温度有关。例如,在 0 ℃时,铜的 σ_A 为 2 μV/℃。

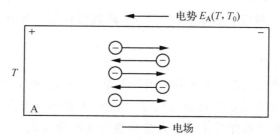

图 9.3　温差电势原理图

(3) 回路的总热电势

图 9.4 所示为热电偶回路的总热电势的原理图。由导体材料 A、B 组成的闭合回路,其接点温度分别为 T、T_0,如果 $T>T_0$,则必存在两个接触电势和两个温差电势,回路的总电势为

$$E_{AB}(T,T_0)=E_{AB}(T)+E_B(T,T_0)-E_{AB}(T_0)-E_A(T,T_0)$$

$$=\frac{k}{e}(T-T_0)\ln\frac{n_A}{n_B}+\int_{T_0}^{T}(\sigma_B-\sigma_A)\mathrm{d}T \tag{9-6}$$

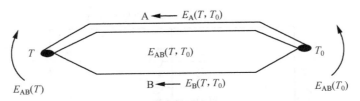

图 9.4　势电偶回路的总热电势的原理图

由于金属中自由电子数目很多，温度对自由电子密度的影响很小，故温差电势可以忽略不计，在热电偶回路中起主要作用的是接触电势，则有

$$E_{AB}(T, T_0) \approx \frac{k}{e}(T - T_0)\ln\frac{n_A}{n_B} \tag{9-7}$$

通过上述分析可知，热电势只与热电极的材料、两接点的温度有关，而与材料的尺寸、几何形状无关。下面分两种情况进行讨论。

① 热电极 A 和 B 为同一种材料时，$n_A = n_B$，$\sigma_A = \sigma_B$，则 $E_{AB}(T, T_0) = 0$。

② 若热电偶两端处于同一温度下，$T = T_0$，则 $E_{AB}(T, T_0) = 0$。

由此可见，只有 A 和 B 材料不同、两接点处于不同的温度时，才会产生热电势。热电偶回路的热电势只与组成热电偶的材料及两端温度有关，与热电偶的长度、粗细无关。故形成热电势的两个必要条件为两种导体的材料不同和接点所处的温度不同。

导体材料确定后，热电势的大小只与热电偶两端的温度有关。如果使 $E_{AB}(T_0) =$ 常数，则回路的热电势就只与温度 T 有关，而且是 T 的单值函数，这就是利用热电偶测温的原理，即

$$E_{AB}(T, T_0) = E_{AB}(T) - E_{AB}(T_0) = f(T) - C = \varphi(T) \tag{9-8}$$

E 与 T 之间有唯一对应的单值函数关系，因此就可以用测量到的热电势 E 来得到对应的温度值 T。

（4）热电偶的分度表

不同金属组成的热电偶之间有不同的函数关系，因为 n_A 和 n_B 与 T 的关系很难得到，一般通过大量的实验来总结出热电势与温度的关系，并将不同温度下的结果制成表，研制出热电势与温度的对照关系即分度表。直接从热电偶的分度表查温度与热电势的关系时的约束条件是：自由端（冷端）温度必须为 0 ℃。

9.2.2　热电偶的基本定律

热电偶在测温过程中有几条基本定律，以此作为理论依据会给测温过程带来很多方便。

（1）均质导体定律

在同一种均匀导体组成的回路中，不论材料的截面积是否一致以及各处温度如何，该回路的热电势为零，即

$$E_{AA}(T, T_0) = 0 \tag{9-9}$$

这一定律说明,热电偶必须采用两种不同材料的导体组成,且热电偶的热电势仅与两接点的温度有关,而与沿热电极的温度分布无关。如果热电偶的热电极是非均质导体,在不均匀温度场中测温时将产生测量误差。热电极材料的均匀性是衡量热电偶质量的重要技术指标之一。

(2)中间导体定律

在热电偶回路中接入另一种导体(称为中间导体 C),只要中间导体两端的温度相同,热电偶回路的总电势不受中间导体的影响,如图 9.5 所示。

$$E_{\text{总}} = E_{AB}(T) + E_{BC}(T) + E_{CA}(T) = 0 \tag{9-10}$$

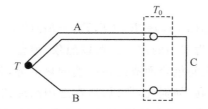

图 9.5 中间导体定律

热电偶的这种性质在实际应用中有着重要的意义。我们可以方便地在回路中直接接入各种类型的显示仪表或调节器,也可以将热电偶的两端不焊接而直接插入液态金属中或直接焊接在金属表面进行温度测量。

(3)中间温度定律

如果两种不同的导体材料组成热电偶回路,其接点温度分别为 T、T_0(图 9.6),则其热电势为 $E_{AB}(T, T_0)$;当接点温度为 T_n、T_0 时,其热电势为 $E_{AB}(T_n, T_0)$;当接点温度为 T、T_n 时,其热电势为 $E_{AB}(T, T_n)$,则

$$E_{AB}(T, T_0) = E_{AB}(T, T_n) + E_{AB}(T_n, T_0) \tag{9-11}$$

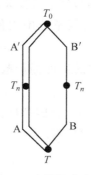

图 9.6 中间温度定律

中间温度定律是冷端温度修正的理论依据。在实际的热电偶测温回路中,利用这个性质可对参考端温度不为 0 ℃的热电势进行修正。根据这个定律,可以连接与热电偶热电特性相近的导体,将热电偶冷端延伸到温度恒定的地方,这就为热电偶回路中应用补偿导线提供了理论依据。

例1　用（S 型）热电偶测量某一温度,若参考端温度 $T_0 = 30$ ℃,测得的热电势 $E(T, T_n) = 7.5$ mV,求测量端的实际温度 T。

解　$E(T, T_0) = E(T, T_n) + E(T_n, T_0)$,在 $E(T_n, T_0)$ 中 $T_n = 30$ ℃,$T_0 = 0$ ℃。

查分度表有 $E(30, 0) = 0.173$ mV,已知 $E(T, T_n) = 7.5$ mV,所以

$E(T, 0) = E(T, 30) + E(30, 0) = (7.5 + 0.173)$ mV $= 7.673$ mV

反查分度表有 $T = 830$ ℃,测量端的实际温度为 830 ℃。

（4）标准电极定律

若两种导体 A、B 分别与第三种导体 C 组成热电偶的热电势已知,则 A、B 组成的热电偶的热电势也已知,即

$$E_{AB}(T, T_0) = E_{AC}(T, T_0) - E_{BC}(T, T_0) \tag{9-12}$$

标准电极定律是一个极为实用的定律。可以想象,纯金属的种类很多,而合金类型更多。因此,要得出这些金属之间组合而成的热电偶的热电势,其工作量是极大的。由于铂的物理、化学性质稳定,熔点高,易提纯,所以,通常选用高纯铂丝作为标准电极,只要测得各种金属与纯铂组成的热电偶的热电动势,则各种金属之间相互组合而成的热电偶的热电动势可根据式（9-12）直接计算出来。如 $E_{铜-铂}(100, 0) = 0.76$ mV,$E_{康铜-铂}(100, 0) = -3.5$ mV,则 $E_{铜-康铜}(100, 0) = E_{铜-铂}(100, 0) - E_{康铜-铂}(100, 0) = [0.76 - (-3.5)]$ mV $= 4.26$ mV。

9.2.3　热电偶的常用类型与结构

1. 热电偶的材料

根据热电效应,任何两种不同材料的导体都可以组成热电偶,但并非所有材料都适合制作热电极。在实际应用中,用作热电极的材料应具备以下条件。

① 温度测量范围广。要求在规定的温度测量范围内有较高的测量精度,有较大的热电势。温度与热电势是单值函数关系,最好呈线性关系。

② 性能稳定。要求在规定的温度测量范围内使用时热电性能稳定,均匀性和复现性好。

③ 物理化学性能好。要求在规定的温度测量范围内有良好的化学稳定性、抗氧化性或抗还原性能。

满足上述条件的热电偶材料并不多。我国把性能符合专业标准或国家标准并具有统一分度表的热电偶材料称为定型热电偶材料。

2. 热电偶的种类

（1）标准化的热电偶

从 1988 年 1 月 1 日起,我国热电偶和热电阻的生产全部按国际电工委员会（IEC）的标准,并指定 S、B、E、K、R、J、T 七种标准化热电偶为我国统一设计型热电偶。但其中的 R 型（铂铑13-铂）热电偶,因其温度范围与 S 型（铂铑10-铂）重合,我国没有生产和使用。

（a）铂铑10-铂热电偶（S 型）（分度号 LB-3）

工业用热电偶丝：$\phi 0.5$ mm，正极是铂铑丝（铂 90%，铑 10%），负极是纯铂丝。测温长期可达 1 300 ℃，短期可达 1 600 ℃，一般用来测 1 000 ℃ 以上的高温。其材料性能稳定，测量准确度较高，可做成标准热电偶或基准热电偶，抗氧化性强，宜在氧化性、惰性气体中工作。在高温还原性气体中（如气体中含 CO、H_2 等）易被侵蚀，需要用保护套管；材料属贵金属，成本较高，热电势较弱。

（b）镍铬-镍硅热电偶（分度号 K）

工业用热电偶丝：$\phi 1.2 \sim 2.5$ mm，正极是镍铬合金（镍 88.4% ~ 89.7%，铬 9% ~ 10%，硅 0.6%，锰 0.3%，钴 0.4% ~ 0.7%），负极为镍硅（镍 95.7% ~ 97%，硅 2% ~ 3%，钴 0.4% ~ 0.7%）。测温长期可达 1 000 ℃，短期可达 1 300 ℃。其优点是价格比较便宜、测温范围宽、热电势大、热电势与温度近似呈线性关系、高温下抗氧化能力强；热电势的稳定性和精度较 B 型或 S 型热电偶差，在还原性气体和含有 SO_2、H_2S 等气体中易被侵蚀。

（c）镍铬-铜镍（考铜）热电偶 E 型（分度号 EA-2）

工业用热电偶丝：$\phi 1.2 \sim 2$ mm，正极是镍铬合金，负极是铜镍合金（铜 55%，镍 45%）。测温范围为 -200 ~ 1 000 ℃。测温长期可达 600 ℃，短期可达 800 ℃。其优点是热电势较其他常用热电偶大，适宜在氧化性或惰性气体中工作，价格比较便宜，在工业上被广泛应用。在常用热电偶中其产生的热电势最大。气体硫化物对热电偶有腐蚀作用。考铜易氧化变质，适合在还原性或中性介质中使用。

（d）铂铑$_{30}$-铂铑$_6$ 热电偶（双铂铑）（分度号 B）

正极为铂铑合金（铂 70%，铑 30%），负极为铂铑合金（铂 94%，铑 6%）。测量温度长期可达 1 600 ℃，短期可达 1 800 ℃。材料性能稳定，测量精度高。在还原性气体中易被侵蚀。低温热电势极小，冷端温度在 50 ℃ 以下，可不加补偿，但成本高。

（e）铁-铜镍热电偶（分度号 J）

正极是铁，负极是铜镍合金。测温范围为 -200 ~ 1 300 ℃。其特点是热电势较大（仅次于 E 型热电偶）、灵敏度高（约为 53 $\mu V/℃$）、线性度好、价格便宜，可在 800 ℃ 以下的还原介质中使用。主要缺点是铁极易氧化。

（f）铜-铜镍热电偶（分度号 T）

正极是铜，负极是铜镍合金，测温范围为 -200 ~ 400 ℃，热电势略高于镍铬-镍硅热电偶，约为 43 $\mu V/℃$。优点是精度高、复现性好、稳定性好、价格便宜。缺点是铜极易氧化，故在氧化性气氛中使用时，一般不能超过 300 ℃。在 -100 ~ 0 ℃ 范围内，铜-铜镍热电偶已被定为三级标准热电偶，用于检测低温仪表的精度，误差不超过 ±0.1℃。

（2）几种特殊用途的热电偶

（a）铱和铱合金热电偶

如铱$_{50}$铑-铱$_{10}$钌热电偶，能在氧化性气氛中测量高达 2 100 ℃ 的高温。

（b）钨铼热电偶

钨铼热电偶是 20 世纪 60 年代发展起来的，是目前较好的一种高温热电偶，可在真空惰性气体介质或氢气介质中使用，但高温抗氧化能力差。国产钨铼-钨铼$_{20}$热电偶使用温度范围为 300～2 000 ℃,分度精度为 1%。

（c）金铁-镍铬热电偶

其主要用于低温测量,可在－271～0 ℃使用,灵敏度约为 10 μV/℃。

（d）钯-铂铱₁₅热电偶

钯-铂铱₁₅热电偶是一种高输出性能的热电偶,在 1 398 ℃时的热电势为 47.255 mV,比铂-铂铑₁₀热电偶在同样温度下的热电势高出 3 倍,可配用灵敏度较低的指示仪表,常应用于航空工业。

（e）铁-康铜热电偶（分度号 TK）

其优点是灵敏度高,约为 53 μV/℃,线性度好,价格便宜,可在 800 ℃以下的还原介质中使用。主要缺点是铁极易氧化,采用发蓝处理后可提高抗锈蚀能力。

（f）铜-康铜热电偶（分度号 MK）

其热电势略高于镍铬-镍硅热电偶,约为 43 μV/℃,且复现性好、稳定性好、精度高、价格便宜。缺点是铜易氧化,被广泛用于－253～200 ℃的低温实验室中。

3. 常用热电偶的类型

为满足不同工业生产过程中的测温要求,将热电偶分为普通型热电偶、铠装型热电偶、隔爆型热电偶和薄膜型热电偶等类型。

（1）普通型热电偶

普通型热电偶作为测量温度的变送器,通常和显示仪表、记录仪表和电子调节器配套使用。它可以直接测量各种生产过程中从 0 ℃到 1 800 ℃范围的液体、蒸气和气体介质以及固体的表面温度。普通型热电偶通常由热电极、绝缘管、保护套管和接线盒等几个主要部分组成,如图 9.7 所示。

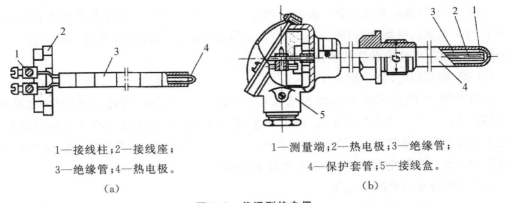

1—接线柱;2—接线座;
3—绝缘管;4—热电极。

(a)

1—测量端;2—热电极;3—绝缘管;
4—保护套管;5—接线盒。

(b)

图 9.7　普通型热电偶

热电极,又称偶丝,是热电偶的基本组成部分。普通金属做成的偶丝,其直径一般为 0.5～3.2 mm;贵重金属做成的偶丝,直径一般为 0.3～0.6 mm。偶丝的长度则由使用情况、安装条件,特别是工作端在被测介质中插入的深度决定,通常为 300～2 000 mm,常用的长度为 350 mm。

绝缘管,又称绝缘子,是用于热电极之间及热电极与保护套管之间进行绝缘保护的零件,一般为圆形或椭圆形,中间开有两个、四个或六个孔,偶丝穿孔而过。材料为黏土质、高铝质、刚玉质等,材料的选用视热电偶而定。在室温下,绝缘管的绝缘电阻应在 5 MΩ 以上。

保护套管是用来保护热电偶感温元件免受被测介质化学腐蚀和机械损伤的装置。保护套管应具有耐高温、耐腐蚀的性能,要求导热性能好,气密性好。其材料有金属、非金属以及金属陶瓷三大类。金属材料有铝、黄铜、碳钢、不锈钢等,其中 Cr_8Ni_9Ti 不锈钢是目前热电偶保护套管使用的典型材料。非金属材料有高铝质(Al_2O_3 为 85%～90%)、刚玉质(Al_2O_3 为 99%),使用温度都在 1 300 ℃以上。金属陶瓷材料如氧化镁加金属钼,使用温度在 1 700 ℃,且在高温下有很好的抗氧化能力,适用于对钢水温度的连续测量,形状一般为圆柱形。

接线盒是用来固定接线座和作为连接补偿导线的装置。根据被测量温度的对象及现场环境条件,设计有普通式、防溅式、防水式和接插座式等四种结构形式。普通式接线盒无盖,仅由盒体构成,其接线座用螺钉固定在盒体上,适用于环境条件良好、无腐蚀性气体的现场。防溅式、防水式接线盒有盖,且盖与盒体是由密封圈压紧密封,适用于雨水能溅到的现场或露天设备现场。插座式接线盒结构简单、安装所占空间小、接线方便,适用于需要快速拆卸的环境。

（2）铠装型热电偶

铠装型热电偶又称套管式热电偶。在制作过程中把热电极材料与高温绝缘材料预置在金属保护管中,运用同比例压缩延伸工艺,将这三者合为一体,制成各种直径、规格的铠装偶体,再截取适当长度将工作端焊接密封、配置接线盒即成为柔软、细长的铠装型热电偶,如图 9.8 所示。铠装型热电偶的主要特点是可以做得很细很长,使用时任意弯曲,内部的热电偶丝与外界空气隔绝,有着良好的抗高温氧化、抗低温、抗机械外力冲击等特性,可解决微小、狭窄场合的测温问题,具有抗震、可弯曲、超长等优点。

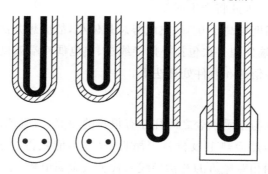

图 9.8 铠装型热电偶断面结构示意图

（3）隔爆型热电偶

隔爆型热电偶的接线盒在设计时采用防爆的特殊结构,接线盒是经过压铸而成的,具有一定的厚度、隔爆空间,机械强度较高;采用螺纹隔爆接合面,并采用密封圈进行密封。

因此,当接线盒内产生电弧时,不会引爆外界环境的危险气体,能达到预期的防爆、隔爆效果。工业用的隔爆型热电偶多用于化学工业自控系统中(由于在化工生产厂、生产现场常伴有各种易燃、易爆等化学气体或蒸气,如果用普通型热电偶则非常不安全,很易引起环境气体爆炸)。

(4) 薄膜型热电偶

薄膜型热电偶是用真空蒸镀等方法使两种热电极材料蒸镀到绝缘板上而形成的,其结构如图 9.9 所示。薄膜型热电偶的热接点极薄(0.01～0.1 μm),适用于对壁面温度的快速测量。安装时,用黏结剂将其黏结在被测物体的壁面上。目前我国试制的薄膜型热电偶有铁-镍、铁-康铜和铜-康铜三种,绝缘基板用云母、陶瓷片、玻璃及酚醛塑料纸等,测温范围在 300 ℃ 以下,反应时间仅为几毫秒,故适用于微小面积上的表面温度和快速变化的动态温度测量。

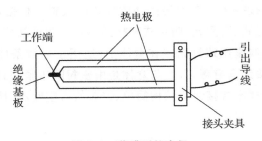

图 9.9　薄膜型热电偶

9.2.4　热电偶的冷端处理及补偿

热电偶的热电势大小不仅与热端温度有关,而且与冷端温度也有关,只有当冷端温度恒定,才可通过测量热电势的大小得到热端的温度。用热电偶的分度表查毫伏数-温度时,必须满足 $T_0 = 0$ ℃ 的条件。但在实际测温中,冷端温度常随环境温度而变化,这样 T_0 不但不是 0 ℃,而且也不恒定,因此将产生误差。

一般情况下,冷端温度均高于 0 ℃,热电势总是偏小,故应想办法消除或补偿热电偶的冷端损失。热电偶的冷端处理方法包括补偿导线法、热电偶冷端温度恒温法、计算修正法、补正系数修正法、电桥补偿法和软件处理法等。

1. 补偿导线法

工业测温时,被测点与指示仪表之间往往有很长的距离,为避免冷端温度变化的影响,需要使冷端远离工作端,然而热电极材料较昂贵,尺寸不能做得过长(一般为 1 m 左右)。为了解决这个问题,采用相对廉价的补偿导线来代替贵金属电极。如图 9.10 所示,热电偶补偿导线的组成包括补偿导线合金丝、绝缘层、护套和屏蔽层。其功能为实现冷端迁移和降低电路成本。补偿导线又分为延长型和补偿型两种,其中延长型是指补偿导线合金丝的名义化学成分及热电势标称值与配用的热电偶相同,用字母"X"附在热电偶分度号后表示;补偿型是指其合金丝的名义化学成分与配用的热电偶不同,但其热电势值在 100 ℃ 以下时与配用的热电偶的热电势标称值相同,用字母"C"附在热电偶分度号后表示。这种补偿方法可节约大量贵金属,还具有易弯曲、便于敷设的优势。常用热电偶补偿导线的特性见表 9.1。

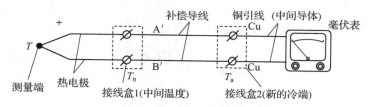

图 9.10　热电偶补偿导线示意图

表 9.1　常用热电偶补偿导线的特性

配用热电偶 正-负	补偿导线 正-负	导线外 皮颜色		1 100 ℃热电势/ mV	1 150 ℃热电势/ mV	220 ℃时的电阻率/ Ω·m
		正	负			
铂铑$_{10}$-铂	铜-铜镍	红	绿	0.645±0.023	0.074~1.053	<0.0484×10^{-6}
镍铬-镍硅	铜-康铜	红	蓝	4.095±0.15	6.137±0.20	<0.634×10^{-6}
镍铬-考铜	镍铬-考铜	红	黄	6.95±0.30	10.69±0.38	<1.25×10^{-6}
铼铼$_5$-铼铼$_{20}$	铜-铜镍	红	蓝	1.337±0.045	—	

使用补偿导线时应注意以下问题:

① 补偿导线与热电偶的两个接点温度必须相同,根据中间温度定律,延伸导线不会影响热电势输出。

② 补偿导线的热电特性在一定范围内(一般为 0~100 ℃)要与所配用的热电极材料具有相同的热电特性,不同热电偶的热电极要选用相应的补偿导线。

③ 采用补偿导线只是将冷端远离被测热源,该方法不能使冷端温度恒定,也不能补偿由于冷端温度变化引起的热电势的变化。

随着热电偶的标准化,补偿导线也形成了标准系列。国际电工委员会也制定了国际标准,适合于标准化热电偶。

2. 热电偶冷端温度恒温法

热电偶冷端温度恒温法又称冰浴法,如图 9.11 所示。把热电偶的参考端置于 0 ℃恒温器或装满冰水混合物的容器中,以便冷端温度保持 0 ℃。为了避免冰水导电引起两个连接点短路,必须把连接点分别置于两个玻璃试管里,浸入同一冰点槽,使两者相互绝缘。这是一种理想的补偿方法,但工业中使用极为不便,仅适用于实验室中的精确测量和检定热电偶。

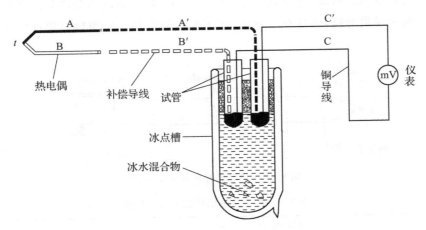

图 9.11　0 ℃恒温法示意图

除 0 ℃恒温法外,还有其他恒温法,即将热电偶的冷端置于各种恒温器内,使之保持温度恒定,避免由于环境温度的波动而引起误差。这类恒温器可以是盛有变压器油的容器,利用变压器油的热惰性恒温,也可以是电加热的恒温器。这类恒温器的温度不是 0 ℃,所以最后还须对热电偶进行冷端温度修正。

3. 计算修正法

若冷端温度恒定,但并非 0 ℃,要使测出的热电势反映热端的实际温度,则必须对温度进行修正。修正公式如下:

$$E_{AB}(T,0)=E_{AB}(T,T_0)+E_{AB}(T_0,0) \tag{9-13}$$

例 2　利用镍铬-镍硅热电偶测炉温,当冷端温度恒为 30 ℃时,测出热端温度为 t 时的热电势为 39.17 mV,求炉子的真实温度。

解　由镍铬-镍硅热电偶分度表查出 $E(30,0)=1.203$ mV。

根据式(9-13)计算出 $E(t,0)=(39.17+1.203)\text{mV}=40.373$ mV。

再通过分度表查出其对应的实际温度为 $t=977$ ℃。

4. 补正系数修正法

利用中间温度定律可求出 $T_0\neq0$ 时的热电势。该方法较精确,但烦琐。故工业上常用补正系数修正法实现补偿。设冷端温度为 T_0,此时测得温度为 T',其实际温度为

$$T=T'+kT_0 \tag{9-14}$$

式中,k 为补正系数。这种方法在工程上应用较为广泛。

5. 电桥补偿法

前述补偿法适用于冷端温度不为零但恒定的情况,而冷端一般暴露在空气中,会受到周围介质温度波动的影响,在工业生产中常采用电桥补偿法,又称冷端补偿器法。电桥补偿法是利用不平衡电桥产生的不平衡电压来自动补偿热电偶因冷端温度变化而引起的热电势的变化值。可选用与被补偿热电偶对应型号的补偿电桥,按使用说明书进行温度

补偿。

图 9.12 所示为电桥补偿法电路示意图。不平衡电桥由 R_1、R_2、R_3（锰铜丝绕制）、R_{Cu}（铜丝绕制）四个桥臂和桥路电源组成。设计时，在 20 ℃下使电桥平衡（$R_1 = R_2 = R_3 = R_{Cu}$），此时 $U_{ba} = 0$，电桥对仪表读数无影响。提供 4 V 直流电压，在 $0 \sim 40$ ℃或 $-20 \sim 20$ ℃的范围内起补偿作用。注意：不同材质的热电偶所配的冷端补偿器的限流电阻 R 不一样，互换时必须重新调整。桥臂 R_{Cu} 必须和热电偶的冷端靠近，使两者处于同一温度下。

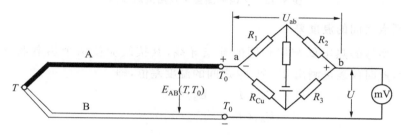

图 9.12　电桥补偿法电路示意图

① $T_0 = 20$ ℃，设 $R_1 = R_2 = R_3 = R_{Cu}$，电桥平衡，则 $U_{ba} = 0$。

② $T_0 > 20$ ℃，$E_{AB}(T, T_0)$ 变小，R_{Cu} 变大，U_{ba} 变大，热电势 $E_{AB}(T, T_0)$ 与 U_{ba} 变化趋势相反，如果设置合适的参数，使二者相等，随温度升高，使输出值得到补偿。

③ $T_0 < 20$ ℃，$E_{AB}(T, T_0)$ 变大，R_{Cu} 变小，U_{ba} 变小，热电势 $E_{AB}(T, T_0)$ 与 U_{ba} 变化趋势相反，如果设置合适的参数，使二者相等，随温度降低，使输出值得到补偿。

当选择合适的铜电阻时，随冷端温度变化，电桥产生的不平衡电压正好补偿由于冷端温度波动而引起的热电势的变化量。该方法可在某一范围内较好地实现自动补偿，在工业上较常用。

6. 软件处理法

对于计算机系统，不必全靠硬件进行热电偶冷端处理。例如，冷端温度恒定但不为 0 ℃时，只需在采样后加一个与冷端温度对应的常数即可。对于 T_0 经常波动的情况，可利用热敏电阻或其他传感器把 T_0 信号输入计算机，按照运算公式设计一些程序，便能自动修正。后一种情况必须考虑输入的采样通道中除了热电势外还应该有冷端温度信号。如果多个热电偶的冷端温度不相同，还要分别采样。若占用的通道数太多，宜利用补偿导线把所有的冷端接到同一温度处，只用一个冷端温度传感器和一个修正 T_0 的输入通道即可。冷端集中对提高多点巡检的速度也很有利。

9.2.5　热电偶的测量电路

1. 测量单点温度

图 9.13 所示为热电偶测量单点温度原理图，流过测温毫伏表的电流为

$$I = \frac{E_{AB}(T, T_0)}{R_Z + R_C + R_M} \tag{9-15}$$

式中，R_Z、R_C、R_M 分别为热电偶、补偿导线和仪表的内阻。

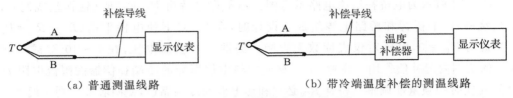

（a）普通测温线路   （b）带冷端温度补偿的测温线路

图 9.13　热电偶测量单点温度原理图

2. 测量两点之间的温度差

将两个同型号的热电偶配用相同的补偿导线，其接线应使两个热电偶反向串联，如图 9.14 所示，此时仪表可测出 T_1 和 T_2 之间的温度差值，即

$$E_T = E_{AB}(T_1) + E_{BA}(T_2)$$
$$= E_{AB}(T_1) - E_{AB}(T_2) \tag{9-16}$$

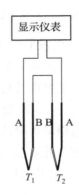

图 9.14　热电偶测量两点温差原理图

3. 热电偶并联线路

图 9.15 所示为热电偶并联测温原理图，即将几个同型号的热电偶并联在一起，并要求都工作在线性段。在每个热电偶线路中分别串联平衡电阻 R，当仪表的输入阻抗很大时，回路中总的热电势等于热电偶输出电势之和的平均值，可表示为

$$E_T = \frac{E_1 + E_2 + E_3}{3} = \frac{1}{3}\left[E_{AB}(T_1, T_0) + E_{AB}(T_2, T_0') + E_{AB}(T_3, T_0'')\right] \tag{9-17}$$

此种测量电路的缺点是当有一个热电偶烧断时，不易察觉。

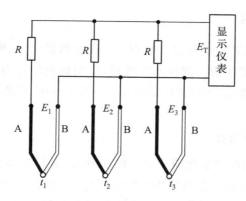

图 9.15 热电偶并联测温原理图

4. 热电偶串联线路

图 9.16 所示为热电偶串联测温原理图,即将几个同型号的热电偶串联在一起,回路中总的热电势等于热电偶输出电势之和,可表示为

$$E_T = E_{AB}(T_1, T_0) + E_{AB}(T_2, T_0) + E_{AB}(T_3, T_0)$$ (9-18)

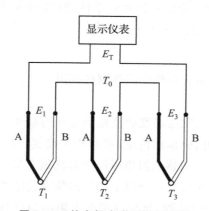

图 9.16 热电偶串联测温原理图

9.3 热电阻传感器

＊＊＊＊＊＊＊＊＊＊＊＊＊＊＊＊

热电阻传感器是利用导体或半导体的电阻值随温度变化而变化的原理进行测温的。热电阻传感器分为金属热电阻和半导体热电阻两大类,一般把金属热电阻称为热电阻,而把半导体热电阻称为热敏电阻。热电阻被广泛用于测量-200~850 ℃范围内的温度,少数情况下,低温可测量至 1 K,高温达 1 000 ℃。本节主要介绍金属热电阻、半导体热敏电阻及其应用。

9.3.1 金属热电阻

制备金属热电阻的材料应具备以下特点:① 在中低温区,热电偶输出的热电势很小;② 热电阻是中低温区最常用的一种温度检测器,比用热电偶作为测温元件时测量精度更高;③ 测量精度高,性能稳定,不仅被广泛应用于−200~600 ℃范围内的温度测量,而且被制成标准的基准仪。

1. 金属热电阻的测量原理

金属材料的电阻随温度的变化而变化。温度升高,金属内部原子晶格的振动加剧,从而使金属内部的自由电子通过金属导体时的阻碍增大,宏观上表现为电阻率变大,电阻值增加,称其为正温度系数,即电阻值与温度的变化趋势相同。利用导体或半导体的电阻值随温度变化而变化的特性来测量温度,温度每升高 1 ℃,热电阻值要增加 0.4%~0.6%。

2. 制造金属热电阻材料的要求

制造金属热电阻的材料须满足以下要求:① 电阻温度系数要大,以提高热电阻的灵敏度;② 电阻率尽可能大,以便减小电阻体的尺寸;③ 热容量要小,以便提高热电阻的响应速度;④ 在测量范围内,应具有稳定的物理和化学性能;⑤ 电阻与温度的关系最好接近于线性;⑥ 应有良好的可加工性,且价格便宜。

3. 常用的金属热电阻

目前最常用的金属热电阻有铂热电阻和铜热电阻。

(1) 铂热电阻

铂热电阻是利用纯铂丝电阻随温度的变化而变化的原理设计的,主要作为标准电阻温度计,被广泛应用于温度基准、标准的传递,可测量和控制−200~650 ℃的温度。目前,铂热电阻的测量上限达 850 ℃。铂热电阻也可用于对其他变量(如流量、导电率、pH 值等)的测量电路中进行温度补偿。在氧化性介质中铂丝的物理化学性质都很稳定,且在较宽的温度测量范围内都能保持良好的特性,是目前制造电阻的最好材料,但在还原性介质中铂丝易变脆。有时用它来测量介质的温差和平均温度,具有比其他元件更好的稳定性和互换性。

铂丝的电阻值与温度之间的关系,即特性方程如下:

当温度 t(℃)满足 $0 \leqslant t \leqslant 650$ 时,

$$R_t = R_0(1 + At + Bt^2) \tag{9-19}$$

当温度 t(℃)满足 $−200 \leqslant t \leqslant 0$ 时,

$$R_t = R_0[1 + At + Bt^2 + C(t-100)t^3] \tag{9-20}$$

式中,R_t 和 R_0 分别是温度为 t ℃ 和 0 ℃时的电阻,A、B 和 C 为常数,$A = 3.940 \times 10^{-2} \text{℃}^{-1}$,$B = -5.84 \times 10^{-7} \text{℃}^{-2}$,$C = -4.22 \times 10^{-12} \text{℃}^{-3}$。由此可见,热电阻在温度 t 时的电阻值与 0 ℃时的电阻值 R_0 有关。

铂热电阻的测量精度与铂的提纯程度有关。铂的纯度用百度电阻比 $W(100)$ 表示,即

$$W(100) = \frac{R_{100}}{R_0} \tag{9-21}$$

式中，R_{100} 为 100 ℃时的铂电阻值，R_0 为 0 ℃时的铂电阻值。由式(9-21)可知，$W(100)$ 越高，则其纯度越高。

目前的工艺水平可使纯度达到 99.999％，即 $W(100)=1.393$。国际实用温标规定，作为标准测温器件，$W(100)$ 不得小于 1.392 5。工业上常用的测温器件，$W(100)$ 在 $1.387\sim1.390$。

铂热电阻的优点为精度高、稳定性好、性能可靠。在氧化性气氛中，甚至在高温下其物理化学性质都非常稳定。它易于提纯，复现性好，有良好的工艺性，可以制成极细的铂丝或极薄的铂箔。与其他热电阻材料相比，有较高的电阻率。其缺点为电阻温度系数较小，在还原性气氛中，特别是在高温下易被污染、变脆，且价格较贵。

我国规定工业用铂热电阻有 Pt50 和 Pt100，其中以 Pt100 最为常用。铂热电阻不同的分度号亦有相应的分度表，即 R_t-t 关系表。在实际测量中，只要测得热电阻的阻值 R_t，便可从分度表上查出对应的温度值。

铂热电阻常被应用于钢铁、地质、石油和化工等生产工艺流程，各种食品加工，空调设备及冷冻库，恒温槽等的温度检测与控制中。

（2）铜热电阻

铂是贵重金属，因此在一些测量精度要求不高、测温范围较小（$-50\sim150$ ℃）的情况下普遍采用铜热电阻。铜热电阻具有较大的电阻温度系数，材料容易提纯，其阻值与温度之间接近线性关系，铜价格比较便宜，所以铜热电阻在工业上得到广泛的应用。铜热电阻的缺点是电阻率较小，稳定性也较差，容易氧化。与铂相比，铜的电阻率低，所以铜热电阻的体积较大。

在精确计算时，铜热电阻的阻值与温度之间的关系为

$$R_t = R_0(1 + At + Bt^2 + Ct^3) \tag{9-22}$$

式中，A、B、C 为常数，$A = 4.288\ 99 \times 10^{-3}$ ℃$^{-1}$，$B = -2.133 \times 10^{-7}$ ℃$^{-2}$，$C = 1.233 \times 10^{-9}$ ℃$^{-3}$。

为方便计算，常用下式计算：

$$R_t = R_0(1 + \alpha t) \tag{9-23}$$

式中，R_t 和 R_0 分别是温度为 t ℃和 0 ℃时的电阻，α 是温度为 0 ℃时的温度系数。

铜热电阻的优点是电阻温度系数较大、线性较好、价格便宜；其缺点为电阻率较低，电阻体的体积较大，热惯性较大，稳定性较差，在 100 ℃以上时容易氧化，因此只能用于低温及没有侵蚀性的介质中。工业用铜热电阻有 Cu50 和 Cu100，相应的分度表可查阅相关资料。

（3）其他金属热电阻

铟电阻：铟电阻用 99.999％高纯度的铟丝绕成电阻，适宜在 $-269\sim-258$ ℃温度范围内使用。实验证明，在 $4.2\sim15$ K 范围内，铟电阻的灵敏度比铂电阻高 10 倍。铟电阻的缺点是材料软、复制性差。

锰电阻:锰电阻适宜在$-271\sim-210$ ℃温度范围内使用。其优点是在$2\sim63$ K温度范围内电阻随温度变化大,灵敏度高。锰电阻的缺点是材料脆,难拉成丝。

碳电阻:碳电阻适宜在$-273\sim-268.5$ ℃温度范围内使用。其优点是热容量小,灵敏度高,价格低廉,操作简便。碳电阻的缺点是热稳定性较差。

4. 金属热电阻的结构

金属热电阻由电阻体、绝缘管和接线盒构成,其中电阻体是最主要的部分。如图 9.17所示,将电阻丝绕在云母、石英、陶瓷或塑料等高绝缘骨架上,经固定、外加保护套管,以提高热电阻器件的机械强度,并保护其不易被水分或侵蚀性气体影响。

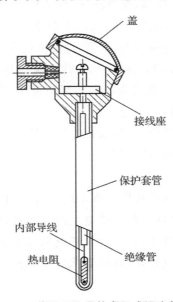

盖

接线座

保护套管

内部导线

绝缘管

热电阻

图 9.17 普通工业用热电阻式温度传感器

5. 金属热电阻测量线路

金属热电阻把温度变化量转换成电阻值,这样就可以通过测量电阻来测量温度。测量电阻通常可利用欧姆表或电桥。

平衡电桥法如图 9.18所示,如果电阻$R_1=R_2$,当热电阻R_t的阻值随温度变化时,调节电位器R_3的电刷位置x,使电桥处于平衡状态,则有

$$R_t=\frac{x}{L}R_3 \tag{9-24}$$

式中,L和R_3分别为电位器的有效长度和总电阻,x是电刷位置。

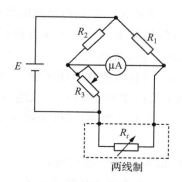

图 9.18 平衡电桥法

内部引线方式有二线制、三线制和四线制三种。二线制中引线电阻对测量结果影响较大,用于对测温精度要求不高的场合。三线制可以减小热电阻与测量仪表之间连接导线的电阻因环境温度变化所引起的测量误差。四线制可以完全消除引线电阻对测量结果的影响,用于高精度温度检测。工业用铂电阻测温采用三线制或四线制。

三线制电桥如图 9.19 所示,其中 R_t 为热电阻,r_1、r_2、r_3 为引线电阻。一根引线接到电源对角线上,另两根分别接到电桥相邻的两个臂上。这样,引线电阻值及其变化对仪表读数的影响可以互相抵消一部分。

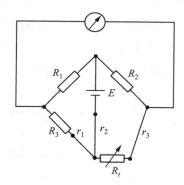

图 9.19 三线制电桥

9.3.2 半导体热敏电阻

热敏电阻是用半导体材料制成的热敏器件,与金属热电阻相比,其具有温度系数高、灵敏度高、热惯性好(适宜动态测量)的优点,但稳定性和互换性较差。半导体的这种温度特性,是因为半导体的导电方式是载流子(电子、空穴)导电。由于半导体中载流子的数目远比金属中的自由电子少得多,所以它的电阻率很大。随着温度的升高,半导体中参与导电的载流子数目就会增多,故半导体导电率增加,而电阻率随之降低。

1. 半导体热敏电阻的特点

半导体热敏电阻具有如下特点:

① 电阻温度系数的范围较宽,电阻温度系数的绝对值比金属大 4～9 倍。

② 材料易加工、性能好。可根据使用要求加工成各种形状,特别是能够做到小型化。目前最小的珠状热敏电阻其直径仅为 0.2 mm。

③ 阻值在 1 Ω～10 MΩ 之间,可自由选择。使用时,一般可不必考虑线路中引线电阻的影响。由于其功耗小,故无须采取冷端温度补偿,所以适用于远距离测温和控温。

④ 稳定性好。在 0.01 ℃ 的小温度范围内,其可达到 0.000 2 ℃ 的精度,优于其他各种温度传感器。

⑤ 原料丰富,价格低廉。烧结表面均已用玻璃封装,故可用于较恶劣环境。另外,由于热敏电阻材料的迁移率很小,故其性能受磁场影响很小,这是十分重要的特点。

2. 半导体热敏电阻的种类

半导体热敏电阻分为正温度系数热敏电阻器(PTC)、突变型负温度系数热敏电阻器(CTR)和负温度系数热敏电阻器(NTC)。图 9.20 所示为热敏电阻器的电阻-温度曲线。正温度系数热敏电阻器是电阻值随温度升高而增大的电阻器,主要采用钛酸钡($BaTiO_3$)系列材料。当温度超过某一数值时,其阻值朝正方向快速变化。PTC 主要用于电器设备的过热保护、发热源的定温控制或作限流元件。突变型负温度系数热敏电阻器的电阻值在某特定温度范围内随温度升高而降低 3～4 个数量级,具有很大的负温度系数。其主要材料是二氧化钒(VO_2)并添加一些金属氧化物。CTR 主要用作温控开关。负温度系数热敏电阻器即通常所说的热敏电阻,是由氧化铜、氧化铝、氧化镍等金属氧化物按一定比例混合研磨、成型、煅烧而成。改变这些混合物成分的配比,就可以改变 NTC 的温度范围、温度系数及阻值。NTC 具有很高的负电阻温度系数,特别适用于 -100～300 ℃ 温度范围内,既可用于温度测量,亦可作电子控制系统中的温控器件。

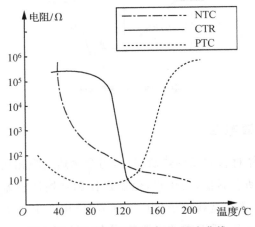

图 9.20　热敏电阻器的电阻-温度曲线

3. 热敏电阻的基本特性

(1) NTC 的 R-T 特性

NTC 的阻值与温度(R-T)之间近似满足指数关系：

$$R_T = R_0 e^{B\left(\frac{1}{T} - \frac{1}{T_0}\right)} \tag{9-25}$$

式中，R_T 和 R_0 分别是温度为 T 和 T_0 时的电阻值；T 为被测温度；T_0 为参考温度；B 为热敏电阻材料常数，一般为 2 000～6 000 K，其大小取决于热敏电阻的材料。测试结果表明，无论是由氧化物材料还是由单晶体材料制成的 NTC 热敏电阻器，在不太宽的温度范围（小于 450 ℃）都能利用该式，该式仅是一个经验公式。

这里需要指出的是，常数 B 不是固定值，而是温度 T 的函数，即 $B = f(T)$，不同厂家生产的热敏电阻的 B 值都不一样。如果被测温度比较低，而且不需要很高的精度时，一般把 B 看成一个常数。其表达式如式（9-26）所示。为了使用方便，一般将 $T_0 = 25$ ℃，$T = 100$ ℃代入式（9-26），计算所得的结果即为 B 的取值。将 B 值及 $R_0 = R_{25}$ 代入式（9-25）就确定了热敏电阻的温度特性，其曲线如图 9.21 所示。

$$B = \frac{\ln(R_T/R_0)}{1/T - 1/T_0} = \frac{\ln(R_{100}/R_{25})}{\dfrac{1}{373} - \dfrac{1}{298}} \approx 1\ 482\ln\frac{R_{25}}{R_{100}} \tag{9-26}$$

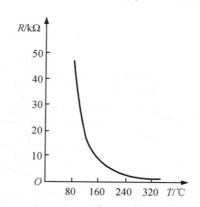

图 9.21　热敏电阻的温度特性曲线

（2）伏安特性

在稳态下，热敏电阻上的电压和通过的电流之间的关系称为伏安特性。图 9.22 所示为伏安特性曲线。由图可知：当流过热敏电阻的电流较小时，曲线呈直线状，满足欧姆定律，主要用来测温；当电流增加时，热敏电阻自身温度明显增加，由于负温度系数的关系，阻值下降，故电压上升速度变慢，出现非线性；当电流继续增加时，热敏电阻自身温度上升更快，阻值大幅度下降，其减小的速度超过电流增加的速度，于是出现电压随电流增加而下降的现象。由于热敏电阻具有严重的非线性，扩大测温范围和提高精度必须进行补偿校正。

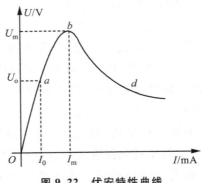

图 9.22　伏安特性曲线

（3）安时特性

流过热敏电阻的电流与时间的关系称为安时特性。它表示热敏电阻在不同的电压下，电流达到稳定的最大值所需要的时间。图 9.23 所示是安时特性曲线。对于一般结构的热敏电阻，其值均在 0.5～1 s 之间。

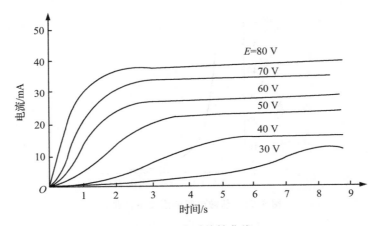

图 9.23　安时特性曲线

（4）NTC 的温度系数

热敏电阻的温度每变化 1 ℃时电阻值的变化率叫作热敏电阻的电阻温度系数，即

$$\alpha_T = \frac{1}{R_T} \cdot \frac{\mathrm{d}R_T}{\mathrm{d}T} = \frac{\mathrm{d}\left[R_0 \mathrm{e}^{B\left(\frac{1}{T} - \frac{1}{T_0}\right)}\right]}{\mathrm{d}T} = -\frac{B}{T^2} \tag{9-27}$$

由式（9-27）可知，热敏电阻的温度系数随温度减小而增大，所以低温时热敏电阻的温度系数大，灵敏度高，故热敏电阻常用于低温（−100～300 ℃）测量。

4. 热敏电阻的主要参数

① 标称电阻值 R_H：在环境温度为（25±0.2）℃时测得的电阻值，又称冷电阻，单位为 Ω。其大小取决于热敏电阻的材料和几何尺寸。

② 热容量 C：热敏电阻的温度变化 1 ℃时所吸收或释放的热量，单位为 J/℃。

③ 耗散系数 H：热敏电阻的温度与周围介质的温度相差 1 ℃时热敏电阻所耗散的功

率,单位为 mW/℃。

④ 时间常数 τ:热敏电阻从温度为 T_0 的介质中突然移入温度为 T 的介质中,温度升高 $\Delta T = 0.63(T - T_0)$ 所需的时间,单位为 s。它表征热敏电阻加热或冷却的速度,以热容量与耗散系数之比来表示,即 $\tau = \dfrac{C}{H}$。

⑤ 电阻温度系数 α:热敏电阻的温度变化 1 ℃时,其电阻值的变化率,单位为%/℃。

⑥ 最高工作温度 T_{max}:热敏电阻在规定的技术条件下,长期连续工作所允许的最高温度。

⑦ 额定功率 P_H:热敏电阻在规定的技术条件下,长期连续工作所允许的耗散功率,单位为 W。在实际使用时,热敏电阻所消耗的功率不得超过额定功率。

5. 热敏电阻的结构

热敏电阻是由一些金属氧化物,如钴(Co)、锰(Mn)、镍(Ni)等的氧化物按不同比例配方、高温烧结而成。其形状有珠状、片状、杆状、垫圈状。热敏电阻由热敏探头、引线和壳体构成,如图 9.24 所示。热敏电阻有直热式的二端和三端器件,即热敏电阻直接由连接的电路获得功率。除此之外,热敏电阻还有旁热式的四端器件。热敏电阻的结构形式如图 9.25 所示。

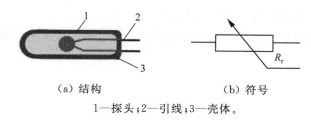

（a）结构　　　　　　　　（b）符号

1—探头;2—引线;3—壳体。

图 9.24　热敏电阻的结构和符号

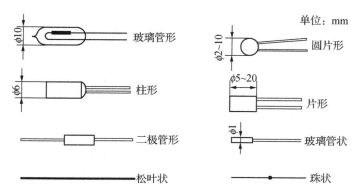

图 9.25　热敏电阻的结构形式

6. 热敏电阻的应用

热敏电阻的应用广泛,家用电器如空调机、微波炉、电风扇、电取暖炉等的温度控制与温度检测;办公自动化设备如复印机、打印机的温度检测或温度补偿;工业、医疗、环保、气象、食品加工设备的温度控制与检测;液面指示和流量测量;仪表线圈,集成电路,石英晶体振荡器和热电偶的温度补偿等。但目前半导体热敏电阻还存在一定的缺陷,主要是互换性和稳定性还不够理想,虽然近几年有明显改善,但仍比不上金属热电阻。另外,半导体热敏电阻的非线性严重,且不能在高温下使用,因而限制了其应用范围。

习　题

* * * * * * * * * * *

简答题

1. 什么是热电效应和热电势? 什么叫接触电势? 什么叫温差电势?

2. 什么是热电偶的中间导体定律? 中间导体定律有什么意义?

3. 什么是热电偶的标准电极定律? 标准电极定律有什么意义?

4. 目前热电阻常用的引线方法主要有哪些? 并简述各自的应用场合。

5. 热电偶冷端温度对热电偶的热电势有什么影响? 为消除冷端温度影响可采用哪些措施?

6. 热电偶对热电极材料有哪些基本要求?

7. 热电偶测温时为什么要进行冷端温度补偿? 补偿的方法有哪几种?

附　录

CSY-XS-01传感器系统实验箱说明书

一、产品简介

CSY-XS-01传感器系统实验箱是在高联公司多年生产传感技术教学实验仪器的基础上,结合 TK-9×× 系列和 TK-2000 系列的各自优点,根据院校实验室的实际情况,为适应不同类别、不同层次的专业需要,最新主推的手提式传感器实验仪。

CSY-XS-01传感器系统实验箱主要用于各大中专院校开设的传感器原理、自动检测技术、非电量电测技术、测量与控制、机械量电测等课程的实验教学。

CSY-XS-01实验箱的传感器将原理与实际相结合,便于学生加强对书本知识的理解,并在实验过程中通过信号的采集、转换、分析,培养学生的基本操作技能与动手能力。

二、实验箱组成

CSY-XS-01传感器系统实验箱如附图0.1所示,主要由机头、主板、信号源、传感器、数据采集卡、PC接口等各部分组成。

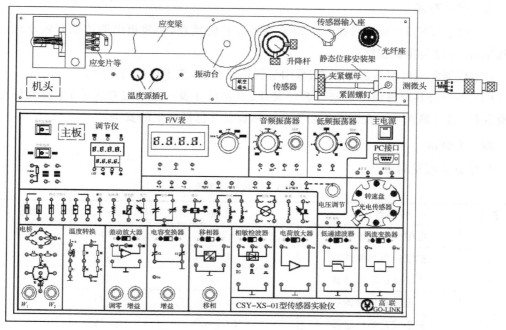

附图 0.1　CSY-XS-01 传感器系统实验箱

1. 机头

机头由应变梁(含应变片、PN结、NTC RT 热敏电阻、加热器等)、振动台(振动源)、升降杆、测微头和传感器的安装架(静态位移安装架)、传感器输入座、光纤座及温度源等组成。

2. 主板

主板部分由八大单元电路组成:智能调节仪单元;频率/电压显示(F/V 表)单元;音频振荡器(1 kHz~10 kHz 可调)和低频振荡器(1~30 Hz 可调)单元;直流稳压电源输出单元(提供高稳定的±15 V、5 V、±4 V、1.2~12 V 可调电源输出等);数据采集和 RS232 PC 接口单元;传感器输出单元;转动源单元;传感器调理电路单元。

3. 信号源

温度源的温度小于 150 ℃(可调),振动源的频率为 1~30 Hz,转动源的转速为 0~2 400 r/min。

4. 传感器

详见"四、传感器"。

5. 数据采集卡及处理软件

详见"五、V9.0 数据采集卡及处理软件"。

6. 实验箱

供电:AC 220 V,50 Hz,功率 0.2 kW。

实验箱尺寸为 515 mm×420 mm×185 mm。

三、产品特点

(1) 结合 TK-9×× 系列和 TK-2000 系列各自的优点,实验箱中的传感器将原理和实际相结合、定性与定量相结合。

(2) 仪器配温度源等加热装置,采用手提箱式结构,便于存放与保管。

(3) 各种公共源可供学生进行课程设计、毕业设计及一些开发性实验;电源及信号源设有保护电路,确保学生在误操作后不会损坏设备并保证学生的安全。

四、传感器

传感器类型见附表 0.1。

附表 0.1　传感器类型

序号	传感器名称	量程	线性	备注
1	电阻应变式传感器	0~200 g	±1%	全桥
2	扩散硅压力传感器	4~20 kPa	±1%	
3	差动变压器传感器	±4 mm	±2%	
4	电容式传感器	±2.5 mm	±3%	
5	霍尔式位移传感器	±1 mm	±3%	

序号	传感器名称	量程	线性	备注
6	霍尔式转速传感器	0～2 400 r/min	±0.5%	
7	磁电式传感器	0～2 400 r/min	±1%	
8	压电式传感器			
9	电涡流位移传感器	0～1 mm	±2%	
10	光纤位移传感器	0～1 mm	±5%	
11	光电转速传感器	0～2 400 r/min	±0.5%	
12	集成温度传感器	常温～120 ℃	±4%	
13	Pt100 铂电阻传感器	常温～150 ℃	±4%	三线制
14	K 型热电偶传感器	常温～150 ℃	±4%	
15	气敏传感器	50～2 000 ppm		对酒精敏感
16	湿敏传感器	10%～95%RH		
17	PN 结传感器			
18	NTC 热敏电阻传感器	20 ℃时,电阻为 10 kΩ		

五、V9.0 数据采集卡及处理软件

V9.0 数据采集卡是 V8.0 的升级版本,针对目前市售的传感器实验系统所配的采集卡动态范围太小、分辨率和精度过低的缺点,V9.0 采用了工业级的解决方案,达到了更高的测量精度和动态范围,采用 RS-232/USB 接口,方便用户使用。该采集卡能完全满足实验的要求。

具体技术指标如下:接口标准为 RS-232/USB 接口;12 位 A/D 转换器;A、B 通道;同步、异步采样;触发方式为软触发和硬触发;采样频率为 100 kHz(分挡可选);测量误差为 0.2 mV;量程最大可达 ±15 V;支持电压、电流信号直接输入,无需配备转换器;操作环境为 Windows 7;应用软件为 TK-V9.0 数据采集与处理软件。

1. 虚拟仪器软件:V9.0

本软件和 V9.0 采集卡配套使用,采用 RS-232/USB 标准协议进行通信,是一个高效、实时的数据采集系统。该采集系统除了与本公司的 TK 系列传感器实验仪配合使用外,也可单独对外部信号进行采集(信号频率≤1 kHz)。

2. 系统需求

(1)操作系统:Windows 7 简体中文版。

(2)Intel Pentium Ⅲ 500 MHz 或 AMD Athlon 700 MHz 以上。

(3)128 MB 以上内存。

(4)400 MB 以上硬盘空间供软件安装和备份。

(5)RS-232/USB 接口。

(6)4 倍速以上的 CD-ROM。

3. 该软件的主要功能

（1）软件按照公司实验指导书编写，大部分实验能用此数据采集软件进行实验操作。

（2）软件采集设置可分为单步采样、定时采样、双向采样与动态采样。在单步采样时可以用最小二乘法与端点法分析其最大非线性误差或最大迟滞误差，在动态实验时可以分析其输入波形的频率、振幅或转速。

（3）支持打印功能，能把实验结果在实验结束后打印出来。

（4）采集卡硬件具有程控放大功能，在测量小电压时精度很高。

（5）在数据采集时通信速率在 V8.0 数据采集卡的基础上有很大的提高。

（6）数据采集软件支持 RS-232/USB 通信。

（7）支持差动输入功能。

（8）支持双通道数据采样。

（9）具有虚拟低频示波器功能，并能对波形的频谱和失真度进行简单的分析。

4. 软件使用说明

（1）进入 Windows 7 系统，在桌面上选择 CSY-V9 软件，单击该软件。

（2）单击"开始"按钮，选择相应实验项目，在设置中输入姓名。每采集一次数据，就单击下一步，直至全部数据采集完成。量程的选择一定要和实验输出相对应。单击"分析"按钮，选择最小二乘法，进行数据分析。

（3）把软件中显示的最大值、最小值、b 值、a 值、量程、灵敏度、最大非线性误差都记录在实验报告中。

（4）最后单击打印预览，选择保存，把图片复制到自己的 U 盘中。

CSY-XS-01 传感器系统实验箱实验举例

实验一 应变片单臂特性实验

一、实验目的

了解电阻应变片的工作原理与应用,并掌握应变片测量电路。

二、基本原理

电阻应变式传感器是在弹性元件上通过特定工艺粘贴电阻应变片组成的,是一种利用电阻材料的应变效应将工程结构件的内部变形转换为电阻变化的传感器。此类传感器主要是通过一定的机械装置将被测量转换成弹性元件的变形,然后由电阻应变片将变形转换成电阻的变化,再通过测量电路将电阻的变化转换成电压或电流的变化信号输出。电阻应变式传感器可用于检测能转换成变形的各种非电量,如力、压力、加速度、力矩、重量等,在机械加工、计量、建筑测量等行业的应用十分广泛。

1. 电阻应变效应

所谓电阻应变效应,是指具有规则外形的金属导体或半导体材料在外力作用下产生应变,而其电阻值也会发生相应的改变。以圆柱形导体为例,设其长为 l,底面半径为 r,材料的电阻率为 ρ,根据电阻的定义式得

$$R = \rho \frac{l}{A} = \rho \frac{l}{\pi r^2} \tag{1-1}$$

当导体因某种原因产生应变时,其长度 l、截面积 A 和电阻率 ρ 的变化分别为 $\mathrm{d}l$、$\mathrm{d}A$、$\mathrm{d}\rho$,相应的电阻变化为 $\mathrm{d}R$。对式(1-1)全微分得电阻的变化率为

$$\frac{\mathrm{d}R}{R} = \frac{\mathrm{d}l}{l} - 2\frac{\mathrm{d}r}{r} + \frac{\mathrm{d}\rho}{\rho} \tag{1-2}$$

式中,$\dfrac{\mathrm{d}l}{l}$ 为导体的轴向应变量 ε_l,$\dfrac{\mathrm{d}r}{r}$ 为导体的横向应变量 ε_r。由材料力学可知

$$\varepsilon_r = -\mu\varepsilon_l \tag{1-3}$$

式中,μ 为材料的泊松比,大多数金属材料的泊松比为 $0.3\sim0.5$;负号表示两者的变化方向相反。将式(1-3)代入式(1-2)得

$$\frac{\mathrm{d}R}{R} = (1+2\mu)\varepsilon_l + \frac{\mathrm{d}\rho}{\rho} \tag{1-4}$$

式(1-4)说明电阻应变效应主要取决于它的几何应变(几何效应)和本身特有的导电性能(压阻效应)。

2. 应变灵敏度

应变灵敏度指的是电阻应变片在单位应变作用下所产生的电阻的相对变化量。

(1) 金属导体的应变灵敏度:主要取决于其几何效应,可取

$$\frac{dR}{R} \approx (1+2\mu)\varepsilon_l \tag{1-5}$$

其灵敏度系数为

$$K = \frac{\frac{dR}{R}}{\varepsilon_l} = 1 + 2\mu \tag{1-6}$$

金属导体在受到应变作用时电阻将发生变化,拉伸时电阻增大,压缩时电阻减小,且与其轴向应变成正比。金属导体的电阻应变灵敏度一般约为2。

（2）半导体的应变灵敏度：主要取决于其压阻效应,可取

$$\frac{dR}{R} \approx \frac{d\rho}{\rho} \tag{1-7}$$

半导体材料之所以具有较大的电阻变化率,是因为它有远比金属导体显著得多的压阻效应。半导体在受力变形时会暂时改变晶体结构的对称性,从而改变半导体的导电机理,使得它的电阻率发生变化,这种物理现象称为半导体的压阻效应。不同材质的半导体材料在不同受力条件下产生的压阻效应不同,可以是正（使电阻增大）的或负（使电阻减小）的压阻效应。也就是说,同样是拉伸变形,不同材质的半导体将得到完全相反的电阻变化效果。半导体材料的电阻应变效应主要体现为压阻效应,可正可负,与材料性质和应变方向有关,其灵敏度系数较大,一般在 $100 \sim 200$。

3. 贴片式应变片的应用

在贴片式传感器上普遍应用金属箔式应变片,贴片式半导体应变片（温漂,稳定性、线性度不好且易损坏）很少应用。一般半导体应变片采用 N 型单晶硅为传感器的弹性元件,在它上面直接蒸镀扩散出半导体电阻应变薄膜（扩散出敏感栅）,制成扩散型压阻式（压阻效应）传感器。

＊本实验以金属箔式应变片为研究对象。

4. 箔式应变片的基本结构

应变片是在由苯酚、环氧树脂等绝缘材料制成的基板上,粘贴直径为 0.025 mm 左右的金属丝或金属箔制成,如附图 1.1 所示。

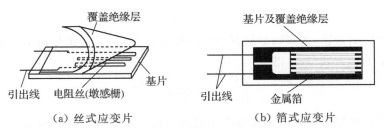

（a）丝式应变片　　（b）箔式应变片

附图 1.1　应变片结构图

金属箔式应变片就是通过光刻、腐蚀等工艺制成的应变敏感元件,与丝式应变片工作原理相同。电阻丝在外力作用下发生机械变形时,其电阻值发生变化,这就是电阻应变效应。描述电阻应变效应的关系式为

$$\frac{\Delta R}{R} = K\varepsilon \tag{1-8}$$

式中，$\frac{\Delta R}{R}$ 为电阻丝电阻的相对变化，K 为应变灵敏系数，$\varepsilon = \frac{\Delta l}{l}$ 为电阻丝长度的相对变化。

5. 测量电路

为了将电阻应变式传感器的电阻变化转换成电压或电流信号，一般采用电桥电路作为其测量电路。电桥电路具有结构简单、灵敏度高、测量范围宽、线性度好且易实现温度补偿等优点，能较好地满足各种应变测量要求，因此在应变测量中得到了广泛的应用。

电桥电路按其工作方式可分为单臂、双臂和全桥三种。单臂工作输出信号最小，线性和稳定性较差；双臂输出是单臂的两倍，性能比单臂有所改善；全桥工作时的输出是单臂时的四倍，性能最好。因此，为了得到较大的输出电压信号，一般都采用双臂或全桥工作。应变片测量电路如附图 1.2 所示。

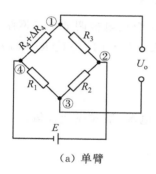
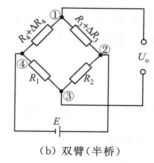
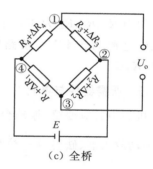

（a）单臂　　　　　　　（b）双臂（半桥）　　　　　　　（c）全桥

附图 1.2　应变片测量电路

（a）单臂。

$$U_{\circ} = U_① - U_③ = [(R_4 + \Delta R_4)/(R_4 + \Delta R_4 + R_3) - R_1/(R_1 + R_2)]E$$
$$= \{[(R_1 + R_2)(R_4 + \Delta R_4) - R_1(R_3 + R_4 + \Delta R_4)]/[(R_3 + R_4 + \Delta R_4)(R_1 + R_2)]\}E$$

设 $R_1 = R_2 = R_3 = R_4$，且 $\Delta R_4/R_4 = \Delta R/R \ll 1$，$\Delta R/R = K\varepsilon$，则

$$U_{\circ} \approx (1/4)(\Delta R_4/R_4)E = (1/4)(\Delta R/R)E = (1/4)K\varepsilon E$$

（b）双臂（半桥）。

同理，$U_{\circ} \approx (1/2)(\Delta R/R)E = (1/2)K\varepsilon E$。

（c）全桥。

同理，$U_{\circ} \approx (\Delta R/R)E = K\varepsilon E$。

6. 箔式应变片单臂电桥实验原理图

箔式应变片单臂电桥实验原理图如附图 1.3 所示。

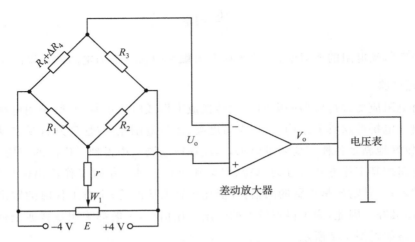

附图 1.3　箔式应变片单臂电桥实验原理图

图中 R_1、R_2、R_3 为 350 Ω 固定电阻，R_4 为应变片；W_1 和 r 组成电桥调节平衡网络，电桥供电电源为 ±4 V。桥路输出电压 $U_o \approx (1/4)(\Delta R_4 / R_4)E = (1/4)(\Delta R / R)E = (1/4)K\varepsilon E$。

三、所需器件与单元

机头中的应变梁、振动台，主板中的 F/V 电压表、±4 V 电源、箔式应变片输出口、电桥、差动放大器、砝码，$4\frac{1}{2}$ 位数显万用表（自备）。

四、器件与单元介绍

熟悉器件与单元在传感器系统实验箱机头与主板中的位置。

附图 1.4 所示为主板中的电桥单元。虚线框为无实体的电桥模型（为实验者组桥参考而设，无其他实际意义），$R_1 = R_2 = R_3 = 350$ Ω 是固定电阻，为组成单臂应变和半桥应变而配备的其他桥臂电阻。电位器 W_1、电阻 r 为电桥直流调节平衡网络，电位器 W_1、电容 C 为电桥交流调节平衡网络。

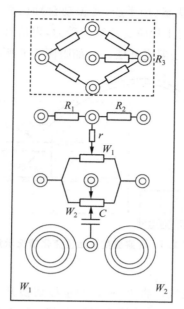

附图 1.4　电桥单元

附图 1.5 所示为主板中的差动放大器单元。图(a)是原理图,其中 IC$_{1-1}$ AD620 是差动输入的测量放大器(仪用放大器),IC$_{1-2}$ 为调零跟随器。图(b)为实验面板图。

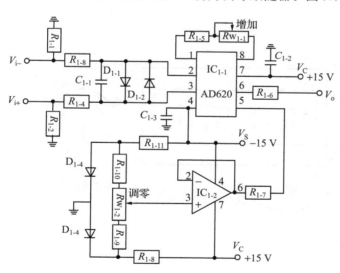

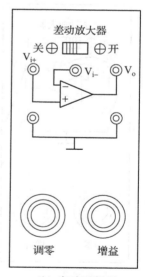

（a）差动放大器原理图　　　　　　　（b）实验面板图

附图 1.5　差动放大器原理与面板

五、实验步骤

1. 应变片阻值测量

在应变梁处于自然状态(不受力)时,用 $4\frac{1}{2}$ 位数显万用表 2 kΩ 电阻挡测量所有应变片的阻值;在应变梁处于受力状态(用手压、提振动台)时,测量应变片的阻值,观察应变片阻值变化情况(标有上下箭头的 4 片应变片纵向受力,阻值有变化;标有左右箭头的 2 片应变片横向不受力,阻值无变化,是温度补偿片),如附图 1.6 所示。

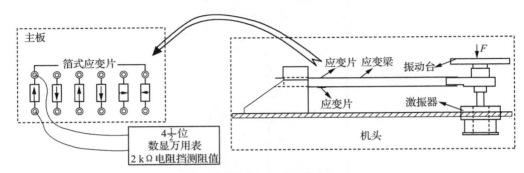

附图 1.6 观察应变片阻值变化情况示意图

2. 差动放大器调零点

按附图 1.7 所示的方式接线。将 F/V 表的量程切换开关切换到 2 V 挡,闭合实验箱主电源开关,将差动放大器的拨动开关拨到"开"位置,再将差动放大器的增益电位器按顺时针方向轻轻转到底后再逆向回转半圈,调节调零电位器,使电压表显示电压为零。差动放大器的零点调节完成后关闭主电源。

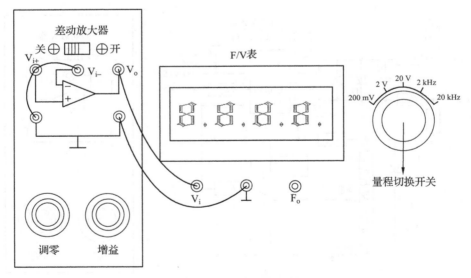

附图 1.7 差放调零接线图

3. 应变片单臂电桥特性实验

(1)将主板上传感器输出单元中的箔式应变片(标有上下箭头的 4 片应变片中任意一片为工作片)与电桥单元中 R_1、R_2、R_3 组成电桥电路,电桥的一对角接±4 V 直流电源,另一对角作为电桥的输出接差动放大器的两个输入端,将电位器 W_1、电阻 r 直流调节平衡网络接入电桥中（W_1 电位器两个固定端接电桥的 ± 4 V 电源端、W_1 的活动端电阻 r 接电桥的输出端），接线如附图 1.8 所示。

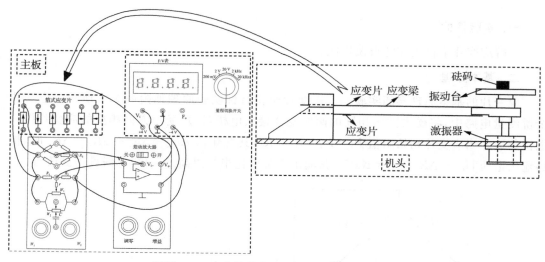

附图 1.8　应变片单臂电桥特性实验接线示意图

（2）检查接线无误后合上主电源开关，在机头上应变梁的振动台无砝码时调节电桥的直流调节平衡网络 W_1 电位器，使电压表显示为 0 或接近 0（小的起始电压不影响应变片特性与实验）。

（3）在应变梁的振动台中心点放置一只砝码（20 g），读取数显表数值，依次增加砝码并读取相应的数显表数值，记下实验数据并填入附表 1.1 中。

附表 1.1　应变片单臂电桥特性实验数据

质量/g										
电压/mV										

（4）根据表中数据画出实验曲线并计算灵敏度 $S = \dfrac{\Delta V}{\Delta W}$（$\Delta V$ 为输出电压变化量，ΔW 为质量变化量）和非线性误差 δ（用最小二乘法），$\delta = \dfrac{\Delta m}{y_{\text{F.S.}}} \times 100\%$，式中 Δm 为输出值（多次测量时取平均值）与拟合直线的最大偏差，$y_{\text{F.S.}}$ 为满量程输出平均值，此处为 200 g。实验完毕，关闭电源。

六、思考题

（1）用什么方法将 ΔR 转换成 ΔV 输出？

（2）根据机头中应变梁的结构，在振动台上放置砝码后分析上、下梁片中应变片的应变方向。（是拉应变还是压应变？）

实验二　应变片全桥特性实验

一、实验目的

了解应变片全桥工作特点及性能。

二、基本原理

应变片的基本原理参阅实验一。应变片全桥特性实验原理如附图 2.1 所示。应变片全桥测量电路中,将受力方向相同的两应变片接入电桥对边,受力方向相反的应变片接入电桥邻边。当应变片初始阻值 $R_1=R_2=R_3=R_4$,其变化值 $\Delta R_1=\Delta R_2=\Delta R_3=\Delta R_4$ 时,桥路输出电压 $U_o \approx (\Delta R/R)E = K_\varepsilon E$。其输出灵敏度比半桥提高了一倍,非线性得到改善。

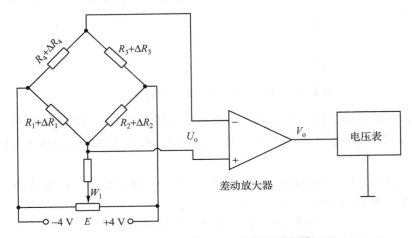

附图 2.1　应变片全桥特性实验原理图

三、所需器件和单元

机头中的应变梁、振动台,主板中的 F/V 电压表、±4 V 电源、箔式应变片输出口、电桥、差动放大器、砝码。

四、实验步骤

除实验按附图 2.2 所示接线、四片应变片组成电桥电路外,实验步骤和实验数据处理方法与实验一完全相同。实验完毕,关闭电源。

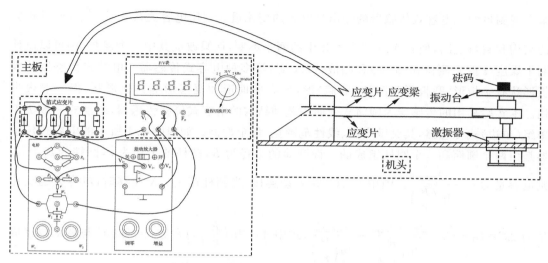

附图 2.2　应变片全桥特性实验接线示意图

五、实验数据

在应变梁的振动台中心点放置一只砝码（20 g），读取数显表数值，依次增加砝码并读取相应的数显表数值，记录实验数据并填入附表 2.1 中。

附表 2.1　应变片全桥特性实验数据

质量/g										
电压/mV										

根据表中数据画出实验曲线并计算灵敏度 $S = \dfrac{\Delta V}{\Delta W}$（$\Delta V$ 为输出电压变化量，ΔW 为质量变化量）和非线性误差 δ（用最小二乘法），$\delta = \dfrac{\Delta m}{y_{\text{F.S.}}} \times 100\%$，式中 Δm 为输出值（多次测量时取平均值）与拟合直线的最大偏差，$y_{\text{F.S.}}$ 为满量程输出平均值，此处为 200 g。实验完毕，关闭电源。

六、思考题

应变片组桥时应注意什么问题？

实验三　电容式传感器的位移实验

一、实验目的

了解电容式传感器的结构及其特点。

二、基本原理

1. 原理简述

电容式传感器是以各种类型的电容器为传感元件，将被测物理量转换成电容量的变化来实现测量的。电容式传感器的输出是电容的变化量。利用电容关系式 $C=\dfrac{\varepsilon A}{d}$，通过相应的结构和测量电路，使 ε、A、d 三个参数中的两个不变，而只改变其中一个参数，则可以设计测干燥度（ε 变）、测位移（d 变）和测液位（A 变）等多种电容式传感器。电容式传感器的极板形状有平板形、圆板形和圆柱（圆筒）形，另有球面形和锯齿形等其他形状，但一般很少用。本实验采用的传感器为圆筒式变面积差动结构的电容式位移传感器，差动式一般优于单组（单边）式传感器，其灵敏度高、线性范围宽、稳定性高。如附图 3.1 所示的电容式传感器是由两个圆筒和一个圆柱组成的。设圆筒的半径为 R，圆柱的半径为 r，圆柱的高为 x，则电容量为 $C=\dfrac{2\pi\varepsilon x}{\ln\left(\dfrac{R}{r}\right)}$。图中 C_1、C_2 是差动连接，当圆柱产生 ΔX 位移时，电容量的变化

量为 $\Delta C=C_1-C_2=\dfrac{2\pi\varepsilon \cdot 2\Delta x}{\ln\left(\dfrac{R}{r}\right)}=\dfrac{4\pi\varepsilon\Delta x}{\ln\left(\dfrac{R}{r}\right)}$，式中 $4\pi\varepsilon$、$\ln\left(\dfrac{R}{r}\right)$ 为常数，说明 ΔC 与 ΔX 位移成

正比，利用相应的测量电路就能测量位移。

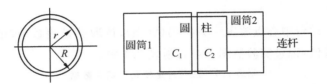

附图 3.1　电容式传感器结构

2. 测量电路（电容变换器）

电容测量电路如附图 3.2 所示，其核心部分如附图 3.3 所示。

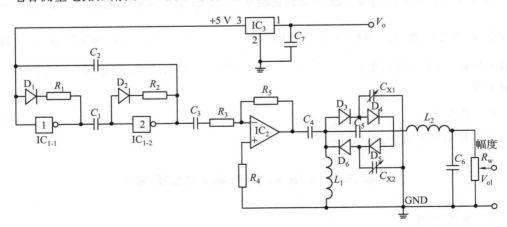

附图 3.2　电容测量电路

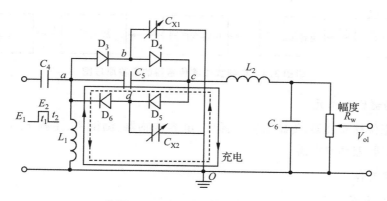

附图 3.3　二极管环形充放电电路

在附图 3.3 中,环形充放电电路由二极管 D_3、D_4、D_5 和 D_6,电容 C_5,电感 L_1 及实验差动电容位移传感器 C_{X1}、C_{X2} 组成。

当高频激励电压($f > 100\ kHz$)输入 a 点,由低电平 E_1 跃升到高电平 E_2 时,电容 C_{X1} 和 C_{X2} 两端电压均由 E_1 充到 E_2。充电电荷一路由 a 点经 D_3 到 b 点,再对 C_{X1} 充电到 O 点(地);另一路由 a 点经 C_5 到 c 点,再经 D_5 到 d 点对 C_{X2} 充电到 O 点。此时,D_4 和 D_6 由于反偏置而截止。在 t_1 充电时间内,由 a 到 c 点的电荷量为

$$Q_1 = C_{X2}(E_2 - E_1) \tag{3-1}$$

当高频激励电压由高电平 E_2 返回到低电平 E_1 时,电容 C_{X1} 和 C_{X2} 均放电。C_{X1} 经 b 点、D_4、c 点、C_5、a 点、L_1 放电到 O 点,C_{X2} 经 d 点、D_6、L_1 放电到 O 点。在 t_2 放电时间内,由 c 点到 a 点的电荷量为

$$Q_2 = C_{X1}(E_2 - E_1) \tag{3-2}$$

当然,式(3-1)和式(3-2)是在 C_5 电容值远远大于传感器 C_{X1} 和 C_{X2} 的电容值的前提下得到的结果。电容 C_5 的充放电回路如附图 3.3 中实线、虚线箭头所示。

在一个充放电周期内($T = t_1 + t_2$),由 c 点到 a 点,$Q_2 = C_{X1}(E_2 - E_1)$ 的电荷量为

$$Q = Q_2 - Q_1 = (C_{X1} - C_{X2})(E_2 - E_1) = \Delta C_X \Delta E \tag{3-3}$$

式中,C_{X1} 与 C_{X2} 的变化趋势是相反的(这是由差动式传感器的结构决定的)。

设激励电压频率 $f = \dfrac{1}{T}$,则流经 ac 支路输出的平均电流为

$$i = fQ = f\Delta C_X \Delta E \tag{3-4}$$

式中,ΔE 为激励电压幅值,ΔC_X 为传感器的电容变化量。由式(3-4)可看出,当 f 和 ΔE 一定时,输出平均电流 i 与 ΔC_X 成正比,电流 i 经电路中的电感 L_2、电容 C_6 滤波变为直流 I 输出,再经 R_w 转换成电压 $V_{ol} = IR_w$ 输出。由传感器原理知 ΔC 与 ΔX 位移成正比,所以通过测量电路的输出电压 V_{ol} 可知 ΔX 位移。电容式位移传感器的实验原理图如附图 3.4 所示。

附图 3.4　电容式位移传感器的实验原理图

三、所需器件与单元

机头静态位移安装架、传感器输入插座、电容传感器、测微头、主板 F/V 表、电容输出口、电容变换器、差动放大器。

四、实验内容

1. 测微头介绍

测微头的组成和读数如附图 3.5 所示。测微头由不可动部分的安装套、轴套和可动部分的测杆、微分筒、微调钮组成。

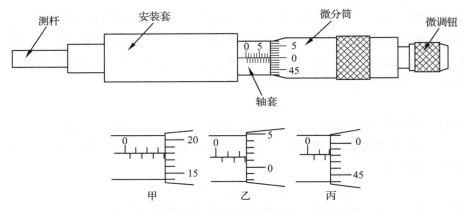

附图 3.5　测微头的组成与读数

测微头的安装套便于在支架座上固定安装;轴套上的主尺有两排刻度线,标有数字的是整毫米刻线(1 mm/格),另一排是半毫米刻线(0.5 mm/格);微分筒前部圆周表面上刻有 50 等分的刻线(0.01 mm/格)。用手旋转微分筒或微调钮时,测杆就沿轴线方向进退。微分筒每转过 1 格,测杆沿轴方向移动微小位移 0.01 mm,这也是测微头的分度值。

测微头的读数方法是先读轴套主尺上露出的刻度数值,注意半毫米刻线;再读主尺横线对准微分筒上的数值,可以估读 1/10 分度,如附图 3.5 甲中读数为 3.680 mm,不是 3.178 mm;当微分筒边缘前端与主尺上某条刻线重合时,应看微分筒的示值是否过零,如附图 3.5 中乙所示,已过零则读 2.514 mm;如附图 3.5 中丙未过零,则不应读为 2 mm,应为 1.980 mm。

2. 测微头的使用

测微头在实验中是用来产生位移并指示位移量的工具。一般测微头在使用前,首先转动微分筒到 10 mm 处(为了保留测杆轴向前后位移的余量),再将测微头轴套上的主尺横线面向自己安装到专用支架座上,移动测微头的安装套(测微头整体移动),使测杆与被测体连接,并使被测体处于合适位置(视具体实验而定)时再拧紧支架座上的紧固螺钉。当转动测微头的微分筒时,被测体就会随测杆而产生位移。

（1）差动放大器调零:按附图 3.6 所示接线。将 F/V 表的量程切换开关切换到 2 V 挡,闭合实验箱主电源开关,将差动放大器的拨动开关拨到"开"位置,将差动放大器的增益电位器按顺时针方向轻轻转到底后再逆向回转半圈,调节调零电位器,使电压表显示电压为零,再关闭主电源。

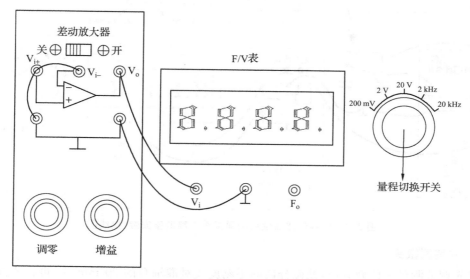

附图 3.6　差动放大器调零接线图

（2）电容传感器的位移测量系统电路调整:将电容传感器安装在机头的静态位移安装架上(传感器动极片连接杆的标记刻线朝上),并将引线插头插入传感器输入插座内,如附图 3.7 的机头部分所示。再按附图 3.7 主板部分的接线示意图接线,将 F/V 表的量程切换开关切换到 20 V 挡,检查接线无误后闭合主电源开关,将电容变换器的拨动开关拨到"开"位置,并将电容变换器的增益按顺时针方向慢慢转到底再反方向回转半圈。

拉出(向右慢慢拉)传感器动极片连接杆,使连接杆上的第二根标记刻线与夹紧螺母处的端口并齐,调节差动放大器的增益旋钮使电压表显示绝对值为 1 V 左右;推进(向左慢慢推)传感器动极片连接杆,使连接杆上的第一根标记刻线与夹紧螺母处的端口并齐,调节差动放大器的调零旋钮(零电平迁移),使电压表反方向显示值为 1 V 左右。重复这一过程,最终使传感器的两条标记刻线(传感器的位移行程范围)对应于差动放大器的输出为 ±1 V 左右。

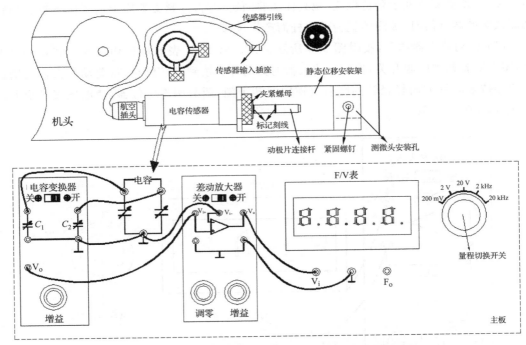

附图 3.7　电容传感器位移测量系统电路调整安装、接线图

3. 安装测微头

首先调节测微头的微分筒,使微分筒的零刻度线对准轴套的 20 mm 处,再将测微头的安装套插入静态位移安装架的测微头安装孔内并使测微头测杆与传感器的动极片连接杆吸合;然后移动测微头的安装套使传感器连杆上的第二根标记刻线与传感器夹紧螺母端口并齐后拧紧测微头安装孔上的紧固螺钉,如附图 3.8 的机头部分所示。

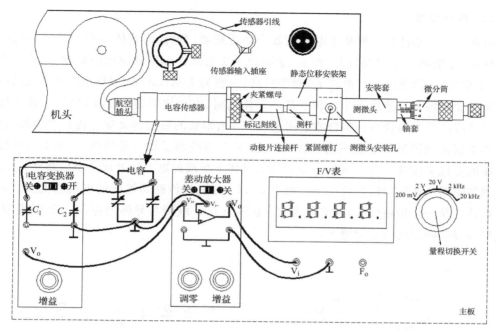

附图 3.8　测微头的安装图

4. 传感器位移特性实验

安装好测微头后,读取电压表显示的电压值,作为起始点,再慢慢顺时针仔细转动测微头的微分筒一圈,$\Delta X = 0.5$ mm(不能转动过量,否则回转会引起机械回程差),从 F/V 表上读出输出电压值,填入附表 3.1 中,直到传感器连杆上的第一根标记刻线与传感器夹紧螺母端口并齐为止。

附表 3.1　电容传感器测位移实验数据

X/mm				……				……			
V/V											

5. 作出实验曲线

根据表中数据作出 X-V 实验曲线,在实验曲线上截取线性比较好的线段作为测量范围并计算灵敏度 $S = \dfrac{\Delta V}{\Delta X}$ 与线性度。实验完毕,关闭所有电源开关。

五、思考题

(1) 简述电容变换器的增益调控按钮的作用。
(2) 简述差动放大器的调零和增益按钮的作用。

实验四　电涡流式传感器位移特性实验

一、实验目的

了解电涡流式传感器测量位移的工作原理和特性。

二、基本原理

电涡流式传感器是一种基于电涡流效应的传感器。电涡流式传感器由传感器线圈和被测导体(导电体－金属涡流片)组成,如附图 4.1 所示。根据电磁感应原理,当传感器线圈(一个扁平线圈)通以交变电流 I_1(频率较高,一般为 1 MHz～2 MHz)时,线圈周围空间会产生交变磁场 H_1,当线圈平面靠近某一导体面时,由于线圈磁通链穿过导体,使导体的表面层感应出呈旋涡状自行闭合的电流 I_2,而 I_2 所形成的磁通链又穿过传感器线圈,这样线圈与电涡流线圈形成了有一定耦合的互感,最终原线圈反馈一等效电感,从而导致传感器线圈的阻抗 Z 发生变化。我们可以把被测导体上形成的电涡等效成一个短路环,这样就可得到如附图 4.2 所示的等效电路。图中 R_1、L_1 分别为传感器线圈的电阻和电感。短路环可以认为是一匝短路线圈,其电阻为 R_2,电感为 L_2。线圈与导体间存在一个互感 M,它随线圈与导体间距的减小而增大。

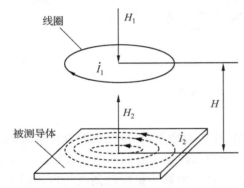

附图 4.1　电涡流式传感器原理图

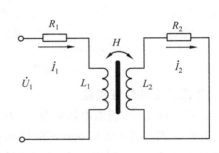

附图 4.2　电涡流式传感器等效电路图

根据等效电路可列出电路方程组:

$$\begin{cases} R_1 \dot{I}_1 + j\omega L_1 \dot{I}_1 - j\omega M \dot{I}_2 = \dot{U}_1 \\ -j\omega M \dot{I}_1 + R_2 \dot{I}_2 + j\omega L_2 \dot{I}_2 = 0 \end{cases} \tag{4-1}$$

通过解方程组,可得 $\dot{I}_1$、$\dot{I}_2$。因此传感器线圈的复阻抗为

$$Z = \frac{\dot{U}_1}{\dot{I}_1} = R_1 + \frac{\omega^2 M^2 R_2}{R_2^2 + (\omega L_2)^2} + j\omega \left[L_1 - \frac{\omega M^2 L_2}{R_2^2 + (\omega L_2)^2} \right] \tag{4-2}$$

线圈的等效电感为

$$L_{eq} = L_1 - \frac{\omega^2 M^2}{R_2^2 + (\omega L_2)^2} L_2 \tag{4-3}$$

线圈的等效 Q 值为

$$Q = Q_0 \frac{1 - \dfrac{L_2 \omega^2 M^2}{L_1 Z_2^2}}{1 + \dfrac{R_2 \omega^2 M^2}{R_1 Z_2^2}} \tag{4-4}$$

式中，Q_0 为无电涡流影响下线圈的 Q 值，$Q_0 = \dfrac{\omega L_1}{R_1}$；$Z_2$ 为金属导体中产生电涡流部分的阻抗，$Z_2^2 = R_2^2 + \omega^2 L_2^2$。

　　由式（4-2）、（4-3）、（4-4）可以看出，线圈与金属导体系统的阻抗 Z、电感 L 和品质因数 Q 值都是该系统互感系数平方的函数，而从麦克斯韦互感系数的基本公式出发，可得互感系数是线圈与金属导体间距离 $x(H)$ 的非线性函数。因此 Z、L、Q 均是 x 的非线性函数。虽然整个函数是非线性的，且曲线呈"S"形，但可选取曲线上为线性的一段。其实 Z、L、Q 的变化与导体的电导率、磁导率、几何形状、线圈的几何参数、激励电流频率以及线圈到被测导体间的距离有关。如果使上述参数中的一个参数改变，而其余参数不变，则阻抗就是这个变化参数的单值函数。当电涡流线圈、金属涡流片以及激励源确定后，并保持环境温度不变，则阻抗只与距离 x 有关。因此，通过传感器的调理电路（前置器）处理，将线圈阻抗 Z、L、Q 的变化转换成电压或电流的变化输出。输出信号的大小随探头到被测导体表面之间的间距而变化。电涡流式传感器就是根据这一原理实现对金属导体的位移、振动等参数的测量。

　　为实现电涡流位移测量，必须有一个专用的测量电路。这一测量电路（称之为前置器，也称电涡流变换器）应包括具有一定频率的稳定的振荡器和一个检测电路等。电涡流式传感器位移测量实验框图如附图 4.3 所示。

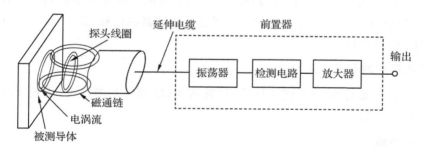

附图 4.3　电涡流式传感器位移测量实验框图

　　根据电涡流式传感器的基本原理，将传感器与被测导体间的距离转换为传感器的 Q 值、等效阻抗 Z 和等效电感 L 三个参数，用相应的测量电路（前置器）来测量。

　　本实验的涡流变换器为变频调幅式测量电路，电路原理与面板如附图 4.4 所示。电路组成如下：① Q_1、C_1、C_2、C_3 组成电容三点式振荡器，产生频率为 1 MHz 左右的正弦载波信号。电涡流式传感器接在振荡回路中，传感器线圈是振荡回路的一个电感元件。振荡器的作用是将位移变化引起的振荡回路的 Q 值变化转换成高频载波信号的幅值变化。② D_1、C_5、L_2、C_6 组成由二极管和 LC 形成的 π 形滤波的检波器。检波器的作用是从高频调幅信号中将传感器检测到的低频信号取出来。③ Q_2 组成射极跟随器。射极跟随器的作用是输入、输出匹配以获得尽可能大的且不失真输出的幅度值。

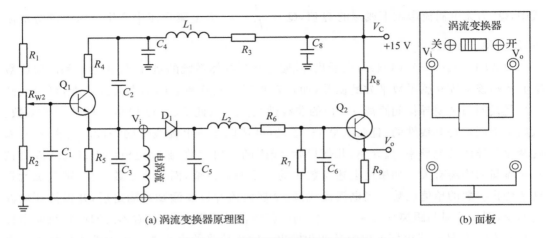

(a) 涡流变换器原理图　　　　　　　　　　(b) 面板

附图 4.4　涡流变换器原理图与面板

电涡流式传感器是通过传感器端部线圈与被测导体(导电体)间的间隙变化来测量物体的振动相对位移量和静位移的,它与被测导体之间没有直接的机械接触,具有一定的使用频率范围(0~10 Hz)。当无被测导体时,振荡器回路频率为谐振频率 f_0,传感器端部线圈 Q_0 为定值且达到最高,对应的检波输出电压 V_0 最大。当被测导体接近传感器线圈时,线圈的 Q 值发生变化,振荡器的谐振频率发生变化,谐振曲线变得平坦,检波出的幅值 V_0 变小。V_0 的变化反映了位移 X 的变化。电涡流式传感器在位移、振动、转速、探伤、厚度测量方面得到了广泛应用。

三、所需器件与单元

机头静态位移安装架、电涡流式传感器、被测体(铁圆片)、测微头、主板 F/V 表、涡流变换器、示波器(自备)。

四、实验步骤

(1) 观察传感器结构,其主体为平绕线圈。调节测微头初始位置的刻度值为 5 mm,按附图 4.5 所示安装测微头、被测体、电涡流式传感器(注意安装顺序:首先将测微头的安装套插入安装架的安装孔内,再将被测体套在测微头的测杆上;其次在安装架上固定好电涡流式传感器;最后平移测微头安装套使被测体与传感器端面相贴时拧紧测微头安装孔的紧固螺钉)并按图示方式接线。

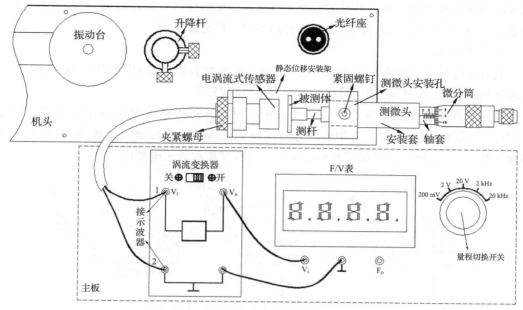

附图 4.5　电涡流式传感器安装、接线示意图

（2）将电压表（F/V 表）量程切换开关切换到 20 V 挡，检查接线无误后将涡流变换器的拨动开关拨到"开"位置，开启主电源开关，记下电压表读数，然后逆时针调节测微头微分筒，每隔 0.1 mm 读一个数，直到输出 V_o 变化很小为止，并将数据填入附表 4.1 中。（在输入端可接示波器观测振荡波形）

附表 4.1　电涡流式传感器位移 X 与输出电压 V_o 数据

X/mm				……				
V_o/V								

（3）根据表中数据，画出 V_o-X 曲线，根据曲线找出线性区域，试计算灵敏度和线性度（可用最小二乘法或其他方法拟合直线）。实验完毕，关闭所有电源。

五、思考题

（1）如何定义电涡流式传感器的线性度？

（2）与电涡流式传感器线性度相关的因素有哪些？

实验五　压电式传感器测振动实验

一、实验目的

了解压电式传感器的原理和测量振动的方法。

二、基本原理

压电式传感器是一种典型的发电型传感器，其传感元件是压电材料，以压电材料的压电效应为转换机理实现力到电量的转换。压电式传感器可以对各种动态力、机械冲击和振动进行测量,在声学、医学、力学、导航方面都得到了广泛的应用。

1. 压电效应

具有压电效应的材料称为压电材料,常见的压电材料有两类:压电单晶体,如石英、酒石酸钾钠等;人工多晶体压电陶瓷,如钛酸钡、锆钛酸铅等。

压电材料受到外力作用时,在发生形变的同时内部产生极化现象,表面会产生符号相反的电荷[附图5.1(a)]。当作用力的方向改变后电荷的极性也随之改变[附图5.1(b)]。当撤去外力后,又重新恢复到原不带电状态。这种现象称为压电效应。

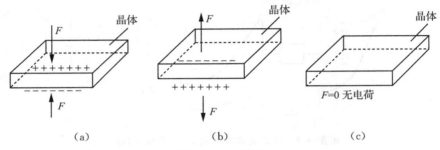

附图 5.1　压电效应

2. 压电晶片及其等效电路

多晶体压电陶瓷的灵敏度比压电单晶体要高很多,压电式传感器的压电元件是在两个工作面上蒸镀金属膜的压电晶片,金属膜构成两个电极,如附图5.2(a)所示。当压电晶片受到力的作用时,便有电荷聚集在两极上,一面为正电荷,一面为等量的负电荷。这种情况和电容器十分相似,所不同的是晶片表面上的电荷会随着时间的推移逐渐漏掉。因为压电晶片材料的绝缘电阻(也称漏电阻)虽然很大,但毕竟不是无穷大,从信号变换角度来看,压电元件相当于一个电荷发生器。从结构上看,它又是一个电容器。因此,通常将压电元件等效为一个电荷源与电容相并联的电路,如附图5.2(b)所示。其中

$$e_a = \frac{Q}{C_a},$$

式中,e_a 为压电晶片受力后所呈现的电压,也称为极板上的开路电压;Q 为压电晶片表面上的电荷;C_a 为压电晶片的电容。

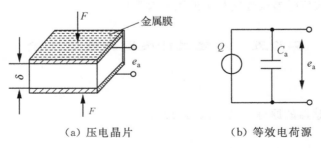

(a) 压电晶片　　　　　(b) 等效电荷源

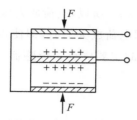
（c）电荷源与电容并联

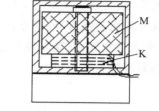
（d）压电式加速度传感器

附图 5.2　压电晶片及等效电路

在实际的压电式传感器中，往往用两片或两片以上的压电晶片并联或串联。如附图 5.2(c)所示，压电晶片并联时两晶片正极集中在中间极板上，负电极在两侧的极板上，因此电容量大，输出电荷量大，时间常数大，适合测量缓变信号并以电荷量作为输出。

压电式传感器的输出，理论上应是压电晶片表面上的电荷 Q。根据附图 5.2(b)可知，测试中也可取等效电容 C_a 上的电压值作为压电传感器的输出。因此，压电传感器就有电荷和电压两种输出形式。

3. 压电式加速度传感器

附图 5.2(d)所示是压电式加速度传感器的结构图，其中 M 是惯性质量块，K 是压电晶片。压电式加速度传感器实质上是一个惯性力传感器。在压电晶片 K 上，放有质量块 M。当壳体随被测振动体一起振动时，作用在压电晶体上的力 $F=Ma$。当质量 M 一定时，压电晶体上产生的电荷与加速度 a 成正比。

4. 放大器等效电路

压电式传感器的输出信号很弱，必须进行放大。压电式传感器所配接的放大器有两种结构形式：一种是带电阻反馈的电压放大器，其输出电压与输入电压（传感器的输出电压）成正比；另一种是带电容反馈的电荷放大器，其输出电压与输入电荷量成正比。

电压放大器测量系统的输出电压对电缆电容 C_c 敏感。当电缆长度变化时，C_c 也发生变化，使得放大器输入电压 e_i 发生变化，系统的电压灵敏度也将发生变化，这就增加了测量难度。电荷放大器则克服了上述电压放大器的缺点，它是一个高增益带电容反馈的运算放大器。当忽略传感器的漏电阻 R_a 和电荷放大器的输入电阻 R_i 的影响时，有

$$Q=e_i(C_a+C_c+C_i)+(e_i-e_y)C_f \tag{5-1}$$

式中，e_i 为放大器输入端电压；e_y 为放大器输出端电压，$e_y=-Ke_i$，K 为电荷放大器开环放大倍数；C_f 为电荷放大器反馈电容。将 $e_y=-Ke_i$ 代入式(5-1)，可得到放大器输出端电压 e_y 与传感器电荷 Q 的关系式。设 $C=C_a+C_c+C_i$，则

$$e_y=-\frac{KQ}{(C+C_f)+KC_f} \tag{5-2}$$

当放大器的开环增益足够大时，$KC_f\gg C+C_f$，则式(5-2)简化为

$$e_y=-\frac{Q}{C_f} \tag{5-3}$$

式(5-3)表明，在一定条件下，电荷放大器的输出电压与传感器的电荷量成正比，而与

电缆的分布电容无关,输出灵敏度取决于反馈电容 C_f。所以,电荷放大器的灵敏度调节,都是采用切换运算放大器反馈电容 C_f 的办法。采用电荷放大器时,即使连接电缆长度达百米以上,其灵敏度也无明显变化,这是电荷放大器的主要优点。传感器—电缆—电荷放大器系统的等效电路如附图 5.3 所示。

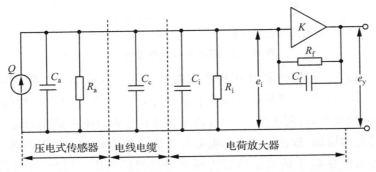

附图 5.3　传感器—电缆—电荷放大器系统的等效电路图

5. 压电式加速度传感器实验原理图

压电式加速度传感器实验原理、电荷放大器原理与实验面板图如附图 5.4 所示。

（a）压电式加速度传感器实验原理框图

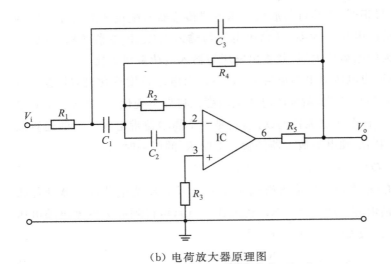

（b）电荷放大器原理图　　　　　　　（c）实验面板图

附图 5.4　压电式加速度传感器实验

三、所需器件与单元

机头振动台、压电式传感器、主板低频振荡器、激振器、示波器(自备)。

四、实验步骤

(1) 按附图 5.5 所示将压电式传感器放置在振动台面的中心点上（与振动台面中心的磁钢吸合），并在主板上按图示接线。

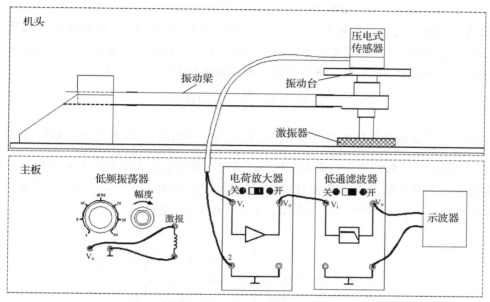

附图 5.5 压电式传感器测振动实验安装、接线示意图

(2) 将主板上的低频振荡器幅度旋钮逆时针转到底（低频输出幅度为零），调节低频振荡器的频率为 6～8 Hz。检查接线无误后合上主电源开关并将电荷放大器、低通滤波器的拨动开关拨到"开"位置，再调节低频振荡器的幅度使振动台振动明显（如振动不明显可调频率）。

(3) 设置示波器的两个通道[正确选择双线（双踪）示波器的"触发"方式及其他 (TIME/DIV：在 20～50 ms 范围内选择；VOLTS/DIV：在 0.1～1 V 范围内选择)]，同时观察低通滤波器输入端和输出端波形，在振动台正常振动时用手指敲击振动台，观察输出波形变化。

(4) 改变低频振荡器的频率，观察输出波形变化。实验结束，关闭所有电源开关。

五、思考题

(1) 压电式传感器是否需要电源？

(2) 简述压电式传感器阻抗的特点。

实验六　线性霍尔传感器位移特性实验

一、实验目的

了解霍尔传感器的原理与应用。

二、基本原理

霍尔传感器是一种磁敏传感器，是基于霍尔效应工作的。它将被测量的磁场变化（或以磁场为媒介）转换成电动势输出。霍尔效应是具有载流子的半导体同时处在电场和磁场中而产生电势的一种现象。如附图 6.1 所示（带正电的载流子），把一块宽为 b、厚为 d 的导电板放在磁感应强度为 B 的磁场中，并在导电板中通以纵向电流 I，此时导电板的横向两侧面 A、A′ 之间就产生一定的电势差，这一现象称为霍尔效应（霍尔效应可以用洛伦兹力来解释），所产生的电势差 U_H 称为霍尔电压。霍尔效应的数学表达式为

$$U_H = R_H \frac{IB}{d} = K_H IB \tag{6-1}$$

式中，$R_H = -\dfrac{1}{ne}$ 是由半导体本身载流子的迁移率决定的物理常数，称为霍尔系数；$K_H = \dfrac{R_H}{d}$ 为灵敏度系数，与材料的物理性质和几何尺寸有关。具有上述霍尔效应的元件称为霍尔元件，霍尔元件大多采用 N 型半导体材料（金属材料中自由电子的浓度 n 很高，因此 R_H 很小，使输出 U_H 极小，不宜作霍尔元件），厚度 d 只有 1 μm 左右。

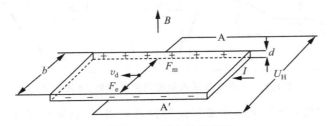

附图 6.1　霍尔效应原理

霍尔传感器有霍尔元件和集成霍尔传感器两种类型。集成霍尔传感器是把霍尔元件、放大器等做在一个芯片上的集成电路型结构。与霍尔元件相比，它具有微型化、灵敏度高、可靠性高、寿命长、功耗低、负载能力强以及使用方便等优点。

本实验采用的霍尔位移（1～2 mm）传感器是由线性霍尔元件、永久磁钢组成。其他很多物理量如力、压力、机械振动等本质上都可转换成位移的变化来测量。霍尔位移传感器的工作原理和实验电路原理如附图 6.2 所示。将磁场强度相同的两块永久磁钢同极性相对放置，线性霍尔元件置于两块磁钢间的中点处，其磁感应强度为 0。设该位置为位移的零点，即 $X=0$，因磁感应强度 $B=0$，故输出电压 $U_H=0$。当霍尔元件沿 X 轴有位移时，由于 $B \neq 0$，则有一电压 U_H 输出，U_H 经差动放大器放大输出为 V。V 与 X 有一一对应的特性关系。

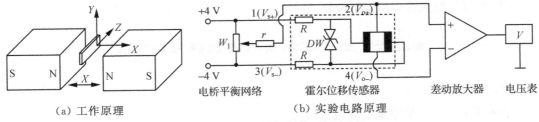

（a）工作原理　　　　　（b）实验电路原理

图 6.2　霍尔位移传感器工作原理图

注意：线性霍尔元件有四个引线端。涂黑两端 $1(V_{s+})$、$3(V_{s-})$ 是电源输入激励端,另外两端 $2(V_{o+})$、$4(V_{o-})$ 是输出端。接线时,电源输入激励端与输出端千万不能颠倒,否则会损坏霍尔元件。

三、所需器件与单元

机头静态位移安装架、传感器输入插座、霍尔传感器、测微头,主板 F/V 表、±4 V 电源、霍尔输出口、电桥、差动放大器。

四、实验步骤

(1) 差动放大器调零:按附图 6.3 所示接线,电压表(F/V 表)量程切换开关拨到 2 V 挡,检查接线无误后合上主电源开关并将差动放大器的拨动开关拨到"开"位置。将差动放大器的增益电位器顺时针缓慢转到底,再逆时针回转半周;调节差动放大器的调零电位器,使电压表显示为 0。保持差动放大器的调零电位器的位置不变,关闭主电源,拆除差动放大器的输入引线。

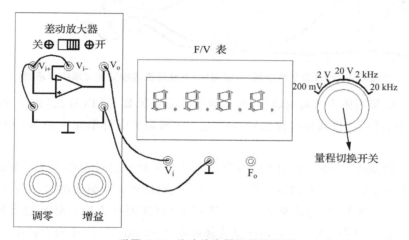

附图 6.3　差动放大器调零接线图

(2) 调节测微头的微分筒(0.01 mm/小格),使微分筒的零刻度线对准轴套的 10 mm 刻度线。按附图 6.4 所示在机头上安装传感器与测微头并根据示意图接线。检查接线无误后,开启主电源。

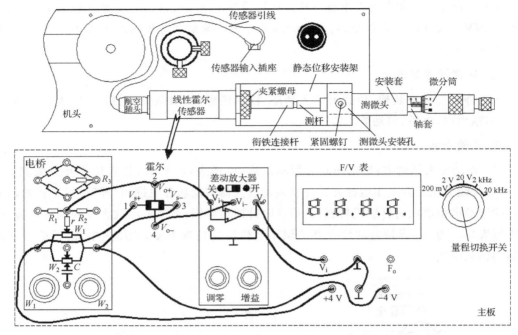

附图 6.4　线性霍尔传感器(直流激励)位移特性实验安装与接线示意图

（3）松开安装测微头的紧固螺钉,移动测微头的安装套,使 PCB 板(霍尔元件)处在两圆形磁钢的中点位置(目测)时,拧紧紧固螺钉。仔细调节电桥单元中的 W_1 电位器,使电压表显示 0。

（4）使用测微头时,在来回调节微分筒使测杆产生位移的过程中存在机械回程差。为消除机械回程差,可用单行程位移方法进行实验:顺时针调节测微头的微分筒 3 周,记录电压表读数(1.6~1.8 V)作为位移起点。接着反方向(逆时针方向)调节测微头的微分筒(0.01 mm/小格),每隔 $\Delta X = 0.1$ mm(总位移可取 3~4 mm)从电压表上读出输出电压 V_o 值,填入附表 6.1(这样可以消除测微头的机械回程差)。

附表 6.1　霍尔传感器(直流激励)位移实验数据

X/mm										
V_o/V										

（5）根据表中实验数据作出 V_o-X 特性曲线,分析曲线,计算不同测量范围（±0.5 mm、±1 mm、±2 mm)时的灵敏度和非线性误差。实验结束,关闭电源。

五、思考题

（1）线性霍尔传感器的管脚有几根引线?

（2）是否可以将附图 6.4 中的 1 和 3 管脚引线与 2 和 4 管脚引线对调?